復刊

帰納的関数

廣瀬　健 著

共立出版株式会社

まえがき

本書は，帰納的関数の理論の本格的な入門書たることをこころざして書かれたものである．

帰納的関数や帰納的述語の概念は，1930 年代に，K. Gödel の不完全性定理における算術化の手法や，古来からある決定手続き，あるいは計算可能関数についての思考実験など，いわゆる“アルゴリズム”の概念と関わって登場した．そして現在，帰納的手続きは，アルゴリズムの数学的定義とされている概念である．

したがって，帰納的関数あるいはこれと同等の概念は，“手続き”に関するさまざまな性質や，数学的記述の強さに関わる議論などに広く現れる．いわば，表現力を評価するための“言語”の役割を果たすといえよう．

この意味で，帰納的関数の理論は，数学や情報科学におけるさまざまな理論と，きわめて多くの接点をもった分野である．

本書では，以上の状況を勘考して，本格的な入門書であると同時に，なるべく多くの分野の方々にとって読みやすいような解説を心がけ，また構成に注意をはらった．

たとえば，帰納的関数の解説書では，不完全性定理と同等な定理があげられはしても，本書の第 3 章に述べたように，Gödel の原論文の定理と同様な形で提出されることはないのが普通である．それにもかかわらず，第 3 章で Gödel の原論文に沿った形での解説を行ったのは，数学基礎論における帰納的関数の理論の方法が，最も直接的な形で現われること，最近では，不完全性定理そのものの内容と方法に興味をもたれる方も多いことなどを考慮したのである．

また，第 7 章の「決定問題」では，ヒルベルトの第 10 問題が 1970 年に解決されるまでの経緯を解説し，その詳細な証明をつけておいた．これは，ヒルベルトの第 10 問題が，数論と帰納的関数の理論との共演によって解決される様子，つまり，数論との境界領域の状況を紹介したかったからである．

以下，本書の構成を簡単に述べよう．

第1章では，帰納的関数の数学基礎論における立場について述べる．

第2章では，原始帰納的関数の定義を図式によって定義し，(一般)帰納的関数，相対化なども，その自然な拡張によって定義する．ここでの目的は，帰納的関数と帰納的述語の基本的性質を示し，後の各章で用いられる具体的な帰納的関数や帰納的述語をあげておくことである．

第3章では，上述のように，不完全性定理の証明と解説を行って，第4章以降での議論の理解につなげる．

第4章では，ある形式的体系を定義し，その体系 $\mathcal{R}$ で計算できるある種の数論的関数——形式的に計算可能な関数のクラスを定める．体系 $\mathcal{R}$ を算術化することにより，Kleene の T-述語の導入，枚挙可能定理，標準形定理などが示され，このクラスが第2章に述べた帰納的関数の全体と一致することがわかる．

第5章での話題は，帰納的関数の理論の入門的な議論の大部分を尽くすものである．すなわち，標準形定理を再び吟味することから始まり，S_n^m-定理，帰納定理，階層定理，完備形定理などの基本的諸定理について述べ，それらによって，計算可能性，あるいは記述可能性の困難さの程度を表すある種の階層——算術的階層の様子を調べる．

第6章では，帰納的関数の理論の一分野である“決定不可能次数の理論”について，その基本的結果を紹介する．

決定不可能次数の概念は，決定問題の還元可能性の概念に基づくものであり，決定不可能次数の構造は，算術的階層などの階層構造の精密化になっている．

第7章では，決定問題なるものについての概略を説明し，その具体例として“語の問題”をあげ，上述のように，“ヒルベルトの第10問題”，すなわち，「任意個数の変数を含んだ有理整係数の不定方程式が，有理整数解をもつか否かを判定する一般的方法を見つけよ」という問題について，その否定的解決に至るまでの歴史的経緯を詳しく解説し，その証明を示す．

そして，その応用の1つとして，“素数を表す多項式”について述べる．

ここで主張したかったことの1つは，ヒルベルトの第10問題は，D. Hilbert の提出した形式に対しては否定的解決をみたけれども，D. Hilbert のこころざした形に対しては未解決である，ということである．

帰納的関数の理論として，とりあげたい主題はほかにもあった．たとえば，

（1） 帰納的汎関数（recursive functional）

（2） 解析的階層（analytic hierarchy）

（3） 一般化帰納的関数の理論（generalized recursion theory）

などである．（1），（2）については原稿も用意したが，諸般の都合により割愛した．これらについては，巻末の参考文献を参照されたい．

本書の執筆を承諾してから長い年月が経過した．その主たる原因は筆者の怠慢による．本講座の編集委員であり，筆者の恩師でもある赤　摂也先生にはたいそうご心配をおかけしてしまった．また，共立出版(株)編集部の方々には，長い年月の間に，坂野一寿さん，小山　透さん，佐藤邦久さん，そして安部登祉子さんに，次々とお世話になった．

これらの方々に，心からなるお詫びを申上げ，大いなる感謝の気持を捧げたい．

1989 年 1 月

著　　者

目　次

第1章　序　論

第2章　帰納的関数と帰納的述語

第3章　不完全性定理

第4章　帰納的関数を定義する形式的体系

第5章　算術的階層

第6章　決定不可能次数

第7章　決定問題

——ヒルベルトの第 10 問題を中心に——

第1章　序　　論

この章では，数学基礎論における帰納的関数の理論の立場を明らかにすることを目的とする．そのために，まず，帰納的関数および帰納的述語とよばれるものと，形式的体系との関係について述べ，原始帰納的関数の概念の母胎である“有限の立場”における帰納的定義に言及し，さらに，帰納的述語の概念を導く“決定可能”な述語や“実際に計算可能”な関数の定義をもたらす“アルゴリズム”の直観的な感覚とその歴史的状況について述べる．

本章の内容は，第2章以降の理解を助けるものではあるが，知識としては特に必要というわけではないから，わからない術語があっても気にする必要はないし，読みとばしてもさしつかえない．

なお，最後に，本書を通じての，論理や写像などの記号，約束について述べておく．

1.1　帰納的関数および帰納的述語の概念

1.2　有限の立場

1.3　アルゴリズム

1.4　記号と規約

1.1　帰納的関数および帰納的述語の概念

“帰納的関数 (recursive function)”および“帰納的述語 (recursive predicate)”の概念は，数学基礎論における最も基本的な概念の1つである．

数学基礎論の大きな目的の1つは，各数学的理論を形式的な公理体系（“自然数”の公理，“群”の公理などの，数学の各理論における公理だけでなく，“推論の規則”の公理など，すべてを形式化して得られた公理体系）として表現したとき，それがどの程度の内容をもち得るかを見いだすことであろう．

K. Gödel は，1931年，形式的体系の“算術化 (arithmetization)”という手法を用いて，形式的体系で扱われる基本記号，項 (term)，論理式 (formula)，推論の規則，証明などを，巧妙に自然数に対応させ，“論理式である”とか“証明可能な論理式である”などの形式的体系のなかの概念を，自然数上の命題として表現することに成功した（詳しくは第3章「不完全性定理」で述べる）．

すなわち，形式的体系における議論の展開を，自然数論におけるある種の命題の展開としてとらえることが可能になった．いわば，形式的体系における議論が，自然数論のなかに埋め込まれたのである．

“形式的体系”とは，（形式主義の立場では）“有限の立場（finite Einstellung）”とよばれる構成的な方法で証明論を形式化し，さらに証明論の対象である個々の数学的理論をも，同じように形式化したものである．したがって，形式的体系における思考対象を定義する方法，論理の運用は有限の立場においてなされる．つまり，形式的体系における議論の展開は“有限の立場”によって行われる（“有限の立場”については次節に述べる）．

さて，形式的体系についての議論が自然数論のなかに埋め込まれたとき，この“有限の立場”は自然数論のなかでは，どのような形をとるであろうか？

帰納的関数，帰納的述語の一種で原始帰納的関数（primitive recursive function），原始帰納的述語（primitive recursive predicate）とよばれるものがある．この“原始帰納的”という概念こそは，形式的体系での“有限の立場”の自然数論における像であり，その概念自身，有限の立場によるものなのである．

“アルゴリズム（algorithm）”とよばれるよく知られた直観的な概念がある．

関数 $f(x_1, x_2, \cdots, x_n)$ が，“実際に計算できる（effectively calculable）”とは，任意の $(x_1, x_2, \cdots, x_n)$ に対して，その関数値を計算するアルゴリズムが存在するときをいう．

述語 $P(x_1, x_2, \cdots, x_n)$ が，“決定可能である（decidable）”とは，任意の $(x_1, x_2, \cdots, x_n)$ に対して，P が成り立つか否かを決定するアルゴリズムが存在するときをいう．

したがって，決定可能な述語，計算可能な関数はアルゴリズムの概念を用いて定義することができる．

いま，自然数の上で定義され，自然数値をとる関数――数論的関数 f――を考えよう．関数 $f(x_1, x_2, \cdots, x_n)$ が実際に計算可能ならば，述語 $f(x_1, x_2, \cdots, x_n)=y$ は明らかに決定可能である．逆に述語 $f(x_1, x_2, \cdots, x_n)=y$ が決定可能ならば，任意の $(x_1, x_2, \cdots, x_n)$ に対し，y の値を $0, 1, 2, \cdots$ と順次与えて，$f(x_1,$

$x_2, \cdots, x_n)=y$ の真偽を決定しながら，$f(x_1, x_2, \cdots, x_n)=y$ が成立するまでこれを繰り返せば，$f(x_1, x_2, \cdots, x_n)$ の値を実際に定めることができる．よって，関数 $f(x_1, x_2, \cdots, x_n)$ は実際に計算可能である．

このように，“実際に計算可能”という概念は“決定可能”という概念のなかで考えることができる．

さて，形式的な自然数論を考える．

通常の自然数論における述語 $P(x_1, x_2, \cdots, x_n)$ に対応する形式的自然数論での論理式を $\boldsymbol{P}(\boldsymbol{x}_1, \boldsymbol{x}_2, \cdots, \boldsymbol{x}_n)$ と書くことにしよう（通常の自然数論における述語に対応する論理式がどのようになるかは，形式化の仕方によるが，たとえば，基本記号が 0, 1, ＋（加算），・（乗算），＝（等号）に，あとは論理記号 $\wedge$，$\vee$，$\neg$，$\exists$，$\forall$ および変数記号 $x, y, \cdots$ とすれば，通常の自然数論における述語“$x<y$”や“x は偶数”に対応する，形式的自然数論での論理式は，それぞれ，$\exists z[\neg(z=0)\wedge x+z=y]$，$\exists y[x=(1+1)\cdot y]$ などと書かれることになるであろう）．

形式的自然数論で，その形式的体系（形式化された自然数の公理と推論の規則）から，ある論理式 $\boldsymbol{A}$ が証明されるとき，

$$\vdash \boldsymbol{A}$$

と書くことにしよう．

$R(x_1, x_2, \cdots, x_n)$ を通常の自然数論における決定可能な述語とする．$R(x_1, x_2, \cdots, x_n)$ が決定可能であるからには，任意の自然数の n 重対 $(m_1, m_2, \cdots, m_n)$ に対し $R(m_1, m_2, \cdots, m_n)$ の真偽を決定するアルゴリズムが存在する．つまり，R の真偽を決定する具体的な手段が与えられている．そのような手段があるとすれば，$R(m_1, m_2, \cdots, m_n)$ が“正しい”ときには，その証明もできるであろう．また，$R(m_1, m_2, \cdots, m_n)$ が“正しくない”ときには，$R(m_1, m_2, \cdots, m_n)$ の否定が証明できるに違いない．つまり，

述語 $R(x_1, x_2, \cdots, x_n)$ が決定可能な述語ならば，任意の自然数の n 重対 $(m_1, m_2, \cdots, m_n)$ に対し

（＊） $R(m_1, m_2, \cdots, m_n)$ が正しい $\Longrightarrow$ $\vdash \boldsymbol{R}(\boldsymbol{m}_1, \boldsymbol{m}_2, \cdots, \boldsymbol{m}_n)$

（＊＊） $R(m_1, m_2, \cdots, m_n)$ が正しくない $\Longrightarrow$ $\vdash \neg \boldsymbol{R}(\boldsymbol{m}_1, \boldsymbol{m}_2, \cdots, \boldsymbol{m}_n)$

が成り立つであろう．

われわれは，目下，アルゴリズムというやや漠然とした言葉を用いて決定可能という概念を定義しているけれども，その直観的あるいは常識的ニュアンスから，R が決定可能とよぶにふさわしいものであれば，（＊）と（＊＊）が成り立つであろうと思われる．そして逆に，形式的自然数論が無矛盾であるかぎり，（＊）と（＊＊）を満たすような R は決定可能な述語であること――つまり，R の真偽を決定するアルゴリズムを提示しうることが，容易に証明できるのである．

“帰納的”という概念は，現在では，アルゴリズムをもつものに対する数学的定義とされている概念である．そして，（“帰納的”という言葉の定義はいろいろあるが，互いに同等なそれらの定義の１つとして）（＊）と（＊＊）を満足するような述語 $R(x_1, x_2, \cdots, x_n)$ が，帰納的述語とよばれるものなのである．

以上の所論および（＊），（＊＊）のかたちからも察せられるように，帰納的関数および帰納的述語についての理論（recursion theory）とは，形式的体系やそこで行われる操作と密接に関係する（通常の自然数論における）数論的関数ないしは述語の議論と考えることができよう．

1.2 有限の立場

前節で述べたように，**“有限の立場”**は，第２章に述べる“原始帰納的”という概念の母胎ともいえるものであるから，有限の立場における定義や証明について，一言ふれておこうと思う．詳しくは，参考文献［１］などを参照されたい．

有限の立場とは，数学的概念を定義したり，数学的証明を行う場合の，ある特定な立場をさす言葉である．

この言葉には，明確な定義があるわけではない．むしろ，この概念を母胎とした数学的概念である“原始帰納的”という概念が，最もこれに近い数学的定義といってもよいかも知れない．おおざっぱにいえば，有限回の操作によって実行可能なことがらのみを，その“よりどころ”とする立場である．すなわち，“構成（construction）”の概念がその中心である．

有限の立場での議論の対象は，目前にある有限個の記号，およびその有限個の組合せである．これをいま，“図形”とよぼう．

有限の図形についてのみ議論しているのでは，数学的に意味がない．そこで，無限の対象，つまり，無限の図形を定義する方法を考える：

（i） 具体的な記号を定める．これは1つの図形である

（ii） 具体的な図形がいくつか与えられたとき，これから具体的な（新しい）図形を作りだす手段を定める

（iii） （i），（ii）によって定められるもののみが図形である．それ以外は（現在定義しようとしている）図形ではない

このような定義の方法を，**帰納的定義**（recursive definition, inductive definition）とよぶ．

数学で，何らかの意味をもった対象（概念）を定義するとき，その方法は2通りに大別することができる．

1つは，その対象を列挙するか，あるいは，その対象（概念）の定義の仕方を列挙しつくす，という方法である．

もう1つの方法は，集合概念を用いることである．すなわち，ある条件Cを満たすようなものの全体，というかたちで定義することである．

この前者の方法による場合，対象が有限個ならば，その対象を列挙しつくすこともできようが，対象が無限個のときにはすべてを列挙するのは不可能であるから，定義の仕方を列挙するという方法をとらざるを得ない．帰納的定義は，この前者の方法に属するわけである．

有限の立場における“自然数”を定義してみよう：

（i） 0は自然数である

（ii） nが自然数ならば，n'は自然数である

（iii） （i），（ii）によって定められるもののみが自然数である

このように定義すれば，“自然数”とは

$$0, 0', 0'', 0''', 0'''', \cdots$$

のような図形を意味するわけである（もちろん，$0'$を1と書き，$0''$を2と書き，… と約束して，以下そのように書いてもよい．しかし，構成された図形としての自然数はあくまで，$0, 0', 0'', 0''', \cdots$ のかたちをしている）．

さて，以上のように定義された“自然数”も，通常用いられるところの

〔Peano の公理系〕

（1） 0は自然数である

（2） n が自然数ならば，n' も自然数である

（3） n, m が自然数で，$n'=m'$ ならば，$n=m$

（4） n が自然数ならば，$n' \neq 0$

（5） 自然数上の変数 x についての任意の述語 $A(x)$ に対し，

(5-1) $A(0)$

(5-2) 任意の自然数 k について，$A(k)$ ならば $A(k')$

が成り立つならば，

すべての自然数 x について $A(x)$

が成り立つ

によって定義された自然数と同様の性質をもつ．すなわち，上の（1）～（5）に対応する事柄が成り立つのである．おおざっぱにこれを見よう．

まず，（1），（2）は（i），（ii）と同じことである．（3）に対応する性質では，“自然数”は0かあるいは0に $'$ をいくつかつけた図形であるから，n' と m' が等しいとは図形として等しいということであり，おのおの右端の $'$ をとり去った残り n, m も等しい．（4）は定義から明らかである．

（5）に相当することを考えよう．直観的には明らかなことといえよう．なぜならば，いま，“自然数”は帰納的定義によって，つまり，帰納法によって定義されているのであるから，（5）に相当することは，いわば定義にしたがって確かめた，ということに他ならないからである．

少し厳密に議論すれば次のようになろう：

“自然数”上の変数 x を含む任意の論理式 $A(x)$ について，

(5-1) に相当することがら； $A(0)$

(5-2) に相当することがら； 任意の“自然数” k について，$A(k)$ ならば $A(k')$

が成り立っているとき，

任意に与えられた“自然数” n に対し $A(n)$

が成り立つことは，次のようにして示される．すなわち，

(iii) によって，n は0か，あるいは m' のかたちをしている．n が0のとき

は，仮定 $A(0)$ によって成り立つ．n が m' のかたちをしているときは，$A(m')$ を示すのであるから，(5-2) に相当する仮定により，$A(m)$ が成り立てばよい．

(iii) によって，m は 0 か，あるいは l' のかたちをしている．…以下同様．

かくて，結局は，(5-1) に相当する仮定 $A(0)$ に帰着される．

このように，帰納的定義によって定義された"自然数"に対しては（Peano の公理系の（5）のように帰納法を公理としていなくても）帰納法が使える．つまり，有限の立場における論理式 $\forall xA(x)$（すべての"自然数" x について $A(x)$）の証明は数学的帰納法によって行ってよい．

上述の（5）に相当する事柄についての議論のなかで注意すべきことは，（5）の結論のような

すべての自然数 x について　$A(x)$

というわけではなく，

任意に与えられた"具体的な自然数 n"について　$A(n)$

が成り立つことが確かめられた，ということであるが，これが"有限の立場"における $\forall$ の取扱いかたなのである．

一般に，$\varphi_i(\mathfrak{a}_1, \mathfrak{a}_2, \cdots, \mathfrak{a}_m)$ $(i=1, 2, \cdots, k)$ を $\mathfrak{a}_1, \mathfrak{a}_2, \cdots, \mathfrak{a}_m$ から，何らかの定まった操作で得られるものとして，次のような A の帰納的定義を考える：

（i） $a_1, a_2, \cdots, a_n$ は A である

（ii） $\mathfrak{a}_1, \mathfrak{a}_2, \cdots, \mathfrak{a}_m$ が A であるとき，$\varphi_1(\mathfrak{a}_1, \mathfrak{a}_2, \cdots, \mathfrak{a}_m), \varphi_2(\mathfrak{a}_1, \mathfrak{a}_2, \cdots, \mathfrak{a}_m), \cdots, \varphi_k(\mathfrak{a}_1, \mathfrak{a}_2, \cdots, \mathfrak{a}_m)$ は A である

（iii） 以上の（1），（2）によるもののみが A である

このとき，任意の A であるような x について，ある性質 $\mathfrak{p}(x)$ を証明したいとしよう．このためには，A の帰納的定義にしたがって，次のような帰納法を用いればよい．すなわち，

（1） $\mathfrak{p}(a_1), \mathfrak{p}(a_2), \cdots, \mathfrak{p}(a_n)$ が成り立つ

（2） A であるような任意の $\mathfrak{a}_1, \mathfrak{a}_2, \cdots, \mathfrak{a}_m$ について，$\mathfrak{p}(\mathfrak{a}_1), \mathfrak{p}(\mathfrak{a}_2), \cdots, \mathfrak{p}(\mathfrak{a}_m)$ であることを仮定して，$\mathfrak{p}(\varphi_1(\mathfrak{a}_1, \mathfrak{a}_2, \cdots, \mathfrak{a}_m), \varphi_2(\mathfrak{a}_1, \mathfrak{a}_2, \cdots, \mathfrak{a}_m), \cdots, \varphi_k(\mathfrak{a}_1, \mathfrak{a}_2, \cdots, \mathfrak{a}_m))$ が成り立つ

ことを示せばよいのである．

1.3 アルゴリズム

“アルゴリズム”という言葉のニュアンスと，その歴史的状況をざっと述べておこう．

この言葉は伝統的な言葉であるから，その意味するところが，おおよそどのようなものであるかはよく知られている．たとえば，“ユークリッドの互除法(Euclidean algorithm)”という名前で知られている手順は，任意に与えられた2つの自然数 m, n の最大公約数を求めるアルゴリズムであり，加算 $a+b$ を意味する2変数の関数 $f(a, b)$ はアルゴリズムをもつ関数であるとされる．また，任意の1変数の不定方程式（整数係数の代数方程式）

$$a_n x^n + a_{n-1} x^{n-1} + \cdots + a_1 x + a_0 = 0$$

が与えられたとき，この方程式が整数解をもつか否かを判定する方法：

（i） 整数 a_0 のすべての約数 $d_0, d_1, \cdots, d_k$ を求める

（ii） $d_0, d_1, \cdots, d_k$ を順次与えられた方程式に代入する

（iii） $d_0, d_1, \cdots, d_k$ のどれかが，（ii）の代入によって等式を満たせば，この方程式は整数解をもつ．$d_0, d_1, \cdots, d_k$ のいずれもがこの方程式の解になっていなければ，この方程式は整数解をもたない

なども，アルゴリズムとよばれる．

すなわち，アルゴリズムとは，ある問題を解く一般的な手段やある関数を計算する一般的な手順などを指す言葉といえよう．ただし，ここで，一般的な手段とか手順というとき，そこには次のようなニュアンスが含まれている：

それは有限の操作からなる手順として表すことができ，その手順の各段階で何をするか，そして，それが完了したら次にはどの操作に移るかがはっきり定まっていて，これに従えば必ず有限回の操作ののちに手順が終了して目的の解あるいは値が得られる．

もちろん，以上に述べたものは“アルゴリズム”という言葉で示されるある種の傾向にすぎない．

一般に， $x_1, x_2, \cdots, x_n$ についての述語

$$P(x_1, x_2, \cdots, x_n)$$

が与えられたとしよう.

このとき，任意の $(x_1, x_2, \cdots, x_n)$ に対し，$P(x_1, x_2, \cdots, x_n)$ が成立するか否か判定するアルゴリズムの存在を問う問題を，$P(x_1, x_2, \cdots, x_n)$ の**決定問題** (decision problem) とよぶ.

そのようなアルゴリズムが存在することを具体的に提示し得るとき，その決定問題は，**"肯定的に解ける"** といわれ，そのようなアルゴリズムが存在しないことを証明し得るとき，その決定問題は，**"否定的に解ける"** といわれる.

さきに述べた，1変数の不定方程式の整数解の存在に関わる判定法の存否を問う問題は，決定問題の1つの例であり，そのアルゴリズムの存在は，この決定問題が肯定的に解けることを意味するものに他ならない.

さて，ある決定問題が与えられたとしよう. この決定問題が肯定的に解ける場合には，われわれはアルゴリズムの厳密な定義を必ずしも必要としない. その場合には，われわれが"アルゴリズム"であることを承認し得る手続きが具体的に構成され，提示されるはずだからである. 多少表現が曖昧になろうとも，それは十分な説得力をもつであろう.

これに反し，否定的に解こうと試みる場合には，アルゴリズムの厳密な定義にこだわらざるを得ない. なぜならばその場合になすべきことは，アルゴリズムが存在しないことの証明，すなわち，いかなるアルゴリズムも，それがこの決定問題を解くアルゴリズムにはなり得ないことを示すことだからである.

このように，"アルゴリズム"という概念も，それを数学の中で取り扱おうとするときは必然的に厳密な数学的定義を必要とすることになる.

アルゴリズムに関する以上のような状況の下で，1930年代の初めのころから，1940年代の初めにかけて，多くの数学者がこれを研究し，明確な数学的定義を与えようと試みたのであった.

A. Church は，数学の諸分野に現れる関数の一般的研究を通じて，"λ-定義可能 (λ-definable)" という概念を定義した. この λ-定義可能な関数はアルゴリズムをもつ関数と考えられるもので，事実，アルゴリズムをもつ関数で λ-定義可能でないものは見つからなかった.

K. Gödel は，J. Herbrand の示唆に基づき，関数の計算法に対する形式的体系を導入し，"(一般)帰納的 (general) recursive)" なる概念を定義したが，

S. C. Kleene はこれを改良，発展させ，この概念が λ-定義可能とまったく同等の概念であることを証明した.

A. M. Turing, E. L. Post は，抽象的な想像上の計算機（Turing-機械）を定義し，これで計算できる関数として，“計算可能（computable）”な関数という概念を定義したが，この“計算可能”という概念もまた“λ-定義可能”という概念と同等であることが示されたのであった.

このほかにも，“算定可能（reckonable）”，“双正規（binormal）”など，多くの概念が，アルゴリズムを定義する概念として登場したのであったが，それらはいずれも同等の概念であることが証明されたのである.

これらの概念は，アルゴリズムを定義するものとして，十分な理由と根拠をもつものである．しかしながら見掛け上，これらはまったく異なったものである.

あるものは記号を取り扱う方法によって定義され，あるものは形式的体系によって定められる．またあるものは想像上の機械によって計算されるのである．この見掛け上の多様さは，アルゴリズムのもつ多様性を雄弁に物語っている．しかるに，これらの概念はすべて同一のものであった．これほど見ごとに一致した例は数学の世界でも珍しい．これほど安定した概念ならば，これらの概念をアルゴリズムの定義として採用してもよいのではあるまいか.

“アルゴリズムをもつ関数（述語）とは，帰納的関数（述語）のことと考えよう”

A. Church によるこの提唱は，**“Church の提唱”**とよばれており，現在これを否定する人は，ほとんどいない.

1.4 記号と規約

本書では，写像（関数）や述語についての基本的な知識は仮定しているが，本節で，本書において用いられる記号の意味を中心に常識的な説明をしておく.

集合 X の任意の要素を集合 Y のある 1 つの要素に対応させる規則 φ を，X から Y への写像（あるいは関数）とよび，

$$\varphi : X \longrightarrow Y$$

と書く．

このとき，X を φ の**定義域**，Y を φ の**値域**とよび，φ が $x(\in X)$ を $y(\in Y)$ に対応させることを，

$$\varphi : x \longmapsto y$$

と書く．このような y を $\varphi(x)$ とも書き "x の像" とよび，$\varphi(x)$ に対し，x を $\varphi(x)$ の**原像**という．

写像 φ は，$X \longrightarrow Y$，$x \longmapsto y$ の記述によって確定する．

$$\text{写像}\ \varphi:\ X \longrightarrow Y, \quad x \longmapsto \varphi(x)$$

と，

$$\text{写像}\ \psi:\ A \longrightarrow B, \quad a \longmapsto \psi(a)$$

について，

（i） $X=A$

（ii） 任意の $x\in X(=A)$ に対し，$\varphi(x)=\psi(x)$

が成り立つとき，φ と ψ は（写像として）**等しい**，とよび，$\varphi=\psi$ と書く．

$$\text{写像}\ \varphi:\ X \longrightarrow Y, \quad x \longmapsto \varphi(x)$$

について，すべての $y\in Y$ に対し，$\varphi(x)=y$ なる $x\in X$ が存在するとき（つまり，$Y=\{\varphi(x)|x\in X\}$ のとき），このような φ を，X から Y の上への写像，あるいは**全射** (surjection) という．また，任意の $x_1, x_2\in X$ に対し，$x_1 \neq x_2$ ならば $\varphi(x_1)\neq\varphi(x_2)$ であるとき，このような φ を，1対1の写像，あるいは**単射** (injection) という．

写像 φ が，全射かつ単射であるとき，このような φ を**全単射** (bijection) という．

写像 $\varphi : X \longrightarrow Y$，$x \longmapsto \varphi(x)$ と $\psi : Y \longrightarrow Z$，$y \longmapsto \psi(y)$ に対して得られる写像 $\xi : X \longrightarrow Z$，$x \longmapsto \psi(\varphi(x))$ を，φ と ψ の**合成写像** (composition mapping) とよび，$\psi\circ\varphi$ と書く．

写像 $\varphi : X \longrightarrow Y$，$x \longmapsto \varphi(x)$ が全単射ならば，φ から写像 $\psi : Y \longrightarrow X$，$\varphi(x) \longmapsto x$ が定義できる．このような写像 ψ を，φ の**逆写像** (inverse mapping) とよび，φ^{-1} と書く．

命題 (proposition) とは，原理的に真偽の定まっている叙述のことである．また，**述語** (predicate) とは，変数を含む叙述で，含まれている変数に具体的

な対象を代入すると命題となるようなものをいう．命題は0変数の述語と考えてよい．

真（true）な命題を表す記号を $\top$ とし，偽（false）な命題を表す記号を $\bot$ として，$\boldsymbol{T}=\{\top,\bot\}$ とおく．このとき，n 種類の変数 x_i $(i=1,2,\cdots,n)$ を含んだ n 変数の述語 P は，x_i を集合 D_i 上の変数とするとき，

$$P: D_1\times D_2\times\cdots\times D_n \longrightarrow \boldsymbol{T}$$

なる写像と考えることができる．これを**命題関数**という．

論理的な概念を表すための論理記号として，$\neg$，$\wedge$，$\vee$，$\Rightarrow$，$\Longleftrightarrow$，$\forall$，$\exists$ などを用いる．

A, B を述語とするとき，

$\neg A$ は「A でない」,

$A\wedge B$ は「A かつ B」,

$A\vee B$ は「A あるいは B」,

$A\Rightarrow B$ は「A ならば B」,

$A\Longleftrightarrow B$ は「A と B は同値である」

の意味であるが，厳密には，A, B の真（$\top$），偽（$\bot$）の値に対して，次のような表（真理表）によって，その意味を規定する：

A	B	$\neg A$	$A\wedge B$	$A\vee B$	$A\Rightarrow B$	$A\Longleftrightarrow B$
$\top$	$\top$	$\bot$	$\top$	$\top$	$\top$	$\top$
$\top$	$\bot$	$\bot$	$\bot$	$\top$	$\bot$	$\bot$
$\bot$	$\top$	$\top$	$\bot$	$\top$	$\top$	$\bot$
$\bot$	$\bot$	$\top$	$\bot$	$\bot$	$\top$	$\top$

したがって，$\neg$，$\wedge$，$\vee$，$\Rightarrow$，$\Longleftrightarrow$ などは，$\boldsymbol{T}$ 上で定義され，$\boldsymbol{T}$ に値をとる写像と考えられる．一般に，

$$\varphi: \boldsymbol{T}^n \longrightarrow \boldsymbol{T}$$

なる写像を，n 変数の**真理関数**という．

$P(x)$ を，集合 D 上で定義された述語とするとき，

$\forall x P(x)$ は「任意の x について $P(x)$」,

$\exists x P(x)$ は「$P(x)$ を満たす x が存在する」

を意味する．

$P(x_1, \cdots, x_n)$ が n 変数の述語であるとき，

$$\forall x_i P(x_1, \cdots, x_{i-1}, x_i, x_{i+1}, \cdots, x_n),$$
$$\exists x_i P(x_1, \cdots, x_{i-1}, x_i, x_{i+1}, \cdots, x_n)$$

は，$x_1, \cdots, x_{i-1}, x_{i+1}, \cdots, x_n$ を変数とする $(n-1)$ 変数の述語である．このとき，$x_1, \cdots, x_{i-1}, x_{i+1}, \cdots, x_n$ を自由変数，x_i を束縛変数という．以上のことから，1 変数の述語 $P(x)$ に対し，$\forall x P(x), \exists x P(x)$ での x は束縛変数で，これらは0変数の述語，すなわち命題である．

なお，

$$\forall x[x<y \Rightarrow P(x)] \quad \text{は} \quad \forall x_{x<y} P(x),$$
$$\exists x[x<y \Rightarrow P(x)] \quad \text{は} \quad \exists x_{x<y} P(x)$$

とも書かれる．このとき，x は束縛変数，y は自由変数である．

以下に，論理記号について成り立つ基本的性質をあげておく．

[基本的性質]

ここでの $\equiv$ は，左辺と右辺の真偽値が一致することを表すものとする．

(I) A, B, C を任意の命題あるいは述語とするとき，

以下の (1)〜(13) が成立する．

(1) $\neg\top \equiv \bot$, $\neg\bot \equiv \top$

(2) $A \wedge \top \equiv A$, $A \vee \bot \equiv A$

(3) $A \wedge \bot \equiv \bot$, $A \vee \top \equiv \top$

(4) $\neg\neg A \equiv A$ (二重否定)

(5) $A \wedge A \equiv A$, $A \vee A \equiv A$ (冪等律)

(6) $A \wedge \neg A \equiv \bot$ (矛盾律)，$A \vee \neg A \equiv \top$ (排中律)

(7) $A \wedge B \equiv B \wedge A$, $A \vee B \equiv B \vee A$ (交換法則)

(8) $\left.\begin{array}{l} A \wedge (B \wedge C) \equiv (A \wedge B) \wedge C \\ A \vee (B \vee C) \equiv (A \vee B) \vee C \end{array}\right\}$ (結合法則)

(9) $\left.\begin{array}{l} A \wedge (B \vee C) \equiv (A \wedge B) \vee (A \wedge C) \\ A \vee (B \wedge C) \equiv (A \vee B) \wedge (A \vee C) \end{array}\right\}$ (分配法則)

(10) $A \vee (A \wedge B) \equiv A$, $A \wedge (A \vee B) \equiv A$ (吸収律)

(11) $\neg(A \wedge B) \equiv \neg A \vee \neg B$, $\neg(A \vee B) \equiv \neg A \wedge \neg B$ (ド・モルガンの法則)

(12) $A \Rightarrow B \equiv \neg A \vee B$

(Ⅱ) X 上で定義された任意の述語 P, Q と任意の命題 A について，以下の(13)～(29) が成立する：

(13) 任意の $a \in X$ に対し

$$\forall x P(x) \Rightarrow P(a)$$

(14) 任意の $a \in X$ に対し，$A \Rightarrow P(a)$ ならば

$$A \Rightarrow \forall x P(x)$$

(15) 任意の $a \in X$ に対し

$$P(a) \Rightarrow \exists x P(x)$$

(16) 任意の $a \in X$ に対し，$P(a) \Rightarrow A$ ならば

$$\exists x P(x) \Rightarrow A$$

(17) $\forall x [P(x) \wedge Q(x)] \equiv \forall x P(x) \wedge \forall x Q(x)$

(18) $\exists x [P(x) \vee Q(x)] \equiv \exists x P(x) \vee \exists x Q(x)$

(19) 束縛変数を含む述語 F で，その束縛変数記号を，P に含まれない他の束縛変数記号でおきかえて得られる述語を G とすれば，

$$F \equiv G$$

たとえば，$\forall x P(x) \equiv \forall y P(y)$，$\exists x P(x) \equiv \exists y P(y)$.

(20) 述語 F で，ひき続いて現れる同種の限定記号の順序を変更して得られる述語を G とすれば，

$$F \equiv G$$

たとえば，

$$\forall x \forall y P(x, y) \equiv \forall y \forall x P(x, y),\ \exists x \exists y P(x, y) \equiv \exists y \exists x P(x, y).$$

(21) $\forall x P(x)$ ならば $\exists x P(x)$

(22) $\exists y \forall x P(x, y)$ ならば $\forall x \exists y P(x, y)$

(23) $\forall x [P(x) \Rightarrow Q(x)]$ ならば $\forall x P(x) \Rightarrow \forall x Q(x)$

(24) $\forall x [P(x) \Rightarrow Q(x)]$ ならば $\exists x P(x) \Rightarrow \exists x Q(x)$

(25) $\neg \forall x P(x) \equiv \exists x \neg P(x)$，$\neg \exists x P(x) \equiv \forall x \neg P(x)$ （ド・モルガンの法則）

(26) $A \wedge \forall x P(x) \equiv \forall x [A \wedge P(x)]$，$A \vee \forall x P(x) \equiv \forall x [A \vee P(x)]$

(27) $A \wedge \exists x P(x) \equiv \exists x [A \wedge P(x)]$，$A \vee \exists x P(x) \equiv \exists x [A \vee P(x)]$

(28) $A \Rightarrow \forall x P(x) \equiv \forall x [A \Rightarrow P(x)]$,

$A \Rightarrow \exists x P(x) \equiv \exists x [A \Rightarrow P(x)]$

(29) $\forall x P(x) \Rightarrow A \equiv \exists x [P(x) \Rightarrow A]$,

$\exists x P(x) \Rightarrow A \equiv \forall x [P(x) \Rightarrow A]$

これらの証明については，たとえば［2］を参照されたい．

最後に，**部分関数** (partial function) や**部分述語** (partial predicate) の概念などを少し補足しておこう．

関数 $\varphi : X \longrightarrow Y$ と関数 $\psi : A \longrightarrow B$ について，

(i) $X \subseteq A$

(ii) すべての $x \in X$ に対して，$\varphi(x) = \psi(x)$

が成り立つとき，ψ を φ の**拡大** (extension) とよび，φ を ψ の**縮小** (contraction) という．すなわち，ψ は φ の定義域を A まで広げることによって得られる関数であり，φ は ψ の定義域を X に制限することによって得られる関数である．

このとき，φ は **A 上の部分関数**である，ともいう．部分関数 $\varphi : A \longrightarrow B$ などと書いて，X を明示せず，A のある要素 a に対しては，$\varphi(a)$ は定義されていないこともある，とするのである．定義域が明示できないときなどの議論に有効だからである．

以下では自然数上の関数，述語に議論を限定する．

$\boldsymbol{N}$ を自然数全体の集合とし，$X \subseteq \boldsymbol{N}^n$ とする．

X 上で定義されている述語 $P(x_1, \cdots, x_n)$ と，同じく X 上で定義された関数 φ について，

$$P(x_1, \cdots, x_n) \Longleftrightarrow \varphi(x_1, \cdots, x_n) = 0$$

$$\neg P(x_1, \cdots, x_n) \Longleftrightarrow \varphi(x_1, \cdots, x_n) = 1$$

が成立するとき[†]，φ を述語 P の**表現関数** (representing function) という．

表現関数 φ をもつ述語 P は，φ の値を計算することができれば，その値によって，述語 P の真偽を知ることができるわけである．

†) 0と1を逆にして，$P(x_1, \cdots, x_n) \Longleftrightarrow \varphi(x_1, \cdots, x_n) = 1$，$\neg P(x_1, \cdots, x_n) \Longleftrightarrow \varphi(x_1, \cdots, x_n) = 0$ と定義する流儀もあるが，本質的には全く同じことである．

述語 P の表現関数 φ が $\boldsymbol{N}^n$ 上の部分関数であるとき，述語 P を $\boldsymbol{N}^n$ **上の部分述語**という．

定義から，部分関数，部分述語は全域を定義域とする場合をも含んでいる．

部分関数，部分述語を議論するときには，等号＝の概念を広げておく必要がある．

φ, ψ を $\boldsymbol{N}^n$ 上の部分関数とするとき，述語

$$\varphi(x_1, \cdots, x_n) = \psi(x_1, \cdots, x_n)$$

は次のような部分述語となる：

<table>
<tr><th>$\varphi(x_1, \cdots, x_n)$</th><th>$\psi(x_1, \cdots, x_n)$</th><th>$\varphi(x_1, \cdots, x_n) = \psi(x_1, \cdots, x_n)$ の真理値</th></tr>
<tr><td rowspan="2">定義されている</td><td rowspan="2">定義されている</td><td>関数値 $\varphi(x_1, \cdots, x_n)$ と $\psi(x_1, \cdots, x_n)$ の値が等しければ　真（⊤）</td></tr>
<tr><td>関数値 $\varphi(x_1, \cdots, x_n)$ と $\psi(x_1, \cdots, x_n)$ の値が等しくなければ　偽（⊥）</td></tr>
<tr><td>定義されている</td><td>定義されていない</td><td rowspan="3">定義されていない</td></tr>
<tr><td>定義されていない</td><td>定義されている</td></tr>
<tr><td>定義されていない</td><td>定義されていない</td></tr>
</table>

これに対して，＝の代りに≃を導入し，述語

$$\varphi(x_1, \cdots, x_n) \simeq \psi(x_1, \cdots, x_n)$$

を次のように定義すれば，この述語は $\boldsymbol{N}^n$ 上全域で定義されることになる：

<table>
<tr><th>$\varphi(x_1, \cdots, x_n)$</th><th>$\psi(x_1, \cdots, x_n)$</th><th>$\varphi(x_1, \cdots, x_n) \simeq \psi(x_1, \cdots, x_n)$ の真理値</th></tr>
<tr><td rowspan="2">定義されている</td><td rowspan="2">定義されている</td><td>関数値 $\varphi(x_1, \cdots, x_n)$ と $\psi(x_1, \cdots, x_n)$ の値が等しければ　真（⊤）</td></tr>
<tr><td>関数値 $\varphi(x_1, \cdots, x_n)$ と $\psi(x_1, \cdots, x_n)$ の値が等しくなければ　偽（⊥）</td></tr>
<tr><td>定義されている</td><td>定義されていない</td><td>偽（⊥）</td></tr>
<tr><td>定義されていない</td><td>定義されている</td><td>偽（⊥）</td></tr>
<tr><td>定義されていない</td><td>定義されていない</td><td>真（⊤）</td></tr>
</table>

つまり，$\varphi(x_1, \cdots, x_n) \simeq \psi(x_1, \cdots, x_n)$ が成立するとは，φ と ψ の値がともに定義されていて，その値が等しいとき，および，ともに定義されないとき，とするのである．

また，m 変数の部分関数 φ と，n 変数の部分関数 ψ に対し，

$$\varphi(\psi_1(x_1, \cdots, x_n), \cdots, \psi_m(x_1, \cdots, x_n))$$

が定義されているとは，

（i） $i=1, 2, \cdots, m$ に対して，$\psi_i(x_1, \cdots, x_n)$ がいずれも定義されていて，その値 y_i に対し，

（ii） $\varphi(y_1, \cdots, y_m)$ が定義されている

ときをいう．

以下の章では，とくに部分関数，部分述語とことわらないかぎり，全域で定義されているものとする．

第2章　帰納的関数と帰納的述語

本章では，原始帰納的関数および（一般）帰納的関数と，それらによって真偽が決定できるような述語である原始帰納的述語および（一般）帰納的述語について述べる．

序論に述べたように，原始帰納的関数あるいは原始帰納的述語なるものは，形式的体系における有限の立場での手続き，ないしは，この立場で定義された論理式の自然数論における解釈としての表現をその起源とするものである．

また，帰納的関数（述語）は原始帰納的関数（述語）を含み，後の章に示されるように，アルゴリズムをもつ関数（述語）の数学的定義として適当と考えられる概念である．

以下で取り扱われる関数は，自然数上で定義され，自然数値をとる数論的関数であり，述語もまた自然数上で定義されるもののみを考える．

本章では，帰納的関数や帰納的述語の基本的性質について述べ，いくつかの具体的な例をあげるが，これらの関数，述語は，以降の各章においてさまざまに用いられる．

本章の構成は次のようである：

2.1　原始帰納的関数と帰納的関数

まず，次のような3種類の数論的関数を考える：

（Ⅰ）　$\varphi(x)=x'$

（Ⅱ）　$\varphi(x_1, x_2, \cdots, x_n)=q$　（q は定数）

（Ⅲ）　$\varphi(x_1, x_2, \cdots, x_n)=x_i$　$(i=1, 2, \cdots, n)$

（Ⅰ）は後者関数（successor function）．すなわち，x' は“x の後者”つまり，$x+1$ の意味である．この関数は自然数論の公理系にも現れる最も基本的なものである．

（II）は定数関数であり，（III）は射影（$n=1$ ならば恒等関数）である．

以上の（I），（II），（III）によって導入される関数を**初期関数**（initial function）とよぶ．

次に，与えられた m 変数関数 ψ と n 変数関数 $\chi_1, \cdots, \chi_m$ から新しい関数 φ を次のようにつくる操作

（IV） $\varphi(x_1, \cdots, x_n) = \psi(\chi_1(x_1, \cdots, x_n), \cdots, \chi_m(x_1, \cdots, x_n))$

と，与えられた関数 ψ や χ から新しい関数 φ をつくる次の操作

（V） $\begin{cases} \varphi(0) = q & (q \text{ は定数}) \\ \varphi(x') = \psi(x, \varphi(x)) \end{cases}$

（VI） $\begin{cases} \varphi(0, x_1, \cdots, x_n) = \psi(x_1, \cdots, x_n) \\ \varphi(x', x_1, \cdots, x_n) = \chi(x, \varphi(x, x_1, \cdots, x_n), x_1, \cdots, x_n) \end{cases}$

を考える．（IV）の操作は**合成**であり，（V），（VI）の操作は**帰納的定義**である．

さらに，$(n+1)$ 変数の関数 ψ について，

$$\forall x_1 \forall x_2 \cdots \forall x_n \exists y [\psi(x_1, \cdots, x_n, y) = 0]$$

が成立するとき，このような ψ から新しい関数 φ をつくる操作

（VII） $\varphi(x_1, x_2, \cdots, x_n) = \mu y [\psi(x_1, \cdots, x_n, y) = 0]$

を考える．

ここで，$\mu y [\psi(x_1, \cdots, x_n, y) = 0]$ は，$x_1, \cdots, x_n$ に対し，$\psi(x_1, \cdots, x_n, y) = 0$ を満たす最小の y を表す．（VII）の適用に際しては，条件から，このような値が必ず存在する．

（VII）は，**μ-作用素の適用**とか，最小化の操作などとよばれる．

以上，（IV），（V），（VI），（VII）によって導入される関数を，**与えられた関数から得られる関数**（immediate consequence）とよぶ．

定義 2.1 関数 φ と，関数列 $\varphi_1, \cdots, \varphi_l$ について，次のような条件

（1） 任意の i $(=1, 2, \cdots, l)$ について φ_i が

ⓘ 初期関数であるか，

ⓘⓘ ある与えられた関数の有限集合 $\mathfrak{D}$ $(=\{\psi_1, \cdots, \psi_k\})$ の要素のいずれかであるか，あるいは

ⓘⓘⓘ φ_i に先行する関数 $\varphi_{j_1}, \cdots, \varphi_{j_m}$（すなわち，$j_1, \cdots, j_m < i$）から，（IV），（V），（VI），（VII）のいずれかの操作によって得られる関数で

ある.

（2） $\varphi_l=\varphi$

を満たすとき，この関数の有限列 $\varphi_1,\cdots,\varphi_l$ を，φ についての $\mathfrak{O}$-**帰納的記述** ($\mathfrak{O}$-recursive description) あるいは $\boldsymbol{\psi}_1,\cdots,\boldsymbol{\psi}_k$ **からの帰納的記述** (recursive description from $\psi_1,\cdots,\psi_k$) という.

$\mathfrak{O}=\phi$ のとき，つまり，（1）が，ⓘ,ⓘⓘⓘ の場合のみであるとき，$\varphi_1,\cdots,\varphi_l$ を**帰納的記述** (recursive description) という.

また，（1）の ⓘⓘⓘ で，(Ⅶ) の操作を用いないときは，$\varphi_1,\cdots,\varphi_l$ を φ についての $\mathfrak{O}$-**原始帰納的記述** ($\mathfrak{O}$-primitive recursive description) あるいは $\boldsymbol{\psi}_1,\cdots,\boldsymbol{\psi}_k$ **からの原始帰納的記述** (primitive recursive description from $\psi_1,\cdots,\psi_k$) という.

$\varphi_1,\cdots,\varphi_l$ が φ の $\mathfrak{O}$-原始帰納的記述であって，$\mathfrak{O}=\phi$ のときは，これを φ の**原始帰納的記述** (primitive recursive description) という.

上の（Ⅰ）～(Ⅶ) は，帰納的関数を定義する**図式** (schema) とよばれる.

定義 2.2 数論的関数 φ に対し，φ の原始帰納的記述が存在するとき，φ を**原始帰納的関数** (primitive recursive function) という. 同様に，φ の帰納的記述が存在するとき，φ を（**一般**）**帰納的関数** ((general) recursive function) という.

また，φ の $\mathfrak{O}$-原始帰納的記述が存在するとき，φ を $\mathfrak{O}$ **で**（あるいは $\boldsymbol{\psi}_1,\cdots,\boldsymbol{\psi}_k$ **で**）**原始帰納的な関数** (primitive recursive function in $\mathfrak{O}$ ($\psi_1,\cdots,\psi_k$)) とよび，同様に，φ の $\mathfrak{O}$-帰納的記述が存在するとき，φ を $\mathfrak{O}$ **で**（あるいは $\boldsymbol{\psi}_1,\cdots,\boldsymbol{\psi}_k$ **で**）**帰納的な関数** (recursive in $\mathfrak{O}$ ($\psi_1,\cdots,\psi_k$)) という.

定義2.1の“記述”は，いずれも関数 φ のアルゴリズムを記述するものと考えられる.

初期関数（Ⅰ）～(Ⅲ) は，明らかにアルゴリズムをもつ関数であり，記述における操作 (Ⅳ)～(Ⅶ) は，与えられた（計算法がすでに記述されている）関数から新しい関数を，その計算方法によってに定義するものである.

したがって，φ の帰納的記述や原始帰納的記述とは，初期関数から出発して，(Ⅳ)，(Ⅴ)，(Ⅵ)，(Ⅶ) の操作を有限回繰り返し適用して φ に至る“φ のアルゴリズムの記述”といえよう.

帰納的記述と原始帰納的記述の差異は，操作（VII）を用いるか否かであるが，（VII）を適用するときには条件

$$\forall x_1 \cdots \forall x_n \exists y \; [\psi(x_1, \cdots, x_n, y) = 0]$$

が成立しているから，y の値を $0, 1, 2, \cdots$ と動かして，最初に $\psi(x_1, \cdots, x_n, y) = 0$ となる y の値をとればよい．ただし，この条件の判定をしようとすれば，一般には超越的なものになる．計算の際にあらかじめ y の値をどれくらいの大きさまで動かせばよいかを知ることはできない．

$\mathfrak{O}$-帰納的記述や $\mathfrak{O}$-原始帰納的記述では，$\mathfrak{O}$ の要素が初期関数と同様に扱われる．しかし，$\mathfrak{O}$ の定め方に制限はないから，$\mathfrak{O}$ の要素は初期関数のように素性のはっきりした関数ではなく，アルゴリズムをもたない関数であるかも知れない．

つまり，$\mathfrak{O}$-帰納的記述あるいは $\mathfrak{O}$-原始帰納的記述は，与えられた $\mathfrak{O}$ の要素をも用いて φ の計算法を記述するものであって，そこで用いられている $\mathfrak{O}$ の要素がアルゴリズムをもつものであるならば，φ もアルゴリズムをもつ，という相対化なのである．

かくて，原始帰納的関数，帰納的関数はアルゴリズムをもつ数論的関数である．

定義から明らかに，次の定理 2.1 が成立する．

定理 2.1

（i） 原始帰納的関数は帰納的関数である．

（ii） $\psi_1, \cdots, \psi_k$ で原始帰納的な関数は，$\psi_1, \cdots, \psi_k$ で帰納的である．

この逆は成立しない．原始帰納的でない帰納的関数については後述する（定理 2.16）．

定理 2.2

（i） 関数 φ が $\psi_1, \cdots, \psi_k$ で原始帰納的で，$\psi_1, \cdots, \psi_k$ が原始帰納的関数ならば，φ は原始帰納的である．

（ii） 関数 φ が $\psi_1, \cdots, \psi_k$ で帰納的で，$\psi_1, \cdots, \psi_k$ が帰納的ならば，φ は帰納的である．

［証明］

（i）の証明：仮定により，φ の $\{\psi_1, \cdots, \psi_k\}$-原始帰納的記述 D と，ψ_i $(i=1, \cdots, k)$ のおのおの原始帰納的記述 D_i $(i=1, \cdots, k)$ が存在する．

このとき，定義から明らかに，$D_1, \cdots, D_k$, D は φ の原始帰納的記述になるから，φ は原始帰納的関数である．

（ii）の証明も同様．∎

例をあげよう．以下，原始帰納的関数の例をあげるが，定理2.1により，それは同時に帰納的関数の例になっている．

まず，$f(a,b)$ $(=a+b)$ が原始帰納的であることを示そう．そのために次のように原始帰納的記述をつくる：

$$\varphi_1(x)=x',\quad \varphi_2(b)=b,\quad \varphi_3(a,x,b)=x,\quad \varphi_4(a,x,b)=\varphi_1(\varphi_3(a,x,b)),$$

$$\begin{cases}\varphi_5(0,b)=\varphi_2(b)\\ \varphi_5(a+1,b)=\varphi_4(a,\varphi_5(a,b),b)\end{cases}$$

とすれば，$f(a,b)=\varphi_5(a,b)$ で，φ_1 は（I），φ_2, φ_3 は（III），φ_4 は φ_1, φ_3 から（IV）によって得られた関数，φ_5 は φ_2, φ_4 から（VI）によって得られた関数であるから，関数列 $\varphi_1, \varphi_2, \varphi_3, \varphi_4, \varphi_5$ は f の原始帰納的記述である．

もちろん，f の原始帰納的記述はただ1つというわけではない．たとえば，φ_5 に続いて，

$$\varphi_6(b,a)=b,\quad \varphi_7(b,a)=a,\quad \varphi_8(b,a)=\varphi_5(\varphi_7(b,a),\varphi_6(b,a))$$

とすれば，φ_6, φ_7 は（III），φ_8 は φ_5, φ_7 から（IV）によって得られた関数であり，$\varphi_5(a,b)=\varphi_8(b,a)$ であるから，これは変数の位置を交換したものであり，やはり $f(a,b)=\varphi_8(b,a)$ となるから，$\varphi_1, \varphi_2, \varphi_3, \varphi_4, \varphi_5, \varphi_6, \varphi_7, \varphi_8$ も f の原始帰納的記述である．

上の例からも明らかなように，（III）は変数の位置を変えることなどに有効に用いられる．

一般に，f が原始帰納的関数であることを示すとき，上のように原始帰納的記述をつくるのは煩雑でもあり

例 2.1　$\begin{cases}0+b=b,\\ a'+b=(a+b)'\end{cases}$　あるいは　$\begin{cases}a+0=a,\\ a+b'=(a+b)'\end{cases}$

と定義式を書いただけでも，この原始帰納的記述をうかがい知ることは十分で

きるから，(もちろん，形式的には原始帰納的記述を必要とするが) 上のように簡略化することが多い．本書においても以後はほとんどこのように簡略化することにする．

以下，原始帰納的関数の例をいくつかあげよう．

例 2.2 $\begin{cases} 0\cdot b=0, \\ a'\cdot b=a\cdot b+b \end{cases}$

これによって乗算は原始帰納的関数である．くどいようだが，もう1度だけこの原始帰納的記述をつくってみよう：

$f(a,b)=a\cdot b$ とし，$\varphi_1,\varphi_2,\cdots,\varphi_5$ を $\varphi_5(a,b)(=a+b)$ の原始帰納的記述とする．このとき，

$$\varphi_6(y_1)=0,\ \ \varphi_7(a,y_1)=y_1,\ \ \varphi_8(a,y_2,y_3)=\varphi_7(\varphi_2(a),\varphi_5(y_2,y_3)),$$

$$\begin{cases} \varphi_9(0,b)=\varphi_6(b) \\ \varphi_9(a+1,b)=\varphi_8(a,\varphi_9(a,b),b) \end{cases}$$

とすれば，φ_6 は (II)，φ_7 は (III)，φ_8 は $\varphi_2,\varphi_5,\varphi_7$ から (IV) によって，また φ_9 は φ_6,φ_8 から (VI) によって得られる関数であり，$\varphi_9(a,b)=a\cdot b$ であるから，$\varphi_1,\varphi_2,\varphi_3,\varphi_4,\varphi_5,\varphi_6,\varphi_7,\varphi_8,\varphi_9$ は乗算に対する原始帰納的記述である．以下同様にして，例 2.3〜例 2.16 の関数は右側，あるいは下に記された定義式が(いずれも，すでに原始帰納的関数であることが示されている関数を用いて) 図式 (I)〜(VI) を適用することによって記述されているから，原始帰納的関数である．

例 2.3 a^b $\begin{cases} a^0=1, \\ a^{b'}=a^b\cdot a \end{cases}$

例 2.4 $a!$ $\begin{cases} 0!=1, \\ a'!=a!\cdot a' \end{cases}$

例 2.5 $\mathrm{pd}(a)$ を "a の前者 (predecessor) をとる" 関数

すなわち，$\mathrm{pd}(a)=\begin{cases} 0 & a=0 \text{ のとき} \\ a-1 & a>0 \text{ のとき} \end{cases}$

なる関数とする．

$$\begin{cases} \mathrm{pd}(0)=0, \\ \mathrm{pd}(a')=a \end{cases}$$

例 2.6 $a \dot{-} b$ を,

$$a \dot{-} b = \begin{cases} a-b & a \geqq b \text{ のとき} \\ 0 & a<b \text{ のとき} \end{cases}$$

なる関数とする.

$$\begin{cases} a \dot{-} 0 = a, \\ a \dot{-} b' = \mathrm{pd}(a \dot{-} b) \end{cases}$$

例 2.7 $\min(a, b)$ を "a, b の小さいほうをとる" 関数とする

$$\min(a, b) = b \dot{-} (b \dot{-} a)$$

例 2.8 $\min(a_1, a_2, \cdots, a_n)$ を "$a_1, a_2, \cdots, a_n$ のうち, 1番小さいものをとる" 関数とする

$$\min(a_1, a_2, \cdots, a_n) = \min(\cdots\min(\min(a_1, a_2), a_3), \cdots, a_n)$$

例 2.9 $\max(a, b)$ を "a, b の大きいほうをとる" 関数とする

$$\max(a, b) = (a+b) \dot{-} \min(a, b)$$

例 2.10 $\max(a_1, a_2, \cdots, a_n)$ を "$a_1, a_2, \cdots, a_n$ のうち1番大きなものをとる" 関数とする

$$\max(a_1, a_2, \cdots, a_n) = \max(\cdots\max(\max(a_1, a_2), a_3), \cdots, a_n)$$

例 2.11 $\mathrm{sg}(a)$ を "$a=0$ ならば 0, $a>0$ ならば 1 をとる" 関数とする

$$\begin{cases} \mathrm{sg}(0) = 0, \\ \mathrm{sg}(a') = 1 \end{cases}$$

例 2.12 $\overline{\mathrm{sg}}(a)$ を "$a=0$ ならば 1, $a>0$ ならば 0 をとる" 関数とする

$$\begin{cases} \overline{\mathrm{sg}}(0) = 1, \\ \overline{\mathrm{sg}}(a') = 0 \end{cases}$$

例 2.13 $|a-b|$ $\qquad |a-b| = (a \dot{-} b) + (b \dot{-} a)$

例 2.14 $\mathrm{rem}(a, b)$ を " a を b で割った剰余をとる" 関数

すなわち, "$b \neq 0$ ならば $a=b \cdot q+r$, $0 \leqq r<b$ であるような r をとり, $b=0$ のときは a をその値とする" 関数とする

$$\begin{cases} \mathrm{rem}(0, b) = 0 \\ \mathrm{rem}(a+1, b) = (\mathrm{rem}(a, b)+1) \cdot \mathrm{sg}(|b-(\mathrm{rem}(a, b)+1)|) \end{cases}$$

例 2.15 $[a/b]$ を "$b \neq 0$ のとき, a を b で割った商の整数部分をとり, $b=0$ のときは, つねに値 0 をとる" 関数とする

$$\begin{cases} \left[\dfrac{0}{b}\right]=b, \\ \left[\dfrac{a'}{b}\right]=\left[\dfrac{a}{b}\right]+\overline{\mathrm{sg}}(|b-(\mathrm{rem}(a,b)+1)|) \end{cases}$$

例 2.16 $j(a,b)$ を次の定義式による関数とする

$$j(a,b)=[(a+b)(a+b+1)/2]+a$$

(この関数 j は $\boldsymbol{N}\times\boldsymbol{N}$ から $\boldsymbol{N}$ の上への1対1写像となることから，しばしば，**対関数** (pairing function) とよばれる)

$$\psi(x_1,x_2,\cdots,x_n,0)+\psi(x_1,x_2,\cdots,x_n,1)+\cdots+\psi(x_1,x_2,\cdots,x_n,z\dot{-}1)$$

を

$$\sum_{y<z}\psi(x_1,x_2,\cdots,x_n,y)$$

で表し，

$$\psi(x_1,x_2,\cdots,x_n,0)\cdot\psi(x_1,x_2,\cdots,x_n,1)\cdot\cdots\cdot\psi(x_1,x_2,\cdots,x_n,z\dot{-}1)$$

を

$$\prod_{y<z}\psi(x_1,x_2,\cdots,x_n,y)$$

で表すことにしよう．ただし，$z=0$ のときは，$\sum_{y<z}\psi(x_1,x_2,\cdots,x_n,y)=0$, $\prod_{y<z}\psi(x_1,x_2,\cdots,x_n,y)=1$ と規約する．このとき，

定理 2.3 $\sum_{y<z}\psi(x_1,x_2,\cdots,x_n,y)$, $\prod_{y<z}\psi(x_1,x_2,\cdots,x_n,y)$ は，いずれも z, $x_1,x_2,\cdots,x_n$ を変数とする，ψ で原始帰納的な関数である．

［**証明**］ $\sum_{y<z}\psi(x_1,x_2,\cdots,x_n,y)$ については，

$$\begin{cases} \sum_{y<0}\psi(x_1,x_2,\cdots,x_n,y)=0, \\ \sum_{y<z+1}\psi(x_1,x_2,\cdots,x_n,y)=\psi(x_1,x_2,\cdots,x_n,z)+\sum_{y<z}\psi(x_1,x_2,\cdots,x_n,y) \end{cases}$$

と定義できることから明らかであろう．

$\prod_{y<z}\psi(x_1,x_2,\cdots,x_n,y)$ についても同様に，

$$\begin{cases} \prod_{y<0}\psi(x_1,x_2,\cdots,x_n,y)=1, \\ \prod_{y<z+1}\psi(x_1,x_2,\cdots,x_n,y)=\psi(x_1,x_2,\cdots,x_n,z)\cdot\prod_{y<z}\psi(x_1,x_2,\cdots,x_n,y) \end{cases}$$

によって，ψ で原始帰納的であることがわかる． ▮

注意 2.1 $\sum_{y\le z}\psi(x_1,x_2,\cdots,x_n,y)$, $\sum_{w<y<z}\psi(x_1,x_2,\cdots,x_n,y)$,

$$\sum_{w \leqq y \leqq z} \psi(x_1, x_2, \cdots, x_n, y)$$

なども ψ で原始帰納的な関数となる．なぜならば，

$$\sum_{y \leqq z} \psi(x_1, x_2, \cdots, x_n, y) = \sum_{y < z+1} \psi(x_1, x_2, \cdots, x_n, y)$$

であり，

$$\sum_{w < y < z} \psi(x_1, x_2, \cdots, x_n, y) = \sum_{y < z \dot{-} (w+1)} \psi(x_1, x_2, \cdots, x_n, y+w+1)$$

であり，

$$\sum_{w \leqq y \leqq z} \psi(x_1, x_2, \cdots, x_n, y) = \sum_{y < z \dot{-} w+1} (x_1, x_2, \cdots, x_n, y+w)$$

と書けるからである．

このとき，$\sum_{w<y<z}$ や $\sum_{w \leqq y \leqq z}$ が $w, z, x_1, x_2, \cdots, x_n$ を変数とする関数であることに注意していただきたい．もちろん，$\prod_{y \leqq z}$，$\prod_{w<y<z}$，$\prod_{w \leqq y \leqq z}$ についても同様の事柄が成立する．

2.2 原始帰納的述語と帰納的述語

原始帰納的関数あるいは帰納的関数などによって真偽が決定できる述語を考えよう．

定義 2.3 自然数上で定義された述語 $P(x_1, x_2, \cdots, x_n)$ について

(i) $P(x_1, x_2, \cdots, x_n)$ が原始帰納的な表現関数をもつとき，**原始帰納的述語** (primitive recursive predicate) とよび，$\psi_1, \psi_2, \cdots, \psi_l$ で原始帰納的な表現関数をもつとき，$\boldsymbol{\psi_1, \psi_2, \cdots, \psi_l}$ **で原始帰納的な述語**という．

(ii) $P(x_1, x_2, \cdots, x_n)$ が帰納的な表現関数をもつとき，**帰納的述語** (recursive predicate) とよび，$\psi_1, \psi_2, \cdots, \psi_l$ で帰納的な表現関数をもつとき，$\boldsymbol{\psi_1, \psi_2, \cdots, \psi_l}$ **で帰納的な述語**という．

定義 2.4

(i) 関数 φ が述語 $Q_1, Q_2, \cdots, Q_l$ の表現関数 $\psi_1, \psi_2, \cdots, \psi_l$ で原始帰納的であるとき，φ は述語 $Q_1, Q_2, \cdots, Q_l$ で原始帰納的である，という．とくに，φ が述語 P の表現関数のとき，述語 P は $Q_1, Q_2, \cdots, Q_l$ で原始帰納的である，という．

(ii) 関数 φ が述語 $Q_1, Q_2, \cdots, Q_l$ の表現関数 $\psi_1, \psi_2, \cdots, \psi_l$ で帰納的であるとき，φ は述語 $Q_1, Q_2, \cdots, Q_l$ で帰納的である，という．とくに，φ が述語 P の表現関数のとき，述語 P は $Q_1, Q_2, \cdots, Q_l$ で帰納的である，という．

定義2.3，2.4や定理2.1，2.2から明らかに，次の定理が成立する：

定理 2.4

（i） 原始帰納的述語は帰納的述語である．

（ii） 関数 $\psi_1, \psi_2, \cdots, \psi_l$ で原始帰納的な述語は，$\psi_1, \psi_2, \cdots, \psi_l$ で帰納的な述語である．

（iii） 述語 $Q_1, Q_2, \cdots, Q_l$ が帰納的（原始帰納的）ならば，$Q_1, Q_2, \cdots, Q_l$ で帰納的（原始帰納的）な述語あるいは関数は，帰納的（原始帰納的）である．

例をあげよう．

例 2.17 $a=b$ は原始帰納的述語である．なぜならば，この述語は，原始帰納的関数 $\mathrm{sg}(|a-b|)$ を表現関数としてもつからである．すなわち，

$$a=b \Longleftrightarrow \mathrm{sg}(|a-b|)=0$$

$$a \neq b \Longleftrightarrow \mathrm{sg}(|a-b|)=1$$

以下同様にして，例2.18，19の述語は右側に記された原始帰納的関数を表現関数としてもつから，原始帰納的である．

例 2.18 $a \leqq b$ $\mathrm{sg}(a \dot{-} b)$

例 2.19 $a<b$ $\overline{\mathrm{sg}}(b \dot{-} a)$

定理 2.5 P を m 変数の述語，$\psi_1, \psi_2, \cdots, \psi_m$ を n 変数の関数とするとき，P に $\psi_1, \psi_2, \cdots, \psi_m$ を代入して得られる述語

$$P(\psi_1(x_1, x_2, \cdots, x_n), \psi_2(x_1, x_2, \cdots, x_n), \cdots, \psi_m(x_1, x_2, \cdots, x_n))$$

は，P の表現関数を ξ とすれば，$\xi, \psi_1, \psi_2, \cdots, \psi_m$ で原始帰納的である．

［**証明**］ 述語 $P(\psi_1(x_1, \cdots, x_n), \psi_2(x_1, \cdots, x_n), \cdots, \psi_m(x_1, \cdots, x_n))$ の表現関数を φ とすれば，

$$\varphi(x_1, x_2, \cdots, x_n)=\xi(\psi_1(x_1, \cdots, x_n), \varphi_2(x_1, \cdots, x_n), \cdots, \varphi_m(x_1, \cdots, x_n))$$

と書けることと，図式の（Ⅳ）から明らか． ∎

注意 2.2 定理2.5における，“$\xi, \psi_1, \psi_2, \cdots, \psi_m$ で原始帰納的”などのような表現は，以下ではしばしば“$P, \psi_1, \psi_2, \cdots, \psi_m$ で原始帰納的”などと書かれる．すなわち，述語に関しての相対化はその表現関数に関するものと解釈することにする．

定理 2.6 $P(x_1, x_2, \cdots, x_n)$，$Q(x_1, x_2, \cdots, x_n)$ を述語とするとき，

（i） $\neg P(x_1, x_2, \cdots, x_n)$

(ii)　$P(x_1, x_2, \cdots, x_n) \vee Q(x_1, x_2, \cdots, x_n)$

(iii)　$P(x_1, x_2, \cdots, x_n) \wedge Q(x_1, x_2, \cdots, x_n)$

(iv)　$P(x_1, x_2, \cdots, x_n) \Longrightarrow Q(x_1, x_2, \cdots, x_n)$

(v)　$P(x_1, x_2, \cdots, x_n) \Longleftrightarrow Q(x_1, x_2, \cdots, x_n)$

について，(i)はPで原始帰納的，(ii)〜(v)はいずれもP, Qで原始帰納的な述語である．

［証明］　P, Q の表現関数をおのおの φ, ψ とすれば，

(i)　$\neg P(x_1, x_2, \cdots, x_n)$ の表現関数は，$\overline{\mathrm{sg}}(\varphi(x_1, x_2, \cdots, x_n))$，

(ii)　$P(x_1, x_2, \cdots, x_n) \vee Q(x_1, x_2, \cdots, x_n)$ の表現関数は，$\varphi(x_1, x_2, \cdots, x_n) \cdot \psi(x_1, x_2, \cdots, x_n)$ であり，(iii)，(iv)，(v)は，おのおの $\neg(\neg P(x_1, x_2, \cdots, x_n) \vee \neg Q(x_1, x_2, \cdots, x_n))$，$\neg P(x_1, x_2, \cdots, x_n) \vee Q(x_1, x_2, \cdots, x_n)$，$(P(x_1, x_2, \cdots, x_n) \Longrightarrow Q(x_1, x_2, \cdots, x_n)) \wedge (Q(x_1, x_2, \cdots, x_n) \Longrightarrow P(x_1, x_2, \cdots, x_n))$ と同等であるから，その表現関数は，(i)はPで原始帰納的，(ii)〜(v)はP, Qで原始帰納的である．∎

定理 2.7　$P(x_1, x_2, \cdots, x_n, y)$ を述語とするとき，

(i)　$(\exists y)_{y<z} P(x_1, x_2, \cdots, x_n, y)$

(ii)　$(\forall y)_{y<z} P(x_1, x_2, \cdots, x_n, y)$

は，いずれもPで原始帰納的な述語である．

［証明］　$P(x_1, x_2, \cdots, x_n, y)$ の表現関数を $\varphi(x_1, x_2, \cdots, x_n, y)$ とすれば，

(i)　$(\exists y)_{y<z} P(x_1, x_2, \cdots, x_n, y)$ の表現関数は $\prod_{y<z} \varphi(x_1, x_2, \cdots, x_n, y)$，

(ii)　$(\forall y)_{y<z} P(x_1, x_2, \cdots, x_n, y)$ の表現関数は $\mathrm{sg}(\sum_{y<z} \varphi(x_1, x_2, \cdots, x_n, y))$

であり，これらは定理2.1によって原始帰納的である．∎

定義 2.5　$P(x_1, x_2, \cdots, x_n, y)$ を述語とするとき，$\mu y_{y<z} P(x_1, x_2, \cdots, x_n, y)$ とは，$y<z \wedge P(x_1, x_2, \cdots, x_n, y)$ を満たすyが存在するときは，そのようなyの最小値を，そのようなyが存在しないときはzに等しい値をとる（$z, x_1, x_2, \cdots, x_n$ を変数とする）関数を表す．$\mu y_{y<z}$ は**有界μ作用素**（bounded μ-operator）とよばれる．

定理 2.8　$\mu y_{y<z} P(x_1, y_2, \cdots, x_n, y)$ は，Pで原始帰納的な関数である．

［証明］　$P(x_1, x_2, \cdots, x_n, y)$ の表現関数を $\varphi(x_1, x_2, \cdots, x_n, y)$ とする．$z, x_1,$

$\cdots, x_n$ の値に対し，y の値を $0, 1, 2, \cdots < z$ と動かして，そのときの $\varphi(x_1, x_2, \cdots, x_n, y)$ の値をみよう．z 以下で $\varphi(x_1, x_2, \cdots, x_n, y) = 0$ なる y があれば，それがこの関数の値であり，$y = 0, 1, 2, \cdots, z-1$ のいずれに対しても $\varphi(x_1, x_2, \cdots, x_n, y) \neq 0$ ならばこの関数の値は z である．

そこで $\prod_{y<w} \varphi(x_1, x_2, \cdots, x_n, y)$ なる関数を考えてみよう．この関数は，$z, x_1, x_2, \cdots, x_n$ の値に対し，y の値を $0, 1, 2, \cdots < w$ と動かしてみると，この関数はある $y(<w)$ について $\varphi(x_1, x_2, \cdots, x_n, y) = 0$ になる直前までは値1をとり，このような y が存在すれば，それ以後の値はすべて値0をとる．このような y は，φ の値が0になるまで，y の値を動かした回数と一致するから，

$$\mu y_{y<z} P(x_1, x_2, \cdots, x_n, y) = \sum_{w<z} \Bigl(\prod_{y<w} \varphi(x_1, x_2, \cdots, x_n, y) \Bigr)$$

と表すことができる．定理2.3によって，この関数は φ で原始帰納的，したがって P で原始帰納的である． ∎

注意 2.3 注意2.1で述べたのと同様にして，定理2.8における $\mu y_{y<z}$ は，$\mu y_{y \leq z}$, $\mu y_{w<y<z}$, $\mu y_{w \leq y \leq z}$ などに置き換えても成立する．

例 2.20 $l(z) = \mu x_{x \leq z} (\exists y_{y \leq z} (j(x, y) = z))$ は原始帰納的である．

例 2.21 $r(z) = \mu y_{y \leq z} (\exists x_{x \leq z} (j(x, y) = z))$ は原始帰納的である．

定理 2.9 $P_1(x_1, x_2, \cdots, x_n), P_2(x_1, x_2, \cdots, x_n), \cdots, P_m(x_1, x_2, \cdots, x_n)$ を，これらのどの2つをとっても同時に成立することはない述語とするとき，次のように定義される関数，

$$\varphi(x_1, x_2, \cdots, x_n) = \begin{cases} \psi_1(x_1, x_2, \cdots, x_n) & P_1(x_1, x_2, \cdots, x_n) \text{ が成り立つとき,} \\ \psi_2(x_1, x_2, \cdots, x_n) & P_2(x_1, x_2, \cdots, x_n) \text{ が成り立つとき,} \\ \cdots\cdots\cdots & \cdots\cdots\cdots\cdots \\ \psi_m(x_1, x_2, \cdots, x_n) & P_m(x_1, x_2, \cdots, x_n) \text{ が成り立つとき,} \\ \psi_{m+1}(x_1, x_2, \cdots, x_n) & P_1, P_2, \cdots, P_m \text{ のいずれも成り立たないとき} \end{cases}$$

は，$\psi_1, \psi_2, \cdots, \psi_{m+1}, P_1, P_2, \cdots, P_m$ で原始帰納的な関数である．

［証明］ $P_i(x_1, x_2, \cdots, x_n)$ $(1 \leqq i \leqq m)$ の表現関数をそれぞれ $\varphi_i(x_1, x_2, \cdots, x_n)$ とすれば,

$\varphi(x_1, x_2, \cdots, x_n) = \overline{\mathrm{sg}}(\varphi_1(x_1, x_2, \cdots, x_n)) \cdot \psi_1(x_1, x_2, \cdots, x_n) + \overline{\mathrm{sg}}(\varphi_2(x_1, x_2, \cdots, x_n)) \cdot \psi_2(x_1, x_2, \cdots, x_n) + \cdots + \overline{\mathrm{sg}}(\varphi_m(x_1, x_2, \cdots, x_n)) \cdot \psi_m(x_1, x_2, \cdots, x_n) + \varphi_1(x_1, x_2, \cdots, x_n) \cdot \cdots \cdot \varphi_m(x_1, x_2, \cdots, x_n) \cdot \psi_{m+1}(x_1, x_2, \cdots, x_n)$ と表すことができる. よって φ は $\psi_1, \psi_2, \cdots, \psi_{m+1}, P_1, P_2, \cdots, P_m$ で原始帰納的である. ∎

上述の定理 2.9 の関数 φ のような定義は, **“場合分けによる定義”** とよばれる.

さて, これまでの議論によれば, 原始帰納的関数に加減乗除（減算, 除算には数論的関数であるための制限があるが）や, 有限和 $\sum_{y<z}$, 有限積 $\prod_{y<z}$ をほどこした結果はやはり原始帰納的であり, 帰納的な定義や場合分けによる定義による関数も原始帰納的であった. 原始帰納的述語に, $\neg$, $\vee$, $\wedge$, $\Rightarrow$, $\Longleftrightarrow$, $(\exists y)_{y<z}$, $(\forall y)_{y<z}$ をほどこした結果もまた原始帰納的であった. すなわち, 原始帰納的関数や原始帰納的述語は, 数学のなかでしばしば用いられる操作について閉じている.

例 2.22 述語 $a|b$ （a は b を割り切る）は, $\exists c_{1 \leq c \leq b}(a \cdot c = b)$ と書けるから原始帰納的である.

例 2.23 述語 $pr(a)$ （a は素数である）は, $\forall b_{1<b<a} \neg (b|a)$ と書けるから原始帰納的である.

例 2.24 p_i （$i+1$ 番目の素数）は, $\begin{cases} p_0 = 2 \\ p_{i+1} = \mu x_{x \leq p_i!+1}(x > p_i \wedge pr(x)) \end{cases}$ と定義できるから原始帰納的関数である.

つまり, 素数を大きさの順に, $2, 3, 5, 7, 11, 13, 17, 19, \cdots$ と並べたものを, $p_0, p_1, p_2, p_3, p_4, p_5, p_6, p_7, \cdots$ と書くとき, i の関数として p_i は原始帰納的というわけである. ところで, $p_{i+1} = \mu x_{x \leq p_i!+1}(x > p_i \wedge pr(x))$ で, p_{i+1} が確かに p_i の次の素数となることは, よく知られた次の事実によっている.

“$p_i < p \leqq p_i! + 1$ を満たす素数が存在する”

$p_i! + 1$ 以下の素数が, $p_0, p_1, \cdots, p_i$ しかないと仮定してみよう. この仮定から $p_i! + 1$ は素数ではない. したがってその素因数の1つを q とする. 仮定から q は $p_0, p_1, \cdots, p_i$ の中の1つであるが, $p_i!$ は $p_0, p_1, \cdots, p_i$, のいずれでも

割り切れるから，$p_i!+1$ は割り切れない．これは矛盾である．すなわち，$p_i!+1$ 以下の素数は $p_0, p_1, \cdots, p_i$ だけではない．よって $p_i<p\leqq p_i!+1$ を満たす素数は存在する．

ところで，任意の自然数 $a\,(\neq 0)$ は素因数分解によって

$$a=p_0^{x_0}\cdot p_1^{x_1}\cdot\cdots\cdot p_k^{x_k}\cdot\cdots$$

とただ1通りに書ける．もちろん x_i は0でもよいし，あるところから先の i では全部に0なる．そこで，a と i を与えたとき，x_i を計算する関数を与えてみよう：

例 2.25　$(a)_i$（a を素因数分解したときの p_i の冪指数）は，

$$\begin{cases}(0)_i=0\\(a)_i=\mu x_{x<a}[p_i^x|a\wedge\neg(p_i^{x+1}|a)]\end{cases}$$

と定義できるから原始帰納的関数である．

例 2.26　$lh(a)$（a を素因数分解したときの相異なる素因数の個数）は，まず $lh^*(i,a)$（a を素因数分解したときの p_i より小さい相異なる素因数の個数）を

$$\begin{cases}lh^*(0,a)=0\\lh^*(i+1,a)=\begin{cases}lh^*(i,a)+1, & p_i|a \quad のとき,\\lh^*(i,a), & \neg(p_i|a) \quad のとき,\end{cases}\end{cases}$$

と定義し，a が，a の含む素因数 p_i の番号 i より大きいことを用いて

$$lh(a)=lh^*(a,a)$$

と定義できる．$lh(i,a)$ は定理2.9から原始帰納的関数であるから，$lh(a)$ も原始帰納的関数である．

次の例2.27〜例2.29などの原始帰納的関数の意味については次節で述べることにし，ここではその関数と定義式のみをあげておこう．

例 2.27　次のように定義された関数 $a*b$ は原始帰納的である：

$$a*b=a\cdot\prod_{i<lh(b)}p_{i+lh(a)}^{(b)_i}$$

例 2.28
$$\begin{cases}j_1(x)=x,\\j_{n+1}(x_1,x_2,\cdots,x_{n+1})=j(x_1,j_n(x_2,x_3,\cdots,x_{n+1}))\end{cases}$$

と定義すれば，任意の $n\,(\geqq 1)$ について $j_n(x_1,x_2,\cdots,x_n)$ は原始帰納的関数である．

例 2.29　$\begin{cases} r^*(0,x)=x, \\ r^*(n+1,x)=r(r^*(n,x)) \end{cases}$

と定義すれば，$r^*(n,x)$ は原始帰納的関数である．

以下，$j_{n+1}(a_0,a_1,\cdots,a_{n-1},0)$ を $\langle a_0,a_1,\cdots,a_{n-1}\rangle$ と略記することにし，$l(r^*(i,a))$ を $[a]_i$ と略記することにしよう．定義から明らかに，$a=\langle a_0,a_1,\cdots,a_{n-1}\rangle$ ならば，$0\leqq i\leqq n-1$ を満たす任意の i に対し $[a]_i=a_i$ であり，$n\leqq i$ なる i に対しては $[a]_i=0$ である．

例 2.30　$[a]_i$ は定義から明らかに原始帰納的関数である．

例 2.31　次のように定義された関数 $le(a)$ は原始帰納的である：

$$le(a)=\sum_{i<a}\mathrm{sg}([a]_i)$$

$[a]_i>0$ なる i の個数は a 以下であることと，$j(0,0)=0$ から $\langle a_0,a_1,\cdots,a_{n-1}\rangle=\langle a_0,a_1,\cdots,a_{n-1},0,\cdots,0\rangle$ が成立することに注意すれば，$a=\langle a_0,a_1,\cdots,a_{n-1}\rangle$ かつ $a_i>0$ $(0\leqq i\leqq n-1)$ ならば，$le(a)=n$ となる．

例 2.32　$\begin{cases} jp(0,\ a,\ b)=b, \\ jp(n+1,\ a,\ b)=j(le(a),jp(n,\ r(a),\ b)) \end{cases}$

と定義すれば，$jp(n,a,b)$ は原始帰納的関数である．

例 2.33　次のように定義された関数 $a\#b$ は原始帰納的である：

$$a\#b=jp(le(a),a,b)$$

いま，$a_0,a_1,\cdots,a_{m-1},b_0,b_1,\cdots,b_{n-1}>0$ とし，$a=\langle a_0,a_1,\cdots,a_{m-1}\rangle, b=\langle b_0,b_1,\cdots,b_{n-1}\rangle$ とすると，

$$\begin{aligned} a\#b &= jp(le(a),\ a,\ b) \\ &= jp(m,a,b) \\ &= j_{m+1}([a]_0,[a]_1,\cdots,[a]_{n-1},b) \\ &= j_{m+1}(a_0,a_1,\cdots,a_{m-1},\langle b_0,b_1,\cdots,b_{n-1}\rangle) \\ &= \langle a_0,a_1,\cdots,a_{m-1},b_0,b_1,\cdots,b_{n-1}\rangle \end{aligned}$$

となる．

2.3 有限列の表現

以下における議論で示されるように，自然数の有限列

$$a_0, a_1, a_2, \cdots, a_n \qquad \text{ただし } a_i > 0 \ (0 \leqq i \leqq n)$$

を1つの自然数で表現したり，逆に1つの自然数が与えられたとき（それが自然数による有限列を表現しているとすれば）どのような有限列を表現しているかがわかるようにしたいことがある．たとえば，

有限列 $a_0, a_1, \cdots, a_n$ $(a_i > 0)$ を自然数 $a = p_0^{a_0} \cdot p_1^{a_1} \cdot \cdots \cdot p_n^{a_n}$ で表す

などは，その方法の1つである．逆に，自然数 a が与えられたとき，その素因数分解 $p_0^{a_0} \cdot p_1^{a_1} \cdot \cdots \cdot p_n^{a_n}$ の一意性から，有限列 $a_0, a_1, \cdots, a_n$ も一意的に定まる．

しかも，$a_0, a_1, \cdots, a_n$ から $p_0^{a_0} \cdot p_1^{a_1} \cdot \cdots \cdot p_n^{a_n}$ を計算する方法は，例2.2，例2.3および例2.24から原始帰納的関数として得られ，$a\ (= p_0^{a_0} \cdot p_1^{a_1} \cdot \cdots \cdot p_n^{a_n})$ から $a_0, a_1, \cdots, a_n$ を得る方法も，例2.25，例2.26から原始帰納的関数として得られる．

このような自然数の有限列を2つ合わせて1つの有限列にしたいこともしばしば起こる．2つの有限列を表現した自然数をそれぞれ a, b とするとき，例2.27に述べた $a*b$ は，a, b の表す2つの有限列を並べて1つの有限列にしたものの表現になっている．すなわち，

$a_0, a_1, \cdots, a_{m-1}, b_0, b_1, \cdots, b_{n-1} > 0$ で $a = p_0^{a_0} \cdot p_1^{a_1} \cdot \cdots \cdot p_{m-1}^{a_{m-1}}$，$b = p_0^{b_0} \cdot p_1^{b_1} \cdot \cdots \cdot p_{n-1}^{b_{n-1}}$

とすると，

$$a*b = p_0^{a_0} \cdot p_1^{a_1} \cdot \cdots \cdot p_{m-1}^{a_{m-1}} \cdot p_m^{b_0} \cdot p_{m+1}^{b_1} \cdot \cdots \cdot p_{m+n-1}^{b_{n-1}}$$

となる．

もちろん，自然数の有限列を表現する方法はこれにとどまらない．この方法は，次のような n 変数の関数 φ

$$\varphi : \boldsymbol{N} \times \boldsymbol{N} \times \cdots \times \boldsymbol{N} \ni a_0 a_1 \cdots a_n \longmapsto p_0^{a_0} \cdot p_1^{a_1} \cdot \cdots \cdot p_n^{a_n} (= a) \in \boldsymbol{N}$$

が単射であり，φ も，a と i から a_i を計算する関数も原始帰納的であることのみが本質的であるから，たとえば次のような方法も考えられる．

まず，例2.16であげた原始帰納的関数 $j(a, b)$ は，集合 $\boldsymbol{N} \times \boldsymbol{N}$ から $\boldsymbol{N}$ の上への1対1の関数，すなわち全単射になっている．少し計算をしてみれば，

$j(0,0)=0$，$j(0,1)=1$，$j(1,0)=2$，$j(0,2)=3$，$j(1,1)=4$，$j(2,0)=5$，

$j(0,3)=6$，$j(1,2)=7$，$j(2,1)=8$，$j(3,0)=9$，$j(0,4)=10$，$j(1,3)=11, \cdots$

つまり，f の値は次の図のような順に $0, 1, 2, \cdots$ となっていることがわかる：

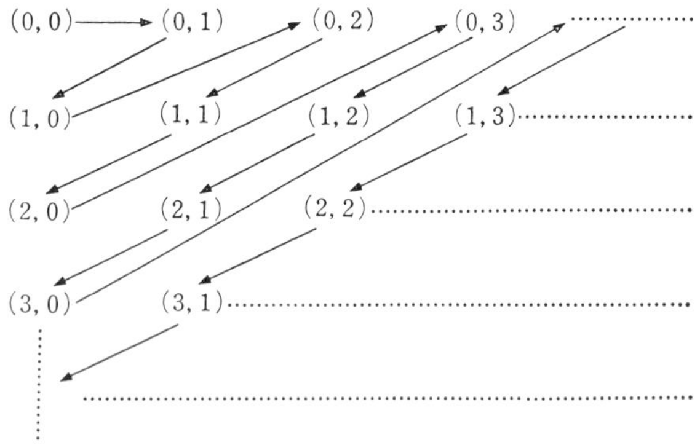

この図のように関数 j を定義することを考えれば，$j(a, b)=[(a+b)(a+b+1)/2]+a$ となることは，ほとんど明らかであるが，一応，関数 j が全単射であることを証明してみよう.

定理 2.10 関数 $j(a, b)=[(a+b)(a+b+1)/2]+a$ は，$\boldsymbol{N}\times\boldsymbol{N}$ から $\boldsymbol{N}$ への全単射である.

［**証明**］

$$n=j(a, b)$$

とする．すなわち，

$$2n=(a+b)(a+b+1)+2a$$

これを変形して，

$$8n+1=(2a+2b+1)^2+8a$$

よって，

$$(2a+2b+1)^2\leqq 8n+1<(2a+2b+3)^2$$

すなわち，

$$(2a+2b+1)\leqq\sqrt{8n+1}<(2a+2b+3)$$

したがって，

$$[\sqrt{8n+1}]=2a+2b+1$$

あるいは

$$[\sqrt{8n+1}]=2a+2b+2$$

である．つまり

$$\left[\frac{[\sqrt{8n+1}]+1}{2}\right]=a+b+1$$

であるから，

$$(*) \qquad a+b=\left[\frac{[\sqrt{8n+1}]+1}{2}\right]-1$$

であり，j の定義から

$$\begin{aligned} 2n &= (a+b)(a+b+1)+2a \\ &= (a+b)^2+3a+b \end{aligned}$$

これと (*) を用いて，

$$\begin{aligned} 3a+b &= 2n-(a+b)^2 \\ (**) \qquad &= 2n-\left(\left[\frac{[\sqrt{8n+1}]+1}{2}\right]-1\right)^2 \end{aligned}$$

が得られる．(*) と (**) を，a と b についての連立1次方程式とみなせば，任意の自然数 n に対して，これを満たす (a,b) がただ1組だけ存在する．よって，関数 j は全単射である．▮

例2.16，2.20，2.21 の j,l,r の定義，および上のことがらから，明らかに

$$j(l(z),r(z))=z,\quad l(j(x,y))=x,\quad r(j(x,y))=y$$

である．

以上によって，例 2.28 であげた原始帰納的関数 j_{n+1} は，

$$\boldsymbol{N}\times\boldsymbol{N}\times\cdots\times\boldsymbol{N}\ni(x_0x_2\cdots x_{n-1}0)\longmapsto\langle x_0,x_1,\cdots,x_n\rangle\in\boldsymbol{N}$$

なる全単射であり，$x(=\langle x_0,x_1,\cdots,x_n\rangle)$ と i から x_i を計算する関数 $[x]_i$ も例 2.30 によって原始帰納的であったから，この方法によっても自然数の有限列は表現できる．この場合は，例2.33 の原始帰納的関数 $a\#b$ が前の方法の $a*b$ に相当することになる．

2.4 累積帰納法

数学的帰納法を用いて定義される関数や述語は数多いが，帰納法を用いる場合，$\varphi(y+1)$ を $\varphi(y)$ の値を用いて定義する以外に，$t\leqq y$ であるようないくつかの t に対する $\varphi(t)$ の値を用いて $\varphi(y+1)$ を定義する場合がある．このような帰納法は，とくに**累積帰納法** (course of values induction) といわれる．たとえば，

例 2.34
$$\begin{cases} f(0)=1, \\ f(1)=1, \\ f(n+2)=f(n+1)+f(n) \end{cases}$$

によって定義される関数は，**累積帰納法によって定義された関数** (course of values function) である．

なお，この関数の値の列；

$$1, 1, 2, 3, 5, 8, 13, 21, 34, \cdots$$

は，**フィボナッチ数列** (Fibonacci sequence) とよばれる．

定義 2.6 $\varphi(y, x_1, x_2, \cdots, x_n)$ なる関数に対し，次のような関数，

$$\prod_{y<z} p_y^{\varphi(y, x_1, x_2, \cdots, x_n)} \quad を \quad \tilde{\varphi}(z, x_1, x_2, \cdots, x_n) \quad と書き，$$

$$\prod_{y<z} p_y^{\varphi(y, x_1, x_2, \cdots, x_n)+1} \quad を \quad \bar{\varphi}(z, x_1, x_2, \cdots, x_n) \quad と書く．$$

定理 2.11 関数 φ は $\tilde{\varphi}$ で原始帰納的であり，かつ $\tilde{\varphi}$ は φ で原始帰納的である．同様に，φ は $\bar{\varphi}$ で原始帰納的であり，かつ $\bar{\varphi}$ は φ で原始帰納的である．

［**証明**］ 定義から，$y<z$ なる y に対し，$\varphi(y, x_1, x_2, \cdots, x_n) = (\tilde{\varphi}(z, x_1, x_2, \cdots, x_n))_y$ であり，同様に，$y<z$ なる y に対し，$\varphi(y, x_1, x_2, \cdots, x_n) = (\bar{\varphi}(z, x_1, x_2, \cdots, x_n))_y \dot{-} 1$，また，

$$\begin{cases} \tilde{\varphi}(0, x_1, x_2, \cdots, x_n) = 1, \\ \tilde{\varphi}(y+1, x_1, x_2, \cdots, x_n) = \tilde{\varphi}(y, x_1, x_2, \cdots, x_n) \cdot p_y^{\varphi(y, x_1, x_2, \cdots, x_n)} \end{cases}$$

であるから，φ は $\tilde{\varphi}$ で原始帰納的であり，逆に $\tilde{\varphi}$ は φ で原始帰納的である．同様に，φ は $\bar{\varphi}$ で原始帰納的であり，$\bar{\varphi}$ も φ で原始帰納的となる． ▮

上の定理から，$\tilde{\varphi}(z)$ あるいは $\bar{\varphi}(z)$ からは，原始帰納的関数によって，$\varphi(0), \varphi(1), \cdots, \varphi(z-1)$ が計算でき，逆に $\varphi(0), \varphi(1), \cdots, \varphi(z-1)$ から，原始帰納的関数によって $\tilde{\varphi}(z)$ や $\bar{\varphi}(z)$ の値が計算できることがわかる．

$\tilde{\varphi}(z)$ と $\bar{\varphi}(z)$ の相違は，$\tilde{\varphi}(z)$ については必ずしも $lh(\tilde{\varphi}(z)) = z$ が成立しないのに対し，$\bar{\varphi}(z)$ では $lh(\bar{\varphi}(z)) = z$ がつねに成立することにある．

定理 2.12 次のような累積帰納法によって定義された関数 φ；

$$\varphi(y, x_1, x_2, \cdots, x_n) = \psi(y, \tilde{\varphi}(y, x_1, x_2, \cdots, x_n), x_1, x_2, \cdots, x_n)$$

は，ψ で原始帰納的である．

［**証明**］
$$\begin{cases} \tilde{\varphi}(0, x_1, x_2, \cdots, x_n) = 1, \\ \tilde{\varphi}(y+1, x_1, x_2, \cdots, x_n) \\ \quad = \tilde{\varphi}(y, x_1, x_2, \cdots, x_n) \cdot p_y^{\psi(y, \tilde{\varphi}(y, x_1, x_2, \cdots, x_n), x_1, x_2, \cdots, x_n)} \end{cases}$$

であるから，まず $\tilde{\varphi}$ は ψ で原始帰納的であり，

$$\varphi(y, x_1, x_2, \cdots, x_n) = (\tilde{\varphi}(y+1, x_1, x_2, \cdots, x_n))_y$$

であるから，φ も ψ で原始帰納的である． ▮

図式（V），(VI）を拡張して，次のような関数の定義の仕方を考えてみよう：

$$(\mathrm{V}')\quad \begin{cases} \varphi(0) = q_0, \\ \varphi(1) = q_1, \\ \quad\vdots & (q_0, q_1, \cdots, q_n \text{ は定数}) \\ \varphi(n) = q_n, \\ \varphi(x+n+1) = \psi(x, \varphi(x), \varphi(x+1), \cdots, \varphi(x+n)), \end{cases}$$

$$(\mathrm{VI}')\quad \begin{cases} \varphi(0, x_1, x_2, \cdots, x_n) = \psi_0(x_1, x_2, \cdots, x_n) \\ \varphi(1, x_1, x_2, \cdots, x_n) = \psi_1(x_1, x_2, \cdots, x_n) \\ \qquad\vdots \\ \varphi(n, x_1, x_2, \cdots, x_n) = \psi_n(x_1, x_2, \cdots, x_n) \\ \varphi(x+n+1, x_1, x_2, \cdots, x_n) = \chi(x, \varphi(x, x_1, x_2, \cdots, x_n), \\ \quad \varphi(x+1, x_1, x_2, \cdots, x_n), \cdots, \varphi(x+n, x_1, x_2, \cdots, x_n), x_1, \cdots, x_n) \end{cases}$$

定理 2.13　(V′) で定義される関数 φ は，ψ で原始帰納的であり，(VI′) で定義される関数 φ は，$\psi_0, \psi_1, \cdots, \psi_n, \chi$ で原始帰納的である．

［**証明**］ 場合分けによる定義を用いれば，(V′) で定義される関数 φ は，

$$\varphi(x) = \begin{cases} q_0, & x=0 \text{ のとき} \\ q_1, & x=1 \text{ のとき} \\ \vdots \\ q_n, & x=n \text{ のとき} \\ \psi(x \dot{-} (n+1), (\tilde{\varphi}(x))_{x \dot{-} (n+1)}, (\tilde{\varphi}(x))_{x \dot{-} n}, \cdots, (\tilde{\varphi}(x))_{x \dot{-} 1}), \\ \qquad x \geqq n+1 \text{ のとき} \end{cases}$$

と書けるから，定理 2.11 によって，ψ で原始帰納的である．

(VI′) についてもほとんど同様である． ▮

この定理から，例 2.34 のフィボナッチ数列を与える関数，$f(0)=1$，$f(1)=1$，$f(n+2)=f(n+1)+f(n)$ は，

$$f(n) = \begin{cases} 1, & n=0 \text{ のとき}, \\ 1, & n=1 \text{ のとき}, \\ (\tilde{f}(n))_{n \dot{-} 1} + (\tilde{f}(n))_{n \dot{-} 2}, & n \geqq 2 \text{ のとき}, \end{cases}$$

と定義できて，原始帰納的関数であることがわかる．

注意 2.4　この節で，累積帰納法のために用いた $\tilde{\varphi}=\prod_{y<z} p_y^{\varphi(y, x_1, x_2, \cdots, x_n)}$ や $(\tilde{\varphi}(z, x_1, x_2, \cdots, x_n))_y$ などの手段は，2.3節で論じたように，$\langle\varphi(0, x_1, x_2, \cdots, x_n), \varphi(\varphi(1, x_1, x_2, \cdots, x_n), \cdots, \varphi(z\dot{-}1, x_1, x_2, \cdots, x_n)\rangle$ を $\tilde{\varphi}$ と定義し，$[\tilde{\varphi}(z, x_1, x_2, \cdots, x_n)]_y$ などとおきかえても全く同じ結果が得られる．このような表現によると，ディオファントス的表現 (Diophantine representation，第7章参照) を取り扱う場合などには都合がよい．

2.5　多重帰納的関数

原始帰納的関数を定義する際の図式の（V），（VI）に着目しよう．この帰納法（1重帰納法）のかわりに2重帰納法を用いて定義される関数を2重帰納的関数，一般に（I）〜（IV）と k 重帰納法を用いて導入される関数（（VII）は用いない）を k 重帰納的関数（k-recursive function）とよび，多重帰納的関数と総称する．k 重帰納法による計算の方法から多重帰納的関数もアルゴリズムをもつ関数である．

さて，この節の目的は，2重帰納的関数が必ずしも原始帰納的関数（つまり，1重帰納的関数）でないことの概略を述べることである．一般に，**k 重帰納的でない（$k+1$）重帰納的関数が存在する**[†]．

まず，**1変数の原始帰納的関数は，すべて1変数の関数のみで構成できること**を示す次の定理をあげよう．

定理 2.14　任意の1変数の原始帰納的関数は，次のような4つの関数，

（i）　$s(x)=x+1$　（後者をとる関数）

（ii）　$l(x)$　（例2.20）

（iii）　$r(x)$　（例2.21）

（iv）　$0(x)=0$　（つねに値0をとる関数）

から出発して，与えられた関数 $\psi(x), \chi(x)$ から，次のように $\varphi(x)$ をつくる操作，

（v）　$\varphi(x)=j(\psi(x), \chi(x))$　（j は例2.16の対関数）

（vi）　$\varphi(x)=\psi(\chi(x))$　　（合成関数）

---

†）多重帰納的関数についての詳細は Róza Péter による，Rekursive Funktionen, Akademischer Verlag., 1951 に詳しい．

（vii） $\begin{cases}\varphi(0)=\psi(0)\\ \varphi(x+1)=\chi(\varphi(x))\end{cases}$ （1変数関数のみによる帰納的定義）

を有限回繰り返し適用することによって得られる．

［**証明の概要**］

1変数の原始帰納的関数はしばしば多変数の関数によって定義される．まず，このような場合に，それが1変数の関数に還元できることを示そう．

一般に，$\psi(x_0, x_1, \cdots, x_{n+1})$ は，$\psi([x]_0, [x]_1, \cdots, [x]_{n-1})$ で定義される1変数の関数 $\chi(x)$ に置き換えられる．2.3節で述べたように，j_{n+1} は $\overbrace{\boldsymbol{N}\times\cdots\times\boldsymbol{N}}^{n}$ から $\boldsymbol{N}$ への全単射であったから，$\chi(x)$ が定まることと $\psi(x_0, x_1, \cdots, x_{n-1})$ が定まることは同等である．すなわち，$\psi(x_0, x_1, \cdots, x_{n-1})$ が定まっていれば，原始帰納的関数によって，$\chi(x)$ の値を定めることができ，逆に，$\chi(x)$ が定まれば，原始帰納的関数によって $\psi(x_0, x_1, \cdots, x_{n-1})$ の値を定めることができる．

次に，恒等関数 $i(x)=x$ は，（i）と（iv）の関数 $s(x), 0(x)$ を用いて，（vii）の操作によれば，

$$\begin{cases}i(0)=0(x)\\ i(x+1)=s(i(x))\end{cases}$$

によって得られる．

さらに，定数関数 $c^{(q)}(x)=q$（q は定数）について考えてみよう．

（i）の $s(x)$ と（iv）の $0(x)$ を用いれば，つねに値 q をとる定数関数 $c^{(q)}(x)$ は，操作の（vi）を q 回繰り返すことにより，

$$c^{(q)}(x)=\overbrace{s(s(\cdots s}^{q}(0(x))\cdots))$$

として得られる．

原始帰納的関数の定義をよく観察すれば，証明の本質的な部分が以上のことがらによって尽くされていることが了解されよう．

たとえば，図式（V）のような

$$\begin{cases}\varphi(0)=q,\\ \varphi(x+1)=\psi(x, \varphi(x))\end{cases}$$

などの2変数関数 $\psi(a,b)$ は，$\psi(l(c), r(c))$ で定義される1変数関数 $\chi(c)$ で置き換える．$\chi(c)$ が定まることと $\psi(a,b)$ が定まることは同等である．した

がって，$\xi(x)$ を $j(x,\varphi(x))$ によって定義すれば，

$\psi(x,\varphi(x))=\chi(\xi(x))\quad (=\chi(j(x,\varphi(x)))=\psi(l(j(x,\varphi(x))),r(j(x,\varphi(x)))))$

と書ける．

恒等関数 $i(x)=x$ と $\varphi(x)$ が与えられているとき，$j(i(x),\varphi(x))$ すなわち $\xi(x)=j(x,\varphi(x))$ をつくることは（v）の操作であり，$l(x),r(x)$ は（ii），（iii）の関数であるから，これを用いて得られた1変数の関数 $\chi(x)$ と $\xi(x)$ との合成関数 $\chi(\xi(x))$ は（vi）の操作によって得られる．

よって，図式（V）は，前に得られた定数関数 $c^{(q)}(x)$ を用いて，（vii）の操作により

$$\begin{cases}\varphi(0)=c^{(q)}(0)\\ \varphi(x+1)=\chi(\xi(x))\end{cases}$$

と書けることになる． ∎

定義 2.7 2変数の関数 penum(x,y) を次のように2重帰納法を用いて定義する．

$$\mathrm{penum}(x,y)=$$
$$\begin{cases}s(y) & x=7m\ \text{のとき}\\ l(y) & x=7m+1\ \text{のとき}\\ r(y) & x=7m+2\ \text{のとき}\\ 0(y) & x=7m+3\ \text{のとき}\\ \mathrm{penum}(l(m),\mathrm{penum}(r(m),y)) & x=7m+4\ \text{のとき}\\ \varphi_m(y) & x=7m+5\ \text{のとき}\\ j(\mathrm{penum}(l(m),y),\mathrm{penum}(r(m),y)) & x=7m+6\ \text{のとき}\end{cases}$$

ただし，$\varphi_m(y)$ は次のように定義された関数とする：

$$\begin{cases}\varphi_m(0)=\mathrm{penum}(l(m),0),\\ \varphi_m(y+1)=\mathrm{penum}(r(m),\varphi_m(y))\end{cases}$$

この penum(x,y) の定義を眺めれば，次の2つのことがらが成り立つことは明らかであろう．

その第1は，$x=0,1,2,\cdots$ と x を動かすと，次々に原始帰納的関数が得られること，つまり，x を固定すると関数 penum(x,y) は原始帰納的であることであり，その第2は，penum(x,y) が2変数の関数として，アルゴリズムをも

つ関数となることである．実際，$\mathrm{penum}(0, y)$，$\mathrm{penum}(1, y)$，$\mathrm{penum}(2, y)$，$\mathrm{penum}(3, y)$ は，それぞれ $s(y), l(y), r(y), 0(y)$ なる原始帰納的関数であり，$\mathrm{penum}(0, y), \mathrm{penum}(1, y), \cdots, \mathrm{penum}(n, y)$ の値を計算する方法が定まっているとき，$\mathrm{penum}(n+1, y)$ を計算するには，次のようにすればよい：

$\mathrm{rem}(n+1, 7)$ を計算する．値が $0, 1, 2, 3$ のいずれかであれば，それぞれ $s(y), l(y), r(y), 0(y)$ を計算すればよい．値が $4, 5, 6$ のいずれかであるときは，$[(n+1)/7](=m)$ を計算すれば，$\mathrm{penum}(l(m), \mathrm{penum}(r(m), y))$ や $\mathrm{penum}(m, \varphi_m(y))$，$\mathrm{penum}(l(m), y)$，$\mathrm{penum}(r(m), y)$ は $m<n+1$ であるからすでに値を計算する方法は定まっている．したがって，これらから（v），（vi）あるいは（vii）の操作によって計算できる．

ところで，この $\mathrm{penum}(x, y)$ を定義した目的は，$x=0, 1, 2, \cdots$ と動かすことによって 1 変数の原始帰納的関数を全部**数え上げること**（enumeration）なのである（重複は許すものとする）．すなわち，次の定理で示されるように 1 変数の原始帰納的関数の全体を $\mathfrak{P}$ とすれば，

$$\mathfrak{P}=\{\mathrm{penum}(n, x) \mid n=0, 1, 2, \cdots\}$$

が成立するのである．

定理 2.15 任意の自然数 n に対し，$\mathrm{penum}(n, x)$ は変数 x の関数として原始帰納的である．逆に，任意の 1 変数の原始帰納的関数 $\varphi(x)$ に対し，$\mathrm{penem}(n, x)=\varphi(x)$ を満たす n が存在する．

［**証明**］ 任意の n に対し，$\mathrm{penum}(n, x)$ が x の関数として原始帰納的であることは，定義から明らかである．

逆を示そう．任意の 1 変数原始帰納的関数は定理 2.14 によって，定理 2.14 に述べられた（i），（ii），（iii），（iv）の関数から出発し（v），（vi），（vii）の操作によって得られる．したがって，この操作によって得られる関数が penum によって数え上げられることを証明すればよい．

まず，$\mathrm{penum}(0, x)$，$\mathrm{penum}(1, x)$，$\mathrm{penum}(2, x)$，$\mathrm{penum}(3, x)$ によって，（i），（ii），（iii），（iv）の関数が数え上げられる．

次に，$\mathrm{penum}(m, x)=\psi(x)$，$\mathrm{penum}(k, x)=\chi(x)$ とする．このとき，これらの関数から $\varphi(x)=j(\psi(x), \chi(x))$ と定義される関数 $\varphi(x)$ は，

$$j(\psi(x),\chi(x))=j(\text{penum}(m,x),\text{penum}(k,x))$$
$$=j(\text{penum}(l(j(m,k)),x),\text{penum}(r(j(m,k)),x))$$

であるから, $n=7\cdot(j(m,k))+6$ なる n をとれば, $\text{penum}(n,x)=\varphi(x)$ となる.

$\varphi(x)=\psi(\chi(x))$ と定義される関数 $\varphi(x)$ は,

$$\psi(\chi(x))=\text{penum}(m,\text{penum}(k,x))$$
$$=\text{penum}(l(j(m,k)),\text{penum}(r(j(m,k)),x))$$

であるから, $n=7\cdot(j(m,k))+4$ なる n をとれば, $\text{penum}(n,x)=\varphi(x)$ となる.

$\begin{cases}\varphi(0)=\psi(0)\\ \varphi(x+1)=\chi(\varphi(x))\end{cases}$ と定義される関数 $\varphi(x)$ は,

$$\varphi(0)=\text{penum}(m,0)=\text{penum}(l(j(m,k)),0)=\varphi_{j(m,k)}(0)$$
$$\varphi(x+1)=\text{penum}(k,\text{penum}(7\cdot(j(m,k))+5,x))$$
$$=\text{penum}(r(j(m,k)),\text{penum}(7\cdot(j(m,k))+5,x))$$
$$=\varphi_{j(m,k)}(x+1)$$

と書けるから, $n=7\cdot(j(m,k))+5$ なる n をとれば $\text{penum}(n,x)=\varphi(x)$ となる.

したがって, 任意の1変数原始帰納関数 $\varphi(x)$ に対し, 適当な n をとれば, $\text{penum}(n,x)=\varphi(x)$ が成り立つ. ▮

定理 2.16 penum(x,y) は2変数 x,y の関数として原始帰納的でない.

［**証明**］ penum(x,y) が原始帰納的であると仮定すると, この仮定から penum$(x,x)+1$ も原始帰納的関数である. この1変数原始帰納的関数を $\psi(x)$ とおいてみよう. すなわち, $\psi(x)=\text{penum}(x,x)+1$.

すると, 定理2.15によって, $\text{penum}(n,x)=\psi(x)$ なる n が存在する. このような n を固定すると, 任意の x について, $\text{penum}(n,x)=\psi(x)$ であるから, x に n を代入すると, $\text{penum}(n,n)=\psi(n)$ となる. ところで $\psi(x)$ の定義から,

$$\text{penum}(n,n)=\psi(n)=\text{penum}(n,n)+1$$

となって矛盾する. よって, penum(x,y) は原始帰納的ではない. ▮

これまでの議論を眺めると, 原始帰納的関数や述語のクラスはなかなか広いようにも思われるであろう. 事実, 後にも示されるように, このクラスの関数

や述語によって表現できる事柄はかなり豊富であるといってよい.

しかしながら，定義 2.7 と定理 2.16 の示すところによれば，penum(x, y) はアルゴリズムをもつ関数であって，しかも原始帰納的ではない．したがって少なくとも，アルゴリズムをもつ関数のクラスという意味では，このクラスはまだまだ狭いといわなくてはならない.

前にも述べたように，定理 2.16 を拡張して k 重帰納的でない $(k+1)$ 重帰納的関数の存在が証明できる．つまり，$(k+1)$ 重帰納的関数のクラスは k 重帰納的関数のクラスを含み，もっと広いのである．多重帰納的関数はアルゴリズムをもつから，k を大きくしていけば，アルゴリズムをもつ関数のクラスは，どんどん大きくなる.

しからば，アルゴリズムをもつ関数は，適当な k に対し k 重帰納的になるであろうか．実は，どんな k に対しても k 重帰納的にならないような関数で，アルゴリズムをもつものがあることも証明できるのである．すなわち，多重帰納法による拡張の方向では，アルゴリズムをとらえることは不可能ということになる.

帰納的関数のクラスは多重帰納的関数のクラスを含む．これまで，帰納的関数は原始帰納的関数と平行に議論してきたが，以上のような意味では，帰納的関数のクラスは原始帰納的関数のクラスよりもはるかに大きい，異なったクラスなのである.

注意 2.5 本章の議論の展開には必要ないのだが，原始帰納的でない帰納的関数の例としては，Ackermann 関数とよばれるものが有名である.

この関数 $A(x, y)$ は，2 重帰納法によって，次のように定義される関数である.

$$\begin{cases} A(0, y) = y' \\ A(x', 0) = A(x, 1) \\ A(x', y') = A(x, A(x', y)) \end{cases}$$

この Ackermann 関数は，いかなる原始帰納的関数よりも，増加が速いのである．すなわち，任意の n 変数の原始帰納的関数 f に対し，ある k が存在して

$$\forall x_1 \cdots \forall x_n [f(x_1 \cdots x_n) < A(k, x_1 + \cdots + x_n)]$$

が成立する.

2.6　帰納的部分関数

1.4節の部分関数の概念にしたがって，**原始帰納的部分関数** (partial primitive recursive function) と**帰納的部分関数** (partial recursive function) を定義しよう．

まず，初期関数（Ⅰ）〜（Ⅲ）は帰納的関数と全く同様にとる（これらの関数は，必然的に全域的に定義される）．

与えられた諸関数から新しい関数を定義する操作（Ⅳ）〜（Ⅶ）については，"＝" を "≃" に置き換える．

すなわち，初期関数を

（Ⅰ′）　$\varphi(x)=x'$

（Ⅱ′）　$\varphi(x_1, \cdots, x_n)=q$　（q は定数）

（Ⅲ′）　$\varphi(x_1, \cdots, x_n)=x_i$　$(i=1, 2, \cdots, n)$

とし，与えられた部分関数 ψ と $\chi, \chi_1, \cdots, \chi_m$ などから新しい関数 φ を定義する操作（Ⅳ′），（Ⅴ′），（Ⅵ′）を次のように定める．

（Ⅳ′）　$\varphi(x_1, \cdots, x_n)\simeq\psi(\chi_1(x_1, \cdots, x_n), \cdots, \chi_m(x_1, \cdots, x_n))$

（Ⅴ′）　$\begin{cases}\varphi(0)\simeq q & (q \text{ は定数})\\ \varphi(x')\simeq\psi(x, \varphi(x))\end{cases}$

（Ⅵ′）　$\begin{cases}\varphi(0, x_1, \cdots, x_n)\simeq\psi(x_1, \cdots, x_n)\\ \varphi(x', x_1, \cdots, x_n)\simeq\chi(x, \varphi(x_1, \cdots, x_n), x_1, \cdots, x_n)\end{cases}$

これ以降の定義は，2.1節におけるとまったく同様に定義することによって，原始帰納的部分関数が得られる．

上の（Ⅴ′），（Ⅵ′）の定義で，たとえば，$\varphi(a, x_1, \cdots, x_n)$ が定義されるとは，$b<a$ なるすべての b に対して $\varphi(b, x_1, \cdots, x_n)$ が定義されていなくてはならないことに注意しよう．$\varphi(b, x_1, \cdots, x_n)$ が定義されないような b が存在すれば，$b<a$ なるすべての a に対し，$\varphi(a, x_1, \cdots, x_n)$ は定義されないのである．

次に，与えられた $(n+1)$ 変数の部分関数 ψ から新しい n 変数の関数 φ を定義する操作（Ⅶ′）は，

（Ⅶ′）　$\varphi(x_1, x_2, \cdots, x_n)\simeq\mu y[\psi(x_1, x_2, \cdots, x_n, y)=0]$

と定める．（Ⅶ）の場合と異なり何の条件も必要ではないが，$\mu y[\psi(x_1, x_2, \cdots,$

$x_n, y)=0]$ が定義され，その値が a であるとは $b<a$ なるすべての b に対して $\psi(x_1, x_2, \cdots, x_n, b)$ が定義され，かつ，$\neq 0$ であることを意味する．

(I′)〜(Ⅵ′) およびこの (Ⅶ′) を用いて，2.1 節におけるとまったく同様に，帰納的部分関数を定義する．

また，原始帰納的部分関数を表現関数としてもつような述語を**原始帰納的部分述語**とよび，帰納的部分関数を表現関数としてもつ述語を**帰納的部分述語**という．

定義から明らかに，次の定理が成り立つ：

定理 2.17

(i) 原始帰納的関数は原始帰納的部分関数である．

(ii) 帰納的関数は帰納的部分関数である．

(iii) 帰納的（原始帰納的）述語は帰納的（原始帰納的）部分述語である．

2.7 帰納的手続き

帰納的関数や帰納的述語は自然数上の関数であり述語であるが，自然数の世界の対象に限らず，一般の対象に対する手続きについても“帰納的手続き”の名でよぶことがある．

序論に述べた“算術化”の方法，すなわち，体系のなかの対象や概念を自然数や自然数上の述語に対応させる方法は，同時に，一般的な手続きを自然数上の手続きに対応させる†).

すなわち，帰納的記述として表せる手続き，あるいは，適当な算術化によって帰納的記述に翻訳できるような手続きを，**帰納的手続き** (recursive procedure) というのである．

同様に，直接あるいは適当な算術化によって，原始帰納的記述として表せる手続きを，**原始帰納的手続き** (primitive recursive procedure) という．

当然のことながら，原始帰納的手続きは帰納的手続きである．

---

†) “算術化”の具体的内容については第 3 章，第 4 章などで述べる．

第3章　不完全性定理

本章では，K. Gödel によって証明された「不完全性定理 (Incompleteness Theorem)：自然数論をその一部に含む数学的理論は，その理論が無矛盾であるかぎり，その理論における命題で，その理論の公理系からは肯定も否定もともに証明できないような命題が存在する」について述べる．

帰納的関数の理論を構成する諸定理が述べられるとき，この定理が，本章で述べられるような形で提出されることは，ほとんどないであろう．普通は，S. C. Kleene の T-述語を用いて，もう少し一般的に，もう少し整理したかたちでとりあげられるのである．そして，その定理は，本書の第5章でも述べられる．

それにもかかわらず，本章ではこの不完全性定理を，K. Gödel の論文 “Über formal unentscheidbare Sätze der Principia Mathematica und verwandter Systeme. I” の内容にしたがって，ほとんどそのままに，紹介しようと思う．

その理由は，この論文に現れる（不完全性定理をはじめとする）諸定理とそれらの証明に見られる概念の取り扱い，手段，および方法は，いずれも帰納的関数の理論の原点ともいうべきものであり，この分野における現在までの研究方法の多くを含むからである．

原始帰納的関数や算術化の概念は，上記の論文のなかで初めて現れたのであるが，ここで重要なのはそのことではなく，それらの概念，性質が数学基礎論の研究のなかで，用いられる様子を見ることである．

第4章以降では，帰納的関数の理論自身の展開に忙しく，証明論などとの関わりあいについて俯瞰することはできないから，本章ではこれらについて，おおよその感じをつかんでいただきたいと思うのである．本書で行われる議論は，そのほとんどがこの論文における方法の影響を受けており，したがって本章で用いられる方法や手段を理解することは，第4章以降の内容の理解を助けるものとなろう．

3.1 形式的体系P

まず，本章で用いる形式的体系Pを定めよう†).

（1） Pの基本記号

(1.1) 定記号

（i） 対象記号として， 0

（ii） 関数記号として， ′

（iii） 論理記号として， ¬, ∨, ∀

（iv） 補助記号として， (,)

(1.2) 変数記号

（i） 1階のタイプの変数記号として，

$x_1, y_1, z_1, \cdots$

（ii） 2階のタイプの変数記号として，

$x_2, y_2, z_2, \cdots$

（iii） 3階のタイプの変数記号として，

$x_3, y_3, z_3, \cdots$

……………………

（n） n階のタイプの変数記号として，

$x_n, y_n, z_n, \cdots$

……………………

注意 3.1 各階のタイプの変数記号は，可算無限個用意されているものとする.

注意 3.2 1階のタイプの変数記号とは，1階のタイプの対象に対する変数を表す. すなわち，対象領域の上の変数を表す記号であって，ここでの対象領域は，直観的には，0を含む自然数全体ということになる.

2階のタイプの変数記号とは，1階のタイプの対象のクラスに対する変数を表す. すなわち，1階のタイプの対象（つまり自然数）上で定義された1変数の述語を表す. 同

†) この体系Pは，自然数の公理系を，A. Whitehead と B. Russell による“Principia Mathematica”（以下“PM”と省略する）の論理体系によって表現したものである. Gödel が，このような体系を採用した理由は，“PM”がよく知られた形式的体系だったからであろう.

以下の議論を注意深く観察すれば，本章で行われる手段や方法は，この体系Pに対してのみ成り立つものではなく，どのような形式的体系に対しても成立するものであることがわかる.

なお，本書では，Gödel の原論文で述べられている体系Pの記号を少し書き替えている. このことは，論理式の定義などに影響を及ぼすけれども，上述のように，本質的なことではない. 数学的理論の形式的体系についての詳細は，たとえば参考文献［1］,［3］などを参照されたい.

様にして，$(n+1)$ 階のタイプの変数記号は，n 階のタイプの対象のクラスに対する変数を表すものである．

注意 3.3 2変数以上の述語に対する変数記号は，上述のものから定義できる．このためには，順序対 $\langle x, y\rangle$ が定義できればよいが，これは $((x),(x, y))$ と定義すればよい（ただし，ここで (a) は a のみからなるクラス，(a,b) は a,b のみからなるクラスを意味する）．

注意 3.4 形式的体系では，2変数の述語記号として $=$ が用意されているのが普通であるが，これも上述のものから定義される（後述）．

（2） 項（term）

(2.1) 1階のタイプの項を次のように定義する：

（i） 1階のタイプの変数記号は，1階のタイプの項である．

（ii） a が 0，あるいは1階のタイプの変数記号のとき，

$$a, a', a'', a''', \cdots$$

は1階のタイプの項である．

(iii) 以上によって定義されるもののみが，1階のタイプの項である．

($0, 0', 0'', 0''', \cdots$ を特に，**数項**（numeral）とよぶ）

(2.2) $(n+1)$ 階のタイプの変数記号を，$(n+1)$ 階のタイプの項という．

(2.3) 以上によって定義される各階のタイプの項のみが項である．

（3） 論理式（formula）

(3.1) 基本論理式を次のように定義する：

a が $(n+1)$ 階のタイプの項で，b が n 階のタイプの項であるとき，

$$a(b)$$

を基本論理式という．

(3.2) 論理式を次のように定義する：

（i） 基本論理式は論理式である．

（ii） a, b が論理式のとき，

$$\neg(a), \quad (a)\vee(b), \quad \forall x(a)^{\dagger)}$$

は論理式である．

†) x は任意の変数記号で，a のなかに x が束縛変数としては現れないとする．なお，a のなかにまったく x が現れなくてもよい．このような場合，直観的には $\forall x(a)$ と a とは同じことがらを表すと考えるわけである．

(iii) 以上によって定義されるもののみが論理式である.

以下，自由変数を含まない論理式を命題，(n 個の) 自由変数を含む論理式を (n 変数の) 述語とよぶことがある.

また，a を論理式，v は変数記号，b を v と同じタイプの項であって，v が a のなかに，自由変数として現われているとき，a のなかのすべての v を b で置き換えて得られる論理式を

$$\mathrm{Subst}\, a\binom{v}{b}$$

と書き表すことにする. v が a のなかに自由変数として現れていないときには，$\mathrm{Subst}\, a\binom{v}{b}$ は a 自身である.

Pでは，通常用いられる論理記号

$$\wedge,\ \Rightarrow,\ \Longleftrightarrow,\ \exists$$

や，2変数の述語記号

$$=$$

が基本記号として採用されていないが，以下の公理や証明の記述を簡単にするために，a, b を論理式とするとき，

$(a)\wedge(b)$ は $\neg((\neg(a))\vee(\neg(b)))$ によって，

$(a)\Rightarrow(b)$ は $(\neg(a))\vee(b)$ によって，

$\exists x(a)$ は $\neg(\forall x(\neg(a)))$ によって定義されるものとして，

これを用いることにする.

$(a)\Longleftrightarrow(b)$ は，もちろん，$((a)\Rightarrow(b))\wedge((b)\Rightarrow(a))$ によって定義されるものとして用いる.

次に，等号 = については；

$$x_n = y_n \quad \text{とは，} \quad \forall x_{n+1}((x_{n+1}(x_n))\Rightarrow(x_{n+1}(y_n)))$$

のこと，と定義する[†].

なお，以上の論理式の定義では，括弧が何重にも現れるが，以下では通常の慣例にしたがって，括弧を適当に省略する.

さて，以上によって，Pにおいては，どのような記号を用いて，どのように

†) このことについては，たとえば参考文献 [2] などを参照されたい.

対象を表現するかが定められたわけである．つまり，形式的体系Pにおける言語が定まったのである．この言語を用いて，推論規則をも含めた，広い意味での公理系を定めれば，形式的体系Pは完全に定められたことになる．

（4） Pの公理系

Pの公理系は，公理とよばれるI，II，III，IV，Vで示される論理式と，VIの推論規則とからなる：

(4.1) 公理系I（自然数の公理系）

（i） $\neg(x_1'=0)$

（ii） $x_1'=y_1' \Rightarrow x_1=y_1$

（iii） $(x_2(0) \wedge \forall x_1(x_2(x_1) \Rightarrow x_2(x_1'))) \Rightarrow \forall x_1(x_2(x_1))$

(4.2) 公理系II（論理記号についての公理系（1））

以下の4つの図式から得られるすべての論理式．

（i） $(p \vee p) \Rightarrow p$

（ii） $p \Rightarrow (p \vee q)$

（iii） $(p \vee q) \Rightarrow (q \vee p)$

（iv） $(p \Rightarrow q) \Rightarrow ((r \vee p) \Rightarrow (r \vee q))$

ただし，p, q, r は，任意の論理式とする．

(4.3) 公理系III（論理記号についての公理系（2））

以下の2つの図式から得られるすべての論理式．

（i） $\forall v(a) \Rightarrow \mathrm{Subst}\, a\binom{v}{c}$

（ii） $\forall v(b \vee a) \Rightarrow b \vee \forall v(a)$

ただし (4.3)-(i) で，v は変数記号，a は論理式，c は v と同じタイプの項であって，a では v を変数として含む範囲を束縛している変数記号を含まないような項とする．また，(4.3)-(ii) で，v は変数記号，a は論理式，b は v を自由変数として含まない論理式とする．

(4.4) 公理系IV（還元の公理 (axiom of reducibility)）

下の図式から得られるすべての論理式†)．

（i） $\exists u(\forall v(u(v) \Longleftrightarrow a))$

---

†) この公理は，集合論における内包の公理 (comprehension axiom) に相当している．

ただし，aは自由変数としてuを含まない論理式，uは$(n+1)$階のタイプの変数記号，vはn階のタイプの変数記号とする．

(4.5) 公理系V（外延の公理 (axiom of extensionality)）

下の図式から得られるすべての論理式．

（i） $\forall w(u(w) \Longleftrightarrow v(w)) \Longrightarrow u=v$

ただし，u, vは$(n+1)$階のタイプの変数記号で，wはn階のタイプの変数記号とする$(n=1, 2, \cdots)$．

(4.6) 公理系VI（推論の規則）

a, b, cを任意の論理式，vを任意の変数記号とするとき，次のような推論規則 (rule of inference)．

（i） $$\frac{a \quad a \Rightarrow b}{b}$$

（ii） $$\frac{a}{\forall v(a)}$$

(4.6)-（i）における論理式bを，論理式aと$a \Rightarrow b$から推論規則 (4.6)-（i）によって得られる結果 (immediate consequence of a and $a \Rightarrow b$)，(4.6)-（ii）における論理式$\forall v(a)$を，論理式aから推論規則 (4.6)-（ii）によって得られる結果 (immediate consequence of a) という．

（5） 証明可能な論理式

(5.1) （Pの公理系で）証明可能な論理式 (provable formula) を，次のように定義する：

（i） 公理系I，II，III，IV，Vの論理式は，証明可能な論理式である．

（ii） a, bが証明可能な論理式で，cがaとbから公理系VIの推論規則 (4.6)-（i）によって得られる結果の論理式であるとき，cは証明可能な論理式である．

（iii） aが証明可能な論理式で，bがaから公理系VIの推論規則 (4.6)-（ii）によって得られる結果の論理式であるとき，bは証明可能な論理式である．

（iv） 以上によって得られる論理式のみが，証明可能な論理式である．

以上によって，形式的体系Pは定められたから，次に，“Pの算術化”なる概念を導入しよう．

3.2 形式的体系Pの算術化

形式的な体系Pにおける基本記号は可算個である．そして，前節で定義された項，論理式などは，いずれも帰納的定義によって定められた可算個の対象である．さらに，3.1節の記述から，いわゆる“証明（公理からの，推論の積み重ね）”もまた明らかに可算個である．要するに，形式的体系における形式的対象は，基本記号，基本記号の有限列，そのような列の有限列，… として定義されており，それらの性質について議論しようとするとき，その議論の対象は可算個にすぎないのである．

一般に対象の全体 $\mathfrak{D}$ が可算個であれば，もちろん，各対象には自然数を対応させることができる．その対応

$$G:\mathfrak{D}\longrightarrow \boldsymbol{N},\quad x\longmapsto G(x)$$

では，次の条件を満たすようにしたい：

（1） $x(\in\mathfrak{D})$ に対し，$G(x)(\in N)$ の値を計算する有限の手続きが，実際に定められていること

（2） 任意の $y(\in N)$ に対し，$G(x)=y$ であるような x が存在しているかどうか，存在するならば，それがどのようなものであるかを決定する有限の手続きが，実際に定められていること

（3） $G(x)=G(y)\Rightarrow x=y$

もし，このような対応 G[†] が定められるならば，Pにおける対象 x と y との関係 $\mathcal{R}(x,y)$ は，自然数 $G(x)$ と $G(y)$ との間のある関係 $\mathcal{R}^*(G(x),G(y))$ と考えることができる．すなわち，Pで $\mathcal{R}(x,y)$ が成り立てば，N の上で $\mathcal{R}^*(G(x),G(y))$ が成り立ち，逆に，$\boldsymbol{N}$ の上で $\mathcal{R}^*(G(x),G(y))$ が成り立てば，Pで $\mathcal{R}(x,y)$ が成り立つような $\mathcal{R}^*$ を考えることができる．

しかも，x と $G(x)$ とは，互いに一方から他方を知ることができるから，Pにおける議論と，それに対応する $\boldsymbol{N}$ での議論は等価なものといえよう．

---

†) このような対応 G は，今日，“ゲーデル・ナンバリング（Gödel numbering）”とよばれている．

つまり，Pにおける議論をNにおけるある種の算術に置き換えることができるのである．このような方法を，**Pの算術化** (arithmetization of P) という．

以下に見られるように，この方法は

(i) 異なったタイプの変数記号などのように，異なったレベルの概念を一様にNのなかで表現できること

(ii) さまざまな理論，さまざまな対象の多様性を自然数のなかで統一して議論し，比較することができること

などの効用をもつもので，不完全性定理の証明の本質的な部分をなすものである．

さて，上述の（1），（2），（3）を満たすように，Gを定義しよう．なお，以下では，Gによる像$G(x)$を"xの**ゲーデル数** (Gödel number)"とよび，$\ulcorner x \urcorner$と書き表す．

［**写像Gの定義**］

（1） まず，Pの基本記号のゲーデル数を次のように定義する：

(1.1) 定数記号のゲーデル数

$$\ulcorner 0 \urcorner = 1,\quad \ulcorner ' \urcorner = 3,\quad \ulcorner \neg \urcorner = 5,\quad \ulcorner \vee \urcorner = 7$$

$$\ulcorner \forall \urcorner = 9,\quad \ulcorner (\urcorner = 11,\quad \ulcorner) \urcorner = 13$$

(1.2) 変数記号のゲーデル数

n階のタイプの変数記号には，p^n（pは$p>13$なる素数）を対応させる．すなわち，$x_n, y_n, z_n, \cdots$ $(n=1,2,\cdots)$ に対して，

$$\ulcorner x_n \urcorner = 17^n,\ \ulcorner y_n \urcorner = 19^n,\ \ulcorner z_n \urcorner = 23^n, \cdots$$

（2） すでにゲーデル数が定義されている対象$\mathfrak{O}_0, \mathfrak{O}_1, \cdots, \mathfrak{O}_k$の列によって表現される対象のゲーデル数を次のように定義する：

$$\ulcorner \mathfrak{O}_0 \mathfrak{O}_1 \cdots \mathfrak{O}_k \urcorner = 2^{\ulcorner \mathfrak{O}_0 \urcorner} \cdot 3^{\ulcorner \mathfrak{O}_1 \urcorner} \cdot \cdots \cdot p_k^{\ulcorner \mathfrak{O}_k \urcorner}$$ †)

たとえば，数項$0''''$のゲーデル数は，

$$\ulcorner 0'''' \urcorner = 2^{\ulcorner 0 \urcorner} \cdot 3^{\ulcorner ' \urcorner} \cdot 5^{\ulcorner ' \urcorner} \cdot 7^{\ulcorner ' \urcorner} \cdot 11^{\ulcorner ' \urcorner}$$
$$= 2^1 \cdot 3^3 \cdot 5^3 \cdot 7^3 \cdot 11^3$$

であり，論理式a, bからつくられた論理式$(\neg(a)) \vee (b)$のゲーデル数は，

†) p_nは（第2章の例2.24にあげた）$(n+1)$番目の素数を意味している．

$\ulcorner a \urcorner = n$, $\ulcorner b \urcorner = m$ であるとき

$$\ulcorner (\neg(a)) \vee (b) \urcorner = 2^{\ulcorner (\urcorner} * 2^{\ulcorner \neg \urcorner} * 2^{\ulcorner (\urcorner} * n * 2^{\ulcorner) \urcorner} * 2^{\ulcorner) \urcorner} * 2^{\ulcorner \vee \urcorner} * 2^{\ulcorner (\urcorner} * m * 2^{\ulcorner) \urcorner} \text{†)}$$
$$= (2^{11} \cdot 3^{5} \cdot 5^{11}) * n * (2^{13} \cdot 3^{13} \cdot 5^{7} \cdot 7^{11}) * m * 2^{13}$$

ということになる.

このように定義された G が，（i），（ii），（iii）の条件を満たすことは，2章の例2.24，例2.25などや，素因数分解の一意性などから明らかであろう.

さて，次節で，このような G で形式的体系Pを算術化したときの様子をみていこう.

3.3 形式的体系Pにおける概念に対応する自然数上の述語

前節に述べたように，形式的体系Pにおける概念は，算術化によって自然数についてのある関係として表現できる．本節では，Pにおける概念を，自然上の関数や，述語としてこれを定義し，表現しよう．これらの表現では，第2章にあげた原始帰納的関数や原始帰納的述語をしばしば援用し，直観的な自然数論のなかで定義する.

定義 3.1　述語 $P(x_1, \cdots, x_n, y)$ に対し，関数 $\varepsilon y[y<z \wedge P(x_1, \cdots, x_n, y)]$ を次のように定義する：

$$\varepsilon y[y<z \wedge P(x_1, \cdots, x_n, y)]$$
$$= \begin{cases} \mu y P(x_1, \cdots, x_n, y), & \exists y[y<z \wedge P(x_1, \cdots, x_n, y)] \text{ のとき}, \\ 0, & \neg \exists y[y<z \wedge P(x_1, \cdots, x_n, y)] \text{ のとき}. \end{cases}$$

定義 3.2　$\ulcorner e_0 \urcorner = x_0$, $\ulcorner e_1 \urcorner = x_1$, $\cdots$, $\ulcorner e_n \urcorner = x_n$ であるようなPでの表現 $e_0, e_1, \cdots, e_n$ の列を表すゲーデル数 $\ulcorner e_0 e_1 \cdots e_n \urcorner = 2^{x_0} \cdot 3^{x_1} \cdot \cdots \cdot p_n^{x_n}$ を，$\mathrm{Seq}^{n+1}(x_0, x_1, \cdots, x_n)$ と書く．すなわち，

$$\mathrm{Seq}^{n+1}(x_0, x_1, \cdots, x_n) = 2^{x_0} \cdot 3^{x_1} \cdot \cdots \cdot p_n^{x_n}$$

定義 3.3　Pでの表現 e に対し，$\ulcorner e \urcorner = x$ であるとき，“表現 (e) を表すゲーデル数”を，$\mathrm{Par}(x)$ と書く．すなわち，

$$\mathrm{Par}(x) = \mathrm{Seq}^1(11) * x * \mathrm{Seq}^1(13)$$

と定義する.

---

†) 算術化の際には，論理式で括弧などの省略をしたままでゲーデル数を対応させてはならない．また，$*$ は（第2章の例2.27にあげた）原始帰納的関数である.

定義 3.4 自然数 x が"n 階のタイプの変数記号のゲーデル数である"ことを，$n\,\mathrm{Var}\,x$ と書く．すなわち，

$$n\,\mathrm{Var}\,x \equiv \exists y_{13<y\leqq x}[pr(y)\wedge x=y^n]\wedge n\neq 0$$

と定義する．

定義 3.5 自然数 x が"変数記号のゲーデル数である"ことを，$\mathrm{Var}(x)$ と書く．

$$\mathrm{Var}(x)\equiv \exists n_{n<x}[n\,\mathrm{Var}\,x]$$

定義 3.6 Pでの表現 e に対し，$\ulcorner e \urcorner = x$ であるとき，"表現 $\neg(e)$ を表すゲーデル数"を，$\mathrm{Neg}(x)$ と書く．

$$\mathrm{Neg}(x)=\mathrm{Seq}^1(5)*\mathrm{Par}(x)^{\dagger)}$$

定義 3.7 Pでの表現 e_1, e_2 に対し，$\ulcorner e_1 \urcorner = x$，$\ulcorner e_2 \urcorner = y$ であるとき，"表現 $(e_1)\vee(e_2)$ のゲーデル数"を，$x\,\mathrm{Dis}\,y$ と書く．

$$x\,\mathrm{Dis}\,y=\mathrm{Par}(x)*\mathrm{Seq}^1(7)*\mathrm{Par}(y)^{\dagger)}$$

定義 3.8 Pでの表現 e_1, e_2 に対し，$\ulcorner e_1 \urcorner = x$，$\ulcorner e_2 \urcorner = y$ であるとき，"表現 $\forall e_1(e_2)$ のゲーデル数"を，$x\,\mathrm{Gen}\,y$ と書く．

$$x\,\mathrm{Gen}\,y=\mathrm{Seq}^1(9)*x*\mathrm{Par}(y)^{\dagger)}$$

定義 3.9 Pでの表現 e に対し，$\ulcorner e \urcorner = x$ であるとき，"表現 $e\overbrace{''\cdots'}^{n}$ に対するゲーデル数"を，$x\,\mathrm{Suc}\,n$ と書く．すなわち，

$$\begin{cases} x\,\mathrm{Suc}\,0=x \\ x\,\mathrm{Suc}(n+1)=(x\,\mathrm{Suc}\,n)*\mathrm{Seq}^1(3) \end{cases}$$

と定義する．

定義 3.10 e がPにおける（自然数を表す）数項 $0\overbrace{''\cdots'}^{n}$ であるとき，このゲーデル数を $Z(n)$ と書く．

$$Z(n)=[\mathrm{Seq}^1(1)]\mathrm{Suc}\,n$$

定義 3.11 Pにおける表現 e に対し，$\ulcorner e \urcorner = x$ であるとき，"x が1階のタイプの項のゲーデル数である"ことを $\mathrm{Ter}_1(x)$ と書く．

$$\mathrm{Ter}_1(x)\equiv \exists m_{m<x}\exists n_{n<x}[(m=1\vee 1\,\mathrm{Var}\,m)\wedge x=[\mathrm{Seq}^1(m)]\mathrm{Suc}\,n]$$

---

†) 定義 3.6, 3.7 における e や e_1, e_2 および定義 3.8 における e_2 は論理式，また定義 3.8 における e_1 は変数記号でなければ P での意味はないが，これらの関数，述語の定義では，それらを要求していない．以下の定義においても同様である．

定義 3.12 Pにおける表現eに対し，$\ulcorner e \urcorner = x$であるとき，“自然数$x$が$n$階のタイプの項のゲーデル数である”ことをTyp$(n, x)$と書く．

$$\mathrm{Typ}(n, x) \equiv [n=1 \wedge \mathrm{Ter}_1(x)] \vee [n>1 \wedge \exists v_{v<x}(n \,\mathrm{Var}\, x \wedge x = \mathrm{Seq}^1(v))]$$

定義 3.13 eをPにおける表現とし，$\ulcorner e \urcorner = x$とするとき，“$e$に含まれるすべての変数記号のタイプを$n$階上げて得られる表現†)のゲーデル数”を，$n \,\mathrm{Te}\, x$と書く．

$$n \,\mathrm{Te}\, x = \varepsilon y[y < x^{(x^n)} \wedge \forall k_{k<lh(x)}[((x)_k \leqq 13 \wedge (y)_k = (x)_k)$$
$$\vee ((x)_k > 13 \wedge (y)_k = (x)_k \cdot [\varepsilon z(z<x \wedge pr(z) \wedge z|(x)_k)]^n)]$$

定義 3.14 Pにおける表現eに対し，$\ulcorner e \urcorner = x$であるとき，“自然数$x$が基本論理式のゲーデル数である”ことを，Elf$(x)$と書く．すなわち，

$$\mathrm{Elf}(x) \equiv \exists y_{y<x} \exists z_{z<x} \exists n_{n<x}[\mathrm{Typ}(n, y) \wedge \mathrm{Typ}(n+1, z) \wedge x = z * \mathrm{Par}(y)]$$

と定義する．

定義 3.15 Pにおける論理式e, e_1, e_2に対し，$\ulcorner e \urcorner = x$, $\ulcorner e_1 \urcorner = y$, $\ulcorner e_2 \urcorner = z$であるとき，“表現$e$が，論理式$e_1$から$\neg(e_1)$によって得られるか，論理式$e_1$と$e_2$から$(e_1) \vee (e_2)$によって得られるか，あるいは$\ulcorner e_3 \urcorner = v$なるある変数記号$e_3$に対して論理式$e_1$から$\forall e_3(e_1)$によって得られる論理式である”ことを自然数上で述べた述語を，Op(x, y, z)と書く．

$$\mathrm{Op}(x, y, z) \equiv (x = \mathrm{Neg}(y)) \vee (x = y \,\mathrm{Dis}\, z) \vee \exists v_{v<x}(\mathrm{Var}(v) \wedge x = v \,\mathrm{Gen}\, y)$$

定義 3.16 $e_0, e_1, \cdots, e_l$が論理式の列で，$\mathrm{Seq}^{l+1}(\ulcorner e_0 \urcorner, \ulcorner e_1 \urcorner, \cdots, \ulcorner e_l \urcorner) = x$とする．このとき，“$e_0 e_1 \cdots e_l$が論理式の列で，各$e_i$は基本論理式であるか，あるいは$j<i$なる$e_j$から$\neg(e_j)$によって得られるか，$j, k<i$なる$e_j$と$e_k$から$(e_j) \vee (e_k)$によって得られるか，あるいは，ある変数記号$e$と$j<i$なる$e_j$から$\forall e(e_j)$によって得られる論理式である”ことを自然数上で述べた述語をFR(x)と書き表す．すなわち，

$$\mathrm{FR}(x) \equiv lh(x) > 0 \wedge \forall i_{i<lh(x)}(\mathrm{Elf}((x)_i) \vee \exists j_{j<i} \exists k_{k<i} \mathrm{Op}((x)_i, (x)_j, (x)_k)]$$

と定義する．

定義 3.17 eがPにおける表現で，$\ulcorner e \urcorner = x$とする．“自然数$x$が，論理式を表すゲーデル数である”ことをForm$(x)$と書く．

---

†) このタイプを上げる操作は，“type elevation”とよばれる．

$$\mathrm{Form}(x) \equiv \exists n[n < (p_{lh(x)^2})^{x \cdot lh(x)^2} \wedge \mathrm{FR}(n) \wedge x = (n)_{lh(n) \dot{-} 1}]$$

定義 3.18 Pにおける表現の列 $e_0, e_1, \cdots, e_l$ による表現を e とし，$\ulcorner e \urcorner = \mathrm{Seq}^{l+1}(\ulcorner e_0 \urcorner, \ulcorner e_1 \urcorner, \cdots, \ulcorner e_l \urcorner) = x$ とする．また変数記号 s のゲーデル数を v とするとき，“e を表現する列の n 番目の表現は，変数記号 s で束縛されている” ことを自然数上で述べた述語を，$v\mathrm{B}(n, x)$ と書く．

$$v\mathrm{B}(n, x) \equiv \mathrm{Var}(v) \wedge \mathrm{Form}(x) \wedge \exists a_{a<x} \exists b_{b<x} \exists c_{c<x}[x = a*(v\mathrm{Gen}\, b)*c$$
$$\wedge \mathrm{Form}(b) \wedge lh(a) < n \leqq lh(a) + lh(v\mathrm{Gen}\, b)]$$

定義 3.19 Pにおける表現の列 $e_0, e_1, \cdots, e_l$ による表現を e とし，$\ulcorner e \urcorner = \mathrm{Seq}^{l+1}(\ulcorner e_0 \urcorner, \ulcorner e_1 \urcorner, \cdots, \ulcorner e_l \urcorner) = x$ とする．また変数記号 s のゲーデル数を v とするとき，“e を表現する列の n 番目の表現が変数記号 s で，s が自由変数である” ことを自然数上で述べた述語を，$v\mathrm{Fr}(n, x)$ と書く．

$$v\mathrm{Fr}(n, x) \equiv \mathrm{Var}(v) \wedge \mathrm{Form}(x) \wedge n < lh(x) \wedge v = (x)_n \wedge \neg(v\mathrm{B}(n, x))$$

定義 3.20 Pにおける表現 e，変数記号 s に対し，$\ulcorner e \urcorner = x$, $\ulcorner s \urcorner = v$ とする．“論理式 e の中に，自由変数記号 s が現れる” ことを自然数の上で述べた述語を，$v\mathrm{Fr}\, x$ と書く．

$$v\mathrm{Fr}\, x \equiv \exists n_{n<lh(x)}[v\mathrm{Fr}(n, x)]$$

定義 3.21 e をPにおける表現の列 $e_0, e_1, \cdots, e_l$ とし，$\mathrm{Seq}^{l+1}(\ulcorner e_0 \urcorner, \ulcorner e_1 \urcorner, \cdots, \ulcorner e_l \urcorner) = x$ とする．$\ulcorner f \urcorner = y$ であるような表現 f に対し，“表現 e で，e_n を f で置き換えて得られる表現のゲーデル数” を，$\mathrm{Sub}\, x\binom{n}{y}$ と書く．

$$\mathrm{Sub}\, x\binom{n}{y} = \varepsilon z[z \leqq (p_{(lh(x)+lh(y))})^{x+y} \wedge \exists u_{u<x} \exists v_{v<x}(x = u*\mathrm{Seq}^1((x)_n)*v$$
$$\wedge z = u*y*v \wedge n = lh(u))]$$

定義 3.22 e をPにおける表現の列 $e_0, e_1, \cdots, e_l$ とし，s を変数記号とする．$\ulcorner e \urcorner = \mathrm{Seq}^{l+1}(\ulcorner e_0 \urcorner, \ulcorner e_1 \urcorner, \cdots, \ulcorner e_l \urcorner) = x$, $\ulcorner s \urcorner = v$ であるとき，“e で s が自由な変数記号で，s が e の表現 $e_0 e_1 \cdots e_l$ に現れる場所を一番左から数えて $(k+1)$ 番目の場所（この値が n ならば，その場所は e_n で $e_0, e_1, \cdots, e_{n-1}$ の中には s が k 回現れる）” を k, v, x を変数とする自然数上の関数として表し，これを，$k\mathrm{St}(v, x)$ と書く．すなわち，

$$\begin{cases} 0\,\mathrm{St}(v,x)=\varepsilon n[n<lh(x)\wedge v\,\mathrm{Fr}(n,x)\wedge\neg(\exists p_{p<n}\,v\,\mathrm{Fr}(p,x))] \\ (k+1)\mathrm{St}(v,x)=\varepsilon n[n<lh(x)\wedge k\,\mathrm{St}(v,x)<n\wedge v\,\mathrm{Fr}(n,x)\wedge \\ \qquad\qquad \neg(\exists p_{k\,\mathrm{St}(v,x)<p<n}\,v\,\mathrm{Fr}(p,x))] \end{cases}$$

と定義する（s が現れないときは，$k\,\mathrm{St}(v,x)=0$ になる）．

定義 3.23　e をPにおける表現，s を変数記号とし，$\ulcorner e\urcorner=x$，$\ulcorner s\urcorner=v$ とする．“e に現れる自由変数記号 s の個数 n”を，x, v から計算する関数を $A(v,x)$ と書く．

$$A(v,x)=\varepsilon n[n<lh(x)\wedge n\,\mathrm{St}(v,x)=0]$$

定義 3.24　e をPにおける表現，s を変数記号，$\ulcorner e\urcorner=x$，$\ulcorner s\urcorner=v$ とし，また，$\ulcorner f\urcorner=y$ であるような表現を f とするとき，“表現 e で，左から数えて，n 番目までの s を f で置き換えて得られる表現のゲーデル数”を，n, x, v, y から計算する関数を $\mathrm{Sb}_n\begin{pmatrix} x & v \\ & y\end{pmatrix}$ と書く．すなわち，

$$\begin{cases} \mathrm{Sb}_0\begin{pmatrix} x & v \\ & y\end{pmatrix}=x \\ \mathrm{Sb}_{k+1}\begin{pmatrix} x & v \\ & y\end{pmatrix}=\mathrm{Sub}\left[\mathrm{Sb}_k\begin{pmatrix} x & v \\ & y\end{pmatrix}\right]\begin{pmatrix} k\,\mathrm{St}(v,x) \\ y\end{pmatrix} \end{cases}$$

と定義する．

定義 3.25　e をPにおける表現，s を変数記号，$\ulcorner e\urcorner=x$，$\ulcorner s\urcorner=v$ とし，また，$\ulcorner f\urcorner=y$ であるような表現を f とするとき，“e に現れる s のすべてを，f で置き換えて得られる表現のゲーデル数”を，x, v, y を変数とする関数として表したものを，$\mathrm{Sb}\begin{pmatrix} x & v \\ & y\end{pmatrix}$ と書く．

$$\mathrm{Sb}\begin{pmatrix} x & v \\ & y\end{pmatrix}=\mathrm{Sb}_{A(v,x)}\begin{pmatrix} x & v \\ & y\end{pmatrix}$$

なお，$\mathrm{Sb}\left[\mathrm{Sb}\begin{pmatrix} x & v \\ & y\end{pmatrix}\begin{matrix} w \\ z\end{matrix}\right]$ を $\mathrm{Sb}\begin{pmatrix} x & v & w \\ & y & z\end{pmatrix}$ と書き，

$$\mathrm{Sb}\left[\mathrm{Sb}\begin{pmatrix} x & u_1 & u_2\cdots u_{n-1} \\ & y_1 & y_2\cdots y_{n-1}\end{pmatrix}\begin{matrix} u_n \\ y_n\end{matrix}\right] \text{を}\ \mathrm{Sb}\begin{pmatrix} x & u_1 & u_2\cdots u_n \\ & y_1 & y_2\cdots y_n\end{pmatrix} \text{と書く．}$$

定義 3.26　e_1, e_2 をPにおける表現，s を変数記号とし，$\ulcorner e_1\urcorner=x$，$\ulcorner e_2\urcorner=y$，$\ulcorner s\urcorner=v$ とする．このとき，それぞれ

“$(e_1)\Rightarrow(e_2)$†) のゲーデル数”　を　$x\,\mathrm{Imp}\,y$

†) もちろん，これはPでは $(\neg(e_1))\vee(e_2)$ と表現されており，ゲーデル数は，$(\neg(e_1))\vee(e_2)$ に対応して決定される．以下も同様．

“$(e_1)\wedge(e_2)$ のゲーデル数” を $x\,\mathrm{Con}\,y$

“$(e_1)\Longleftrightarrow(e_2)$ のゲーデル数” を $x\,\mathrm{Eq}\,y$

“$\exists s(e_1)$ のゲーデル数” を $v\,\mathrm{Ex}\,x$

と書く．すなわち，

$$x\,\mathrm{Imp}\,y=[\mathrm{Neg}(x)]\,\mathrm{Dis}\,y$$

$$x\,\mathrm{Con}\,y=\mathrm{Neg}\{[\mathrm{Neg}(x)]\,\mathrm{Dis}[\mathrm{Neg}(y)]\}$$

$$x\,\mathrm{Eq}\,y=(x\,\mathrm{Imp}\,y)\mathrm{Con}(y\,\mathrm{Imp}\,x)$$

$$v\,\mathrm{Ex}=\mathrm{Neg}\{v\,\mathrm{Gen}[\mathrm{Neg}(y)]\}$$

と定義する．

さて，Pの公理系Iの公理 (4.1)-(i)，(ii)，(iii) の記述のゲーデル数を，それぞれ，z_1, z_2, z_3 とする．このとき，

定義 3.27 “自然数 x が公理系Iの公理のいずれかのゲーデル数である” ことを，$Z-\mathrm{Ax}(x)$ と書く．すなわち，

$$Z-\mathrm{Ax}(x)\equiv x=z_1\vee x=z_2\vee x=z_3$$

定義 3.28 “自然数 x が公理系IIの (4.2)-(i) の公理のゲーデル数である” ことを，$A_1-\mathrm{Ax}(x)$ と書く．

$$A_1-\mathrm{Ax}(x)\equiv\exists y_{y<x}[\mathrm{Form}(y)\wedge x=(y\,\mathrm{Dis}\,y)\mathrm{Imp}\,y]$$

公理系IIの (4.2)-(ii)，(iii)，(iv) についても同様に定義し，$A_i-\mathrm{Ax}(x)$ $(i=2,3,4)$ と書く．

定義 3.29 “自然数 x が，公理系IIの公理のいずれかのゲーデル数である” ことを，$A-\mathrm{Ax}(x)$ と書く．

$$A-\mathrm{Ax}(x)\equiv A_1-\mathrm{Ax}(x)\vee A_2-\mathrm{Ax}(x)\vee A_3-\mathrm{Ax}(x)\vee A_4-\mathrm{Ax}(x)$$

定義 3.30 e をPにおける論理式，s を e に現れる変数記号，t をある表現とし，$\ulcorner e\urcorner=y$，$\ulcorner s\urcorner=v$，$\ulcorner t\urcorner=z$ とする．このとき，“t に現れるどの変数記号も，e において，変数 s が自由である範囲を束縛することはない” ことに対応する，y, v, z を変数とする自然数上の述語を，$Q(z, y, v)$ と書く．

$$Q(z,y,v)\equiv\neg[\exists n_{n<lh(y)}\exists m_{m<lh(z)}\exists w_{w<z}(w=(z)_m\wedge w\mathrm{B}(n,y)\wedge v\,\mathrm{Fr}(n,y))]$$

定義 3.31 “自然数 x が公理系IIIの (4.3)-(i) のゲーデル数である” こ

とを，$L_1-\mathrm{Ax}(x)$ と書く．

$$L_1-\mathrm{Ax}(x)\equiv\exists v_{v<x}\exists y_{y<x}\exists z_{z<x}\exists n_{n<x}\Big[n\,\mathrm{Var}\,v\wedge\mathrm{Typ}(n,z)\wedge\mathrm{Form}(y)$$
$$\wedge Q(z,y,v)\wedge x=(v\,\mathrm{Gen}\,y)\mathrm{Imp}\left(\mathrm{Sb}\left(y\begin{array}{c}v\\z\end{array}\right)\right)\Big]$$

定義 3.32 “自然数 x が公理系IIIの (4.3)-(ii) のゲーデル数である” ことを，$L_2-\mathrm{Ax}(x)$ と書く．

$$L_2-\mathrm{Ax}(x)\equiv\exists v_{v<x}\exists q_{q<x}\exists p_{p<x}[\mathrm{Var}(v)\wedge\mathrm{Form}(p)\wedge\neg(v\,\mathrm{Fr}\,p)\wedge$$
$$\mathrm{Form}(q)\wedge x=[v\,\mathrm{Gen}(p\,\mathrm{Dis}\,q)]\,\mathrm{Imp}[p\,\mathrm{Dis}(v\,\mathrm{Gen}\,q)]]$$

定義 3.33 “自然数 x が，公理系IVの (4.4)-(i) (還元の公理) のゲーデル数である” ことを，$R-\mathrm{Ax}(x)$ と書く．

$$R-\mathrm{Ax}(x)\equiv\exists u_{u<x}\exists v_{v<x}\exists y_{y<x}\exists n_{n<x}[n\,\mathrm{Var}\,v\wedge(n+1)\,\mathrm{Var}\,u\wedge$$
$$\neg(u\,\mathrm{Fr}\,y)\wedge\mathrm{Form}(y)\wedge$$
$$x=u\,\mathrm{Ex}[v\,\mathrm{Gen}[\mathrm{Seq}^1(u)*\mathrm{Par}(\mathrm{Seq}^1(v))]\mathrm{Eq}\,y]]$$

定義 3.34 “自然数 x が公理系Vの (4.5)-(i) (外延の公理) のゲーデル数である” ことを，$E-\mathrm{Ax}(x)$ と書く．

$$\forall x_1(x_2(x_1)\iff y_2(x_1))\Longrightarrow x_2=y_2$$

のゲーデル数を z_4 とすれば，

$$E-\mathrm{Ax}(x)\equiv\exists n_{n<x}[x=n\,\mathrm{Te}\,z_4]$$

定義 3.35 “自然数 x が公理系I〜Vの公理のいずれかのゲーデル数である” ことを，$\mathrm{Ax}(x)$ と書く．

$$\mathrm{Ax}(x)\equiv Z-\mathrm{Ax}(x)\vee A-\mathrm{Ax}(x)\vee L_1-\mathrm{Ax}(x)\vee L_2-\mathrm{Ax}(x)$$
$$\vee R-\mathrm{Ax}(x)\vee E-\mathrm{Ax}(x)$$

定義 3.36 e, e_1, e_2 を P における論理式とし，$\ulcorner e\urcorner=x$，$\ulcorner e_1\urcorner=y$，$\ulcorner e_2\urcorner=z$ とする．“e が公理系VIの推論規則 (4.6)-(i) による，e_1 と e_2 から得られる結果，あるいは，推論規則 (4.6)-(ii) から得られる e_1 からの結果である” ことを，x, y, z を変数とする自然数上の述語として表したものを，$\mathrm{Ic}(x,y,z)$ と書く．

$$\mathrm{Ic}(x,y,z)\equiv z=y\,\mathrm{Imp}\,x\vee\exists v_{v<x}(\mathrm{Var}(v)\wedge x=v\,\mathrm{Gen}\,y)$$

定義 3.37 e が P における表現で，$\ulcorner e\urcorner=x$ とする．このとき，“自然数 x は証明図を表すゲーデル数である” ことを，$\mathrm{Pf}(x)$ と書く．

$$\mathrm{Pf}(x) \equiv \forall n_{n<lh(x)}[\mathrm{Ax}((x)_n) \vee \exists p_{p<n} \exists q_{q<n} \mathrm{Ic}((x)_n, (x)_p, (x)_q)]$$

定義 3.38 e, f がPにおける表現で，$\ulcorner e \urcorner = x$，$\ulcorner f \urcorner = y$ とするとき，“f は論理式 e の証明図である”ことを，x, y を変数とする自然数上の述語として述べたものを，$y\mathrm{P}x$ と書く．

$$y\mathrm{P}x \equiv \mathrm{Pf}(y) \wedge (y)_{lh(y)\dot{-}1} = x$$

定義 3.39 e をPにおける論理式で，$\ulcorner e \urcorner = x$ とする．“e が証明可能な論理式である”ことを，x を変数とする自然数上の述語として表したものを，$\mathrm{Prov}(x)$ と書く．すなわち，

$$\mathrm{Prov}(x) \equiv \exists y(y\mathrm{P}x)$$

と定義する．

以上の定義を注意深く観察すれば，そこであげられている関数および述語のほとんどは原始帰納的である．すなわち，次の定理が得られる．

定理 3.1 定義3.1の関数は述語Pで原始帰納的であり，定義3.2〜定義3.38の関数および述語は，いずれも原始帰納的である．

注意 3.5 定義3.39の述語 $\exists y(y\mathrm{P}x)$ は原始帰納的ではない（後に示されるように，帰納的述語でさえない）．束縛変数 y が有界でないことに注意．

3.4 不完全性定理

本節では，3.1節〜3.3節に述べられた形式的体系Pとその算術化，そして，それから得られた自然数上の関数および述語を用いて，不完全性定理を導こう．

まず，表現可能定理 (Numeralwise Expressibility Theorem) とよばれる定理3.2を示そう．この定理は序論の3ページに述べた (*)，(**) の“Rは決定可能な述語”という仮定を，“R は原始帰納的述語”と書きかえたものにほかならない（また，3.5節に示すように，この仮定は，“Rは帰納的述語としても成立する）．

なお，定理3.2の⇒の左辺は自然数論において内容判断される命題であるが，右辺は形式的体系Pの論理式の性質の形式的判断の算術化であることに注意しよう．

定理 3.2 任意の n 変数の原始帰納的述語 $R(a_1, a_2, \cdots, a_n)$ に対し，次のような（Pにおける）n 個の自由変数を含む論理式 $\mathcal{R}$ が存在する：

$\mathcal{R}$ のゲーデル数を r，$\mathcal{R}$ に含まれる n 個の自由変数のゲーデル数をおのおの $u_1, u_2, \cdots, u_n$ とするとき，任意の自然数の n 重対 $(m_1, m_2, \cdots, m_n)$ に対し

$$(*)\quad R(m_1, m_2, \cdots, m_n) \Longrightarrow \mathrm{Prov}\left[\mathrm{Sb}\left(r \begin{matrix} u_1 & u_2 & \cdots & u_n \\ Z(m_1) & Z(m_2) & \cdots & Z(m_n) \end{matrix}\right)\right]$$

$$(**)\quad \neg R(m_1, m_2, \cdots, m_n)$$
$$\Longrightarrow \mathrm{Prov}\left[\mathrm{Neg}\left(\mathrm{Sb}\left(r \begin{matrix} u_1 & u_2 & \cdots & u_n \\ Z(m_1) & Z(m_2) & \cdots & Z(m_n) \end{matrix}\right)\right)\right]$$

が成り立つ．

［証明の概略］ R は原始帰納的述語であるから

$$R(a_1, a_2, \cdots, a_n) \Longleftrightarrow \varphi(a_1, a_2, \cdots, a_n) = 0$$
$$\neg R(a_1, a_2, \cdots, a_n) \Longleftrightarrow \varphi(a_1, a_2, \cdots, a_n) = 1$$

であるような原始帰納的関数 φ が存在する．

そこで，この R の表現関数 φ の原始帰納的記述の長さに関する帰納法により証明すればよい．

φ の原始帰納的記述を

$$\varphi_1, \varphi_2, \cdots, \varphi_l (= \varphi)$$

としよう．このとき，まず，

$$R_1(a_1, \cdots, a_k, a_{k+1}) \Longleftrightarrow \varphi_1(a_1, \cdots, a_k) = a_{k+1}$$

なる R_1 について，(*) と (**) が成立することを示し，次に，$j<i$ なるすべての φ_j，すなわち，

$$j<i \wedge (R_j(a_{j_1}, \cdots, a_{j_m}) \Longleftrightarrow \varphi_j(a_{j_1}, \cdots, a_{j_{m-1}}) = a_{j_m})$$

なるすべての R_j について (*) と (**) が成立すると仮定して，その仮定の下で

$$R_i(a_{i_1}, \cdots, a_{i_p}) \Longleftrightarrow \varphi_i(a_{i_1}, \cdots, a_{i_{p-1}}) = a_{i_p}$$

なる R_i について，(*) と (**) が成立することを示せば証明は完了する．

これらの証明は，手間はかかるけれども難しいものではないから，読者自ら試みられたい（3.5 節を参照せよ）．

証明の様子を示すために，

$$R_1(a_1, a_2) \Longleftrightarrow \varphi_1(a_1) = a_2$$

$$\Longleftrightarrow a_2 = a_1'$$

なる場合の R_1 についての証明の概略を述べておこう．（φ_1 は初期関数でしかあり得ないから，

$$R_1(a_1, \cdots, a_k, a_{k+1}) \Longleftrightarrow \varphi_1(a_1, \cdots, a_k) = a_{k+1}$$

なる φ_1 は，

（i） $\varphi_1(a_1) = a_1'$,　　　（ii） $\varphi_1(a_1, \cdots, a_k) = q$ （q は定数），

（iii） $\varphi_1(a_1, \cdots, a_k) = a_i$ （$i = 1, 2, \cdots, k$）

のいずれかである．

この（i）の場合が，$R_1(a_1, a_2) \Longleftrightarrow a_2 = a_1'$ である．）

この述語 R_1 に対応するPの論理式 $\mathfrak{R}$ は，1階のタイプの変数記号 x_1, y_1 を用いて

$$y_1 = x_1'$$

と表すことができる．

$\ulcorner y_1 = x_1' \urcorner = r$，$\ulcorner x_1 \urcorner = u_1$，$\ulcorner y_1 \urcorner = u_2$ としよう．

さて，a_1, a_2 にそれぞれ自然数 $m, m+1$ が与えられれば，このときは $R_1(m, m+1)$ が成立するから，

ⓘ $$0\overbrace{''\cdots'}^{m+1} = 0\overbrace{''\cdots'}^{m}{}'$$

がPで証明可能な論理式であることを示せば，Prov や Sb の定義（3.39, 3.25）から，

$$\mathrm{Prov}\left[\mathrm{Sb}\left(r \begin{array}{cc} u_1 & u_2 \\ z(m) & z(m+1) \end{array}\right)\right]$$

が得られるわけである．

ところで，ⓘ を証明するためには

$$\forall x_2(x_2(0\overbrace{''\cdots'}^{m+1}) \Longrightarrow x_2(0\overbrace{''\cdots'}^{m+1}))$$

を示すわけであるが，これは公理系2から容易に導くことができる．

次に，a_1 に自然数 m, a_2 に自然数 k が与えられ，$m+1 \neq k$，すなわち，$\neg R_1(m, k)$ であるとしよう（以下では $m+1 < k$ とする）．

このときも，上同様に

ⓘⓘ $$\neg(0\overbrace{''\cdots'}^{k} = 0\overbrace{''\cdots'}^{m}{}')$$

がPで証明可能な論理式であることを示せば

$$\mathrm{Prov}\left[\mathrm{Neg}\left(\mathrm{Sb}\left(r\begin{smallmatrix} u_1 & u_2 \\ z(m) & z(k)\end{smallmatrix}\right)\right)\right]$$

が得られるわけである．

ⅱ を示すためには，

ⅱ′ $$0^{\overbrace{\prime\prime\cdots\prime}^{k}}=0^{\overbrace{\prime\prime\cdots\prime}^{m+1}}$$

から，公理Ⅰ-(ⅱ) を用いて

$$0^{\overbrace{\prime\prime\cdots\prime}^{k-m-1}}=0$$

を導けばよい．$k-m-1>0$ であるから，これは公理Ⅰ-(ⅰ) に矛盾する．すなわち，ⅱ は証明可能な論理式というわけである． ∎

定義 3.40 論理式 $\mathcal{R}$ が原始帰納的であるとは，「$\mathcal{R}$」$=r$ とするとき，ある原始帰納的述語 R が存在して，定理3.2における (*)，(**) が成り立つときをいう．同様に，論理式 $\mathcal{R}$ が帰納的であるとは，ある帰納的述語 R が存在して定理3.2における，(*)，(**) が成立するときをいう．

定義 3.41 $\mathcal{K}$ を，任意の論理式のクラスとするとき，この $\mathcal{K}$ から，論理式のクラス CONS($\mathcal{K}$) を，次のように定義する：

(ⅰ) 公理系Ⅰ，Ⅱ，Ⅲ，Ⅳ，Ⅴにあげられた論理式は，CONS($\mathcal{K}$) に属する論理式である．

(ⅱ) $\mathcal{K}$ に属する論理式は，CONS($\mathcal{K}$) に属する論理式である．

(ⅲ) a,b が CONS($\mathcal{K}$) に属する論理式で，c が a と b から公理系Ⅵの推論規則 (4.6)-(ⅰ) によって得られる結果の論理式であるとき，c は CONS($\mathcal{K}$) に属する論理式である．

(ⅳ) a が CONS($\mathcal{K}$) に属する論理式で，b が a から公理系Ⅵの推論規則 (4.6)-(ⅱ) によって得られる結果の論理式であるとき，b は CONS($\mathcal{K}$) に属する論理式である．

(ⅴ) 以上によって定められる論理式のみが CONS($\mathcal{K}$) に属する論理式である．

注意 3.6 CONS($\mathcal{K}$) は，自然数の公理系と $\mathcal{K}$ に属する論理式を公理とした形式的体系で証明可能な論理式の全体，を表している．

定義 3.42 CONS($\mathcal{K}$) に属する論理式のゲーデル数の全体を$\ulcorner$CONS($\mathcal{K}$)$\urcorner$ と書く.

定義 3.43 論理式のクラス $\mathcal{K}$ が, ω-無矛盾であるとは,

ⓘ 任意の n に対して,

$$\mathrm{Sb}\left(a \begin{array}{c} v \\ z(n) \end{array}\right) \in \ulcorner \mathrm{CONS}(\mathcal{K}) \urcorner$$

であって, しかも

ⓘⓘ $$\mathrm{Neg}(v\,\mathrm{Gen}\,a) \in \ulcorner \mathrm{CONS}(\mathcal{K}) \urcorner$$

であるようなゲーデル数 a をもつ論理式 $\mathfrak{F}$ が存在しないときをいう. なお, v は論理式 $\mathfrak{F}$ の自由変数記号のゲーデル数とする†).

注意 3.7 $\mathcal{K}$ が ω-無矛盾なクラスならば, 明らかに無矛盾である. すなわち, $\mathfrak{G} \in$ CONS($\mathcal{K}$) かつ $\neg\mathfrak{G} \in$ CONS($\mathcal{K}$) となる論理式 $\mathfrak{G}$ は存在しない. しかしながら, 逆は成り立たない.

定義 3.44 論理式のクラス $\mathcal{K}$ が原始帰納的であるとは, 述語 $r \in \{\ulcorner\mathfrak{F}\urcorner | \mathfrak{F} \in \mathcal{K}\}$ が原始帰納的であるときをいう. 同様に, $\mathcal{K}$ が帰納的であるとは, 述語 $r \in \{\ulcorner\mathfrak{F}\urcorner | \mathfrak{F} \in \mathcal{K}\}$ が帰納的であるときをいう††).

定理 3.3 任意の, 論理式のクラス $\mathcal{K}$ に対して, $\mathcal{K}$ が ω-無矛盾で原始帰納的ならば, 次のような原始帰納的な論理式 $\mathfrak{R}$ が存在する:

$\mathfrak{R}$ のゲーデル数を r, $\mathfrak{R}$ に含まれる自由変数記号のゲーデル数を v とするとき,

$$v\,\mathrm{Gen}\,r \notin \ulcorner \mathrm{CONS}(\mathcal{K}) \urcorner \quad \text{かつ} \quad \mathrm{Neg}(v\,\mathrm{Gen}\,r) \notin \ulcorner \mathrm{CONS}(\mathcal{K}) \urcorner$$

が成り立つ.

[証明] $\mathcal{K}$ を ω-無矛盾で原始帰納的な, 論理式のクラスとする.

まず, 述語 $\mathrm{Pf}_{\mathcal{K}}(x)$ を次のように定義する:

$$\mathrm{Pf}_{\mathcal{K}}(x) \equiv \forall n_{n<lh(x)}[Ax((x)_n) \vee (x)_n \in \mathcal{K} \vee$$

---

†) この定義の ⓘ の主張するところは, $a(0), a(1), a(2), \cdots, a(n), \cdots$ がいずれも証明可能な論理式だということである. したがって, $\forall v a(v)$ が証明可能であることはいえないにせよ(ⓘ から $\forall v a(v)$ を演繹するには, 新しい推論規則が必要である), $\neg\forall v a(v)$ つまり, ⓘⓘ の Neg(v Gen a) が証明可能とすれば, ω 型で矛盾が生じたことになる. そこで, ⓘ, ⓘⓘ がともに成り立つときを ω-矛盾とよび, ⓘ, ⓘⓘ を満たす a が存在しないときを, ω-無矛盾というのである.

††) すなわち,

$$r \in \{\ulcorner\mathfrak{F}\urcorner | \mathfrak{F} \in \mathcal{K}\} \Longleftrightarrow \varphi(r) = 0$$
$$r \notin \{\ulcorner\mathfrak{F}\urcorner | \mathfrak{F} \in \mathcal{K}\} \Longleftrightarrow \varphi(r) = 1$$

となるような原始帰納的関数あるいは帰納的関数 φ が存在することである.

$$\exists p_{p<n} \exists q_{q<n} \mathrm{Ic}((x)_n, (x)_p, (x)_q)]$$

これを用いて，さらに述語 $y\mathrm{P}_{\mathcal{K}}x$ と $\mathrm{Prov}_{\mathcal{K}}(x)$ を，

$$y\mathrm{P}_{\mathcal{K}}x \equiv \mathrm{Pf}_{\mathcal{K}}(y) \wedge (y)_{lh(y) \dot{-} 1} = x$$

$$\mathrm{Prov}_{\mathcal{K}}(x) \equiv \exists y[y\mathrm{P}_{\mathcal{K}}x]$$

と定義する．

このとき，定義から明らかに，

(1) $$\forall x[\mathrm{Prov}_{\mathcal{K}}(x) \Longleftrightarrow x \in \ulcorner \mathrm{CONS}(\mathcal{K}) \urcorner]$$

(2) $$\forall x[\mathrm{Prov}(x) \Longrightarrow \mathrm{Prov}_{\mathcal{K}}(x)]$$

が成り立つ．

さて，$Q(x, y)$ を次のように定義する：

(3) $$Q(x, y) \equiv \neg\left[y\mathrm{P}_{\mathcal{K}}\left[\mathrm{Sb}\left(x \begin{array}{c}19\\Z(x)\end{array}\right)\right]\right]$$

定義の仕方と，$\mathcal{K}$ が原始帰納的なクラスであることから，$Q(x, y)$ は原始帰納的である．したがって，定理3.2と（2）により，次の（4），（5）を満たすゲーデル数 q をもつ論理式が存在する：

(4) $$\neg\left[y\mathrm{P}_{\mathcal{K}}\left[\mathrm{Sb}\left(x \begin{array}{c}19\\Z(x)\end{array}\right)\right]\right] \Longrightarrow \mathrm{Prov}_{\mathcal{K}}\left[\mathrm{Sb}\left(q \begin{array}{cc}17 & 19\\Z(y) & Z(x)\end{array}\right)\right]$$

(5) $$y\mathrm{P}_{\mathcal{K}}\left[\mathrm{Sb}\left(x \begin{array}{c}19\\Z(x)\end{array}\right)\right] \Longrightarrow \mathrm{Prov}_{\mathcal{K}}\left[\mathrm{Neg}\,\mathrm{Sb}\left(q \begin{array}{cc}17 & 19\\Z(y) & Z(x)\end{array}\right)\right]$$

ここで，

(6) $$p = 17\,\mathrm{Gen}\,q$$

(7) $$r = \mathrm{Sb}\left(q \begin{array}{c}19\\Z(p)\end{array}\right)$$

とおく．p はゲーデル数19の自由変数記号を含む論理式のゲーデル数であり，r はゲーデル数17の自由変数記号を含む論理式のゲーデル数であって，この論理式を $\mathcal{R}$ とする．ゲーデル数 q をもつ論理式は原始帰納的であるから，この論理式のなかのゲーデル数19の自由変数記号を数項 $Z(p)$ で置き換えて得られるこの論理式 $\mathcal{R}$ も原始帰納的である．

このとき，

(8) $$\mathrm{Sb}\left(p \begin{array}{c}19\\Z(p)\end{array}\right) = \mathrm{Sb}\left([17\,\mathrm{Gen}\,q] \begin{array}{c}19\\Z(p)\end{array}\right)$$

$$= 17\,\mathrm{Gen}\left(\mathrm{Sb}\left(q\ {19 \atop Z(p)}\right)\right)$$

$$= 17\,\mathrm{Gen}\,r$$

であり，さらに r の定義から

$$\mathrm{Sb}\left(q\ {17 \atop Z(y)}\ {19 \atop Z(p)}\right) = \mathrm{Sb}\left(r\ {17 \atop Z(y)}\right) \tag{9}$$

である．

ここで，（4），（5）の x に p を代入すれば，

$$\neg\left[y\,\mathrm{P}_{\mathcal{K}}\left[\mathrm{Sb}\left(p\ {19 \atop Z(p)}\right)\right]\right] \Longrightarrow \mathrm{Prov}_{\mathcal{K}}\left[\mathrm{Sb}\left(q\ {17 \atop Z(y)}\ {19 \atop Z(p)}\right)\right]$$

$$y\,\mathrm{P}_{\mathcal{K}}\left[\mathrm{Sb}\left(p\ {19 \atop Z(p)}\right)\right] \Longrightarrow \mathrm{Prov}_{\mathcal{K}}\left[\mathrm{Neg}\,\mathrm{Sb}\left(q\ {17 \atop Z(y)}\ {19 \atop Z(p)}\right)\right]$$

であるから，（8），（9）により，

$$\neg[y\,\mathrm{P}_{\mathcal{K}}(17\,\mathrm{Gen}\,r)] \Longrightarrow \mathrm{Prov}_{\mathcal{K}}\left[\mathrm{Sb}\left(r\ {17 \atop Z(y)}\right)\right] \tag{10}$$

$$y\,\mathrm{P}_{\mathcal{K}}(17\,\mathrm{Gen}\,r) \Longrightarrow \mathrm{Prov}_{\mathcal{K}}\left[\mathrm{Neg}\,\mathrm{Sb}\left(r\ {17 \atop Z(y)}\right)\right] \tag{11}$$

が得られる．

以下，$17\,\mathrm{Gen}\,r \notin \ulcorner\mathrm{CONS}(\mathcal{K})\urcorner$ かつ $\mathrm{Neg}(17\,\mathrm{Gen}\,r) \notin \ulcorner\mathrm{CONS}(\mathcal{K})\urcorner$ であることを示そう．

$17\,\mathrm{Gen}\,r \notin \ulcorner\mathrm{CONS}(\mathcal{K})\urcorner$ を示すには，（1）によって，“$\mathrm{Prov}_{\mathcal{K}}(17\,\mathrm{Gen}\,r)$ でない”ことを示せばよい．

いま，$\mathrm{Prov}_{\mathcal{K}}(17\,\mathrm{Gen}\,r)$ と仮定しよう．この仮定と，公理系Ⅲの（i）と公理系Ⅵの（i）により，

(12) 任意の n に対して，$\mathrm{Prov}_{\mathcal{K}}\left[\mathrm{Sb}\left(r\ {17 \atop Z(n)}\right)\right]$

である．さらに，この仮定から

$$n\,\mathrm{P}_{\mathcal{K}}(17\,\mathrm{Gen}\,r) \quad \text{なる}\ n\ \text{が存在する}$$

から，(11) により

$$\mathrm{Prov}_{\mathcal{K}}\left[\mathrm{Neg}\,\mathrm{Sb}\left(r\ {17 \atop Z(n)}\right)\right] \tag{13}$$

が得られる．

ところで，$\mathcal{K}$ は ω-無矛盾であったから，無矛盾である．すなわち，(12) と (13) がともに得られるということはあり得ない．

よって，"$\mathrm{Prov}_{\mathcal{K}}(17\,\mathrm{Gen}\,r)$ でない" ことが示された．

$\mathrm{Neg}(17\,\mathrm{Gen}\,r) \in \ulcorner \mathrm{CONS}(\mathcal{K}) \urcorner$ を示すのも，上と同様に，"$\mathrm{Prov}_{\mathcal{K}}[\mathrm{Neg}(17\,\mathrm{Gen}\,r)]$ でない" ことを示せばよい．

上に示したように，$\mathrm{Prov}_{\mathcal{K}}(17\,\mathrm{Gen}\,r)$ でないから，

(14) 任意の n に対して，$\neg[n\mathrm{P}_{\mathcal{K}}(17\,\mathrm{Gen}\,r)]$

が成り立つ．

したがって，(10) により，

(15) 任意の n に対して，$\mathrm{Prov}_{\mathcal{K}}\left[\mathrm{Sb}\left(r \begin{matrix} 17 \\ Z(n) \end{matrix}\right)\right]$

が成り立つ．

したがって，$\mathrm{Prov}_{\mathcal{K}}[\mathrm{Neg}(17\,\mathrm{Gen}\,r)]$ を仮定すれば，(15) とこの仮定から，

任意の n に対し，$\mathrm{Sb}\left(r \begin{matrix} 17 \\ Z(n) \end{matrix}\right) \in \ulcorner \mathrm{CONS}(\mathcal{K}) \urcorner$

かつ，

$$\mathrm{Neg}(17\,\mathrm{Gen}\,r) \in \ulcorner \mathrm{CONS}(\mathcal{K}) \urcorner$$

が成り立つことになり，$\mathcal{K}$ が ω-無矛盾であることに反する．

よって，"$\mathrm{Prov}_{\mathcal{K}}[\mathrm{Neg}\,(17\,\mathrm{Gen}\,r)]$ でない" ことも示された． ∎

定義 3.45 形式的体系 $\mathcal{A}$ で，自由変数を含まない任意の論理式 $\mathcal{F}$ に対して，$\mathcal{F}$ あるいは $\neg\mathcal{F}$ のいずれかが証明可能であるとき，このような形式的体系 $\mathcal{A}$ を**完全（complete）である**という．

形式的体系 $\mathcal{A}$ が完全でないとき，すなわち，$\mathcal{F}$ も $\neg\mathcal{F}$ も証明可能でないような自由変数を含まない論理式 $\mathcal{F}$ が存在するとき，このような形式的体系 $\mathcal{A}$ を**不完全（incomplete）である**という．

注意 3.8 自由変数を含まない論理式——命題 $\mathcal{F}$ は，直観的には，正しいか正しくないかのいずれかであろう．つまり，$\mathcal{F}$ か $\neg\mathcal{F}$ のいずれか一方は正しいはずであろう．

形式的体系で "証明可能" な論理式とは，直観的には "正しい" 命題に対応する．

なお，$\mathcal{F}$ と $\neg\mathcal{F}$ がともに証明可能ならば，この形式的体系は矛盾した体系になってしまうことに注意しよう．

自然数論を含む数学的理論 $\boldsymbol{T}$ を考えよう．これを形式的体系Pの内に形式化するには，自然数論の公理系を除く $\boldsymbol{T}$ の公理系の各公理を，それに対応するPにおける論理式として表現し，そのような論理式のクラス $\mathcal{K}$ をつくる．Pは自然数の公理系を含んでいるから，Pの公理系にクラス $\mathcal{K}$ に属する論理式を公理として付加した形式的体系 $\mathcal{T}$ が $\boldsymbol{T}$ の形式的体系である．このとき，$\mathcal{K}$ が ω-無矛盾で，原始帰納的ならば，定理3.3によって，$\mathcal{F}$ も $\neg\mathcal{F}$ もともに $\mathcal{T}$ で証明可能でないような論理式 $\mathcal{F}$ を構成することができる．すなわち，$\mathcal{T}$ は不完全な形式的体系である．

J. B. Rosser は，定理3.3の Gödel の証明を少し修正して，"$\mathcal{K}$ が ω-無矛盾" という仮定を，単に "$\mathcal{K}$ が無矛盾" と弱めてよいことを示した．これを証明するためには，$y\mathrm{P}_{\mathcal{K}}x$ の代わりに，$y\mathrm{P}^*_{\mathcal{K}}x$ を

$$y\mathrm{P}^*_{\mathcal{K}}x \equiv y\mathrm{P}_{\mathcal{K}}x \wedge \forall z[z \leqq y \Rightarrow \neg(z\mathrm{P}_{\mathcal{K}}[\mathrm{Neg}(x)])]$$

と定義し，$\mathrm{Prov}_{\mathcal{K}}(x)$ の代わりに，$\mathrm{Prov}^*_{\mathcal{K}}(x)$ を

$$\mathrm{Prov}^*_{\mathcal{K}}(x) \equiv \exists y[y\mathrm{P}^*_{\mathcal{K}}x]$$

と定義して，他は同様に行えばよい．

また，3.5節に示すように，定理3.3における「原始帰納的」を，「帰納的」とおきかえても成立する．($\mathcal{K}$ が帰納的であるとは，直観的には論理式 r が $\mathcal{K}$ に属するか否か，つまり r が公理であるか否かが実際に判定できるということである.)

さらに，定理3.3は具体的な形式的体系Pについて得られた結果であるが，これを得るのに用いられた方法は，

(i) 帰納的に定義されていて

(ii) 定理3.2における (*)，(**) が成り立つ

ような形式的体系ならば，どのような形式的体系でも通用するものである．

以上のような状況から，定理3.3は，次のように一般的なかたちで述べられるのが普通である：

定理 3.4 (不完全性定理)　自然数論を含む帰納的な公理系をもつ形式的体系は，それが無矛盾であるかぎり不完全である．

3.5 不完全性定理に関するいくつかの注意

ここでは，不完全性定理の記述をいくらか変更することによって得られる事柄と，不完全性定理の証明を吟味することによって得られる第2不完全性定理について，簡単に言及しておこう．

3.5.1 不完全性定理における「原始帰納的」を「帰納的」としても成立すること

不完全性定理（定理3.3）の証明を観察すれば，定理3.2における述語 $R(a_1, \cdots, a_n)$ を“原始帰納的述語”から“帰納的述語”に拡張できれば，定理3.3における“原始帰納的”は“帰納的”としてもよいことがわかる．

すなわち，次の定理3.5が得られればよいのである．

定理 3.5　任意の帰納的述語 $R(a_1, \cdots, a_n)$ に対して，n 個の自由変数 $v_1, \cdots, v_n$ を含む論理式 $\mathcal{R}$ が存在して，$\mathcal{R}$ のゲーデル数を r，$\mathcal{R}$ の自由変数 $v_1, \cdots, v_n$ のゲーデル数をおのおの $u_1, \cdots, u_n$ とすれば，任意の自然数の n 重対 $(m_1, \cdots, m_n)$ に対し，

$$(*)\quad R(m_1, \cdots, m_n) \Longrightarrow \mathrm{Prov}\left[\mathrm{Sb}\left(r \begin{matrix} u_1 & \cdots & u_n \\ Z(m_1) & \cdots & Z(m_n) \end{matrix}\right)\right]$$

$$(**)\quad \neg R(m_1, \cdots, m_n) \Longrightarrow \mathrm{Prov}\left[\mathrm{Neg}\left(\mathrm{Sb}\left(r \begin{matrix} u_1 & \cdots & u_n \\ Z(m_1) & \cdots & Z(m_n) \end{matrix}\right)\right)\right]$$

が成り立つ．

［**証明の概略**］ 以下では右辺をやや直観的な形式で書くことにする．まず，

$$(\sharp)\quad \begin{cases} m = n \quad \Longrightarrow \quad \mathrm{Prov}[0\overbrace{'' \cdots '}^{m} = 0\overbrace{'' \cdots '}^{n}] & \text{(i)} \\ m \neq n \quad \Longrightarrow \quad \mathrm{Prov}[\neg(0\overbrace{'' \cdots '}^{m} = 0\overbrace{'' \cdots '}^{n})] & \text{(ii)} \end{cases}$$

を示す：

(i) は明らかであろう．

(ii) についても，$\mathrm{Prov}[\neg(a' = 0)]$，$\mathrm{Prov}[a' = b' \Longrightarrow a = b]$，および $\mathrm{Prov}[a = b \Longrightarrow b = a]$ から明らかである．

以下では，$0\overbrace{'' \cdots '}^{k}$ を $s(k)$ と書く．

この（♯）を用いて，R の表現関数である帰納的関数 φ の帰納的記述の長さ l についての帰納法により証明する．なお，述語 R に対し，論理式 $\mathcal{R}$ が(*)，(**) を満たすとき，R は $\mathcal{R}$ によって，**数値別に表現される** (to be numeralwise expressed) あるいは単に，R は $\mathcal{R}$ で表現されるという．

また，関数 $\varphi(a_1, \cdots, a_n)$ が，関数記号 f と変数記号 $v_1, \cdots, v_n$ による項 $f(v_1, \cdots, v_n)$ で数値別に表現されるとは，任意の自然数の n 重対 $(m_1, \cdots, m_n)$ と自然数 k に対して

$$\varphi(m_1, \cdots, m_n)=k \Longrightarrow \mathrm{Prov}[f(s(m_1), \cdots, s(m_n))=s(k)]$$

が成立するときをいう．

関数 φ が f で表現されれば，明らかに

$$\varphi(m_1, \cdots, m_n)=0 \Longrightarrow \mathrm{Prov}[f(s(m_1), \cdots, s(m_n))=0]$$
$$\varphi(m_1, \cdots, m_n)\neq 0 \Longrightarrow \mathrm{Prov}[\neg(f(s(m_1), \cdots, s(m_n))=0)]$$

が成立することに注意．

$l=1$ のとき：このとき φ は初期関数であり，関数 $a+1$ は v' で表現されるから，

(suc)
$$m+1=n \Longrightarrow \mathrm{Prov}[s(m+1)=s(n)]$$
$$m+1\neq n \Longrightarrow \mathrm{Prov}[\neg(s(m+1)=s(n))]$$

恒等関数 x は v で表現されるから，

(id)
$$m=n \Longrightarrow \mathrm{Prov}[s(m)=s(n)]$$
$$m\neq n \Longrightarrow \mathrm{Prov}[\neg(s(m)=s(n))]$$

定数関数 q は $0^{\overbrace{\prime\prime\cdots\prime}^{q}}$ で表現されるから，

(const)
$$q=n \Longrightarrow \mathrm{Prov}[s(q)=s(n)]$$
$$q\neq n \Longrightarrow \mathrm{Prov}[\neg(s(q)=s(n))]$$

を示せばよいが，これらは（♯）から明らかである．

k 以下で成立していると仮定し，$l=k+1$ のときを考える：

（i） $k+1$ 番目の関数が合成によって定義されているとする．$\varphi(a_1, \cdots, a_{\lambda-1}, a_\lambda)$ が $f(v_1, \cdots, v_{\lambda-1}, v_\lambda)$ で，$\psi(b_1, \cdots, b_\mu)$ が $g(w_1, \cdots, w_\mu)$ で表現されているとき，$\varphi(a_1, \cdots, a_{\lambda-1}, \psi(b_1, \cdots, b_\mu))$ が $f(v_1, \cdots, v_{\lambda-1}, g(w_1, \cdots, w_\mu))$ で表現されることを示せばよい．

記述を簡単にするために，$\lambda=2, \mu=1$ とする．

(comp)
$$\varphi(m, \psi(n))=l \Longrightarrow \text{Prov}[f(s(m), g(s(n)))=s(l)]$$
$$\varphi(m, \psi(n))\neq l \Longrightarrow \text{Prov}[\neg(f(s(m), g(s(n)))=s(l))]$$

を示せばよい．以下では (*) のみを証明する．$\psi(n)=k$, $\varphi(m, k)=l$ とすれば，帰納法の仮定により，$\text{Prov}[g(s(n))=s(k)]$, $\text{Prov}[f(s(m), s(k))=s(l)]$ であるから，(*) に対しては

$$\begin{aligned}\varphi(m, \psi(n))=l &\Longrightarrow \varphi(m, k)=l\\ &\Longrightarrow \text{Prov}[f(s(m), s(k))=s(l)]\\ &\Longrightarrow \text{Prov}[f(s(m), g(s(n)))=s(l)]\end{aligned}$$

(ii) $k+1$ 番目の関数が原始帰納法によって定義されているとする．すなわち，φ が

$$\begin{cases}\varphi(0, a_1, \cdots, a_\lambda)=\psi(a_1, \cdots, a_\lambda)\\ \varphi(b', a_1, \cdots, a_\lambda)=\chi(b, \varphi(b, a_1, \cdots, a_\lambda), a_1, \cdots, a_\lambda)\end{cases}$$

で定義されていて，

$\text{Prov}[f(0, v_1, \cdots, v_\lambda)=g(v_1, \cdots, v_\lambda)]$, $\text{Prov}[f(w', v_1, \cdots, v_\lambda)=h(w, f(w, v_1, \cdots, v_\lambda), v_1, \cdots, v_\lambda)]$ とする．このとき，ψ, χ が g, h で表現されれば，φ は

$$\begin{cases}f(0, v_1, \cdots, v_\lambda)=g(v_1, \cdots, v_\lambda)\\ f(w_1', v_1, \cdots, v_\lambda)=h(w, f(w, v_1, \cdots, v_\lambda), v_1, \cdots, v_\lambda)\end{cases}$$

なる f で表現されることを示せばよい．

記述を簡単にするため，$\lambda=1$ とする．

(*) に対しては，帰納法の仮定により，

$$\psi(n)=k \Longrightarrow \text{Prov}[g(s(n))=s(k)]$$
$$\chi(m, k, n)=l \Longrightarrow \text{Prov}[h(s(m), s(k), s(n))=s(l)]$$

であることを用いて，

(ind) $$\varphi(m, n)=k \Longrightarrow \text{Prov}[f(s(m), s(n))=s(k)]$$

を示せばよい．

(ind) を，m についての帰納法によって示そう．

$m=0$ のとき；

$$\begin{aligned}\varphi(0, n)=k &\Longrightarrow \psi(n)=k\\ &\Longrightarrow \text{Prov}[g(s(n))=s(k)]\end{aligned}$$

$$\Longrightarrow \mathrm{Prov}[f(0, s(n)) = s(k)]$$

$\varphi(m, n) = k$ ならば $\mathrm{Prov}[f(s(m), s(n)) = s(k)]$ を仮定して，

$$\begin{aligned}\varphi(m+1, n) = l &\Longrightarrow \chi(m, \varphi(m, n), n) = l \\ &\Longrightarrow \chi(m, k, n) = l \\ &\Longrightarrow \mathrm{Prov}[h(s(m), s(k), s(n)) = s(l)] \\ &\Longrightarrow \mathrm{Prov}[h(s(m), f(s(m), s(n)), s(n)) = s(l)] \\ &\Longrightarrow \mathrm{Prov}[f(s(m+1), s(n)) = s(l)]\end{aligned}$$

よって，(ind) が成立する．

(iii) $k+1$ 番目の関数が，μ-作用素によって定義されているとする．すなわち，φ が次の条件；

$$\forall m_1, \cdots, m_\lambda \exists n[\psi(m_1, \cdots, m_\lambda, n) = 0]$$

を満たす $(\lambda+1)$ 変数の帰納的関数 ψ によって，

$$\varphi(a_1, \cdots, a_\lambda) = \mu b[\psi(a_1, \cdots, a_\lambda, b) = 0]$$

（ただし，$\mu b[\cdots]$ は，$[\cdots]$ を満たす最小の b）

と定義されているとする．

いま，$\exists w R(v_1, \cdots, v_n, w)$ であるような論理式 $R(v_1, \cdots, v_n, w)$ を用いて

$$\forall w(w < u \Rightarrow \neg R(v_1, \cdots, v_n, w)) \wedge R(v_1, \cdots, v_n, u)$$

と表せるような u を，

$$\mu w R(v_1, \cdots, v_n, w)$$

と書く．

さて，表現関数 ψ をもつ述語 $P(a_1, \cdots, a_\lambda, b)$ が，論理式 $R(v_1, \cdots, v_\lambda, w)$ で表現されているとすれば，関数 $\varphi(a_1, \cdots, a_\lambda)$ $(=\mu b[\psi(a_1, \cdots, a_\lambda, b) = 0])$ は，$\mu w R(v_1, \cdots, v_n, w)$ で表現されることを示そう．

$\lambda = 1$ として証明する．

証明すべきことは，(*) に対しては

(μ-op)　　$\mu b[\psi(m, b) = 0] = n \Longrightarrow \mathrm{Prov}[\mu w R(s(m), w) = s(n)]$

である．しかるに，$\mu b[\psi(m, b) = 0] = n$ は，その定義から

$$\forall k(k < n \Rightarrow \psi(m, k) \neq 0) \wedge \psi(m, n) = 0$$

である．いま，P は R で表現され，さらに

$$\exists b P(m, b) \Longrightarrow \exists b[\mathrm{Prov}[R(s(m), s(b))]]$$

$$\Longrightarrow \mathrm{Prov}[\exists w R(s(m), w)]$$

であり，φ の条件から，$\neg \exists b P(m, b)$ であることはないから

$$\neg \exists b P(m, b) \Longrightarrow \mathrm{Prov}[\neg \exists w R(s(m), w)].$$

よって，P が R で表現されれば，$\exists b P(a_1, \cdots, a_\lambda, b)$ は $\exists w R(v_1, \cdots, v_n, w)$ で表現される．

したがって，

$$\begin{aligned}
&\mu b[\psi(m, b)=0]=n \\
&\quad \Longrightarrow \forall k(k<n \Rightarrow \psi(m, k) \neq 0) \wedge \psi(m, n)=0 \\
&\quad \Longrightarrow [\forall w(w<s(n) \Rightarrow \neg R(s(m), w)) \wedge R(s(m), s(n))] \\
&\quad \Longrightarrow \mathrm{Prov}[\mu w R(s(m), w)=s(n)]
\end{aligned}$$

であり，(μ-op) が成立する． ∎

3.5.2　第2不完全性定理

不完全性定理の証明の内容を吟味し，少しく変更すれば，次のようなきわめて興味深い結果が得られる：

定理 3.6 (第2不完全性定理)　　有限の立場で与えられた，自然数論を含む形式的体系 τ が無矛盾ならば，「τ は無矛盾である」ことを意味する論理式を，この形式的体系 τ で証明することはできない．

この証明は，本書では割愛する．興味をおもちの諸氏は，参考文献［3］を参照されたい．

第4章　帰納的関数を定義する形式的体系

ここでは，ある形式的体系によって，ある種の数論的関数を定義する．この形式的体系に相当するものは，第3章に述べた形式的体系Pのなかでも実現できるものであるが，Pはきわめて一般的に定義されているため，ここで目的とする関数などを取り扱うには必ずしも適当でない．そこで，定義の対象である関数の形式的な取り扱いが容易なかたちで形式的体系 $\mathcal{R}$ を定義し，これを用いて，ある数論的関数のクラスを定めるのである．この数論的関数のクラスは，原始帰納的関数や帰納的関数のクラスを含み，明らかにアルゴリズムをもつ．そして，第2章に述べた帰納的関数の全体と一致するのである．

$\mathcal{R}$ は上述の理由により，たとえば“推論規則”なども P とはまったく異なったかたちで定められるが，この形式的体系 $\mathcal{R}$ に相当するものは，Pのみならず，Pに相当するようないかなる形式的体系のなかにでも構成しうる一般的なものであることを注意しておこう．

以下の展開は，J. Herbrand，K. Gödel，S. C. Kleene らによるものである．

4.1　形式的体系 $\mathcal{R}$

4.2　形式的体系 $\mathcal{R}$ の算術化

4.3　T-述語と枚挙可能定理

4.4　標準形定理

4.1　形式的体系 $\mathcal{R}$

形式的体系 $\mathcal{R}$ を定めよう．

（1）　$\mathcal{R}$ の基本記号

（1.1）　定記号

（1.1.1）　対象記号として，$\boldsymbol{o}$

（1.1.2）　（特定の）関数記号として，$'$

（1.1.3）　述語記号として，＝

（1.1.4）　補助記号として，(,)，　,

（1.2）　変数および関数記号

（1.2.1）　変数を表す記号として，

$$a, a_{|}, a_{||}, a_{|||}, a_{||||}, \cdots$$

(1.2.2) 関数を表す記号として,

$$f, f_{|}, f_{||}, f_{|||}, f_{||||}, \cdots$$

以下では, $a, a_{|}, a_{||}, a_{|||}, a_{||||}, \cdots$ を,

それぞれ $a_0, a_1, a_2, a_3, a_4, \cdots$ と書き, また,

$f, f_{|}, f_{||}, f_{|||}, f_{||||}, \cdots$ を,

それぞれ $f_0, f_1, f_2, f_3, f_4, \cdots$ と書くことにする.

注意 4.1 (1.1.3)の"="は, いわゆる等号(つまり, 同値律を満足する関係を表す記号としての等号)とはいささか異なっている(このことについては, 推論規則のところでふれる).

直観的には, (1.2.1)は自然数上の変数を表し, また, (1.2.2)は自然数上で定義される関数を表す.

以下では,

$a_0, a_1, a_2, \cdots$ を, 単に変数とよび,

$f_0, f_1, f_2, \cdots$ を, 関数記号とよぶ(もちろん, $'$ も関数記号なのであるが, これは, あらかじめ定められた特殊な関数記号であるから, 単に関数記号という場合は, このリストのうちの1つを指すものとする).

なお, 以下の記述では, 見やすくするために, 変数として a_i $(i=0, 1, 2, \cdots)$ だけでなく, 他の文字, たとえば, x, y, z なども用いる. 関数記号についても同様に, g, h などの文字を用いることがある. ここで大切なのは, 変数や関数記号のリストが定められている, ということである.

(2) 項 (term)

$\mathscr{R}$ における"項"を, 次のように帰納的に定義する:

(i) 対象記号 $\boldsymbol{o}$ は項である.

(ii) 変数 a_i は項である $(i=0, 1, 2, \cdots)$.

(iii) t が項であるとき, $(t)'$ は項である.

(iv) $t_1, t_2, \cdots, t_n$ がいずれも項で, f が関数記号のとき, $f(t_1, t_2, \cdots, t_n)$ は項である.

(v) 以上によって定義されるもののみが項である.

$\boldsymbol{o}, \boldsymbol{o}', \boldsymbol{o}'', \boldsymbol{o}''', \cdots$ (上の定義のままに書けば, $\boldsymbol{o}, (\boldsymbol{o})', ((\boldsymbol{o})')', (((\boldsymbol{o})')')', \cdots$) を, 特に**数項** (numeral) とよぶ. 以下では, これをそれぞれ $\mathbf{0}, \mathbf{1}, \mathbf{2}, \mathbf{3}, \cdots$, あるいは, $\bar{0}, \bar{1}, \bar{2}, \bar{3}, \cdots$ と書くことにする. これらは, 自然数 $0, 1, 2, 3, \cdots$ に対応

する**数項**とよばれる．

注意 4.2　補助記号（ ）や，は，上の項の定義のように，構成の順序などを明確に表すために用いられるであるが，上の数項の記法で，$(((o)')')'$ を o''' と書いたように，補助記号を用いなくても順序が明瞭な場合には適当に省略する．

（3）方程式 (equation)

t_1, t_2 が項のとき，

$$t_1 = t_2$$

を方程式という．t_1 はこの方程式の左辺，t_2 は右辺とよばれる．

注意 4.3　この方程式は，一般の形式的体系における論理式に相当するものである．

（4）方程式系 (system of equations)

方程式 $e_0, e_1, \cdots, e_l$ による有限列 $(e_0, e_1, \cdots, e_l)$ を，方程式系という．以下では記述を簡単にするため，方程式系 $(e_0, e_1, \cdots, e_l)$ とは，e_l の左辺の一番左が必ず関数記号であるものと約束する．

（5）推論規則 (rules of inference)

e を方程式，a を変数，n を数項とするとき，e のなかに変数 a が現れていれば，そのすべての a を n で置き換えて得られる方程式を

$$\mathrm{Sub}(e;\ a, n)$$

と書き表す．また，

t を項，$n_1, n_2, \cdots, n_r$，n を数項とし，f を関数記号とするとき，t のなかに，$f(n_1, n_2, \cdots, n_r)$ が含まれていれば，そのすべてを n でおきかえて得られる項を

$$\mathrm{Rep}(t;\ f(n_1, n_2, \cdots, n_r), n)$$

と書き表す．

このとき，次のように推論規則を定義する：

（i）e を方程式，a を e に含まれる変数，n を数項とするとき，

$$\frac{e}{\mathrm{Sub}(e;\ a, n)}$$

は推論規則である．このとき，“e から推論規則によって $\mathrm{Sub}(e;\ a, n)$ が得られる”という．以下，この推論規則を“**代入** (substitution)”とよぶ．

（ii）$n_1, n_2, \cdots, n_r$，n を数項，f を関数記号とし，$s=t$ は変数を含まない方程式で，右辺 t が $f(n_1, n_2, \cdots, n_r)$ を含むものとする．このとき

$$\frac{s=t \quad f(n_1, n_2, \cdots, n_r) = n}{s = \mathrm{Rep}(t;\ f(n_1, n_2, \cdots, n_r), n)}$$

は推論規則である．このとき，“$s=t$ と $f(n_1, n_2, \cdots, n_r)=n$ から，推論規則によって $s=\mathrm{Rep}(t;\ f(n_1, n_2, \cdots, n_r), n)$ が得られる”という．以下，この推論規則を“**置換** (replacement)”とよぶ．

注意 4.4　この推論規則で，“置換”が行われるのが，右辺だけであることに注意されたい．左辺にも置換をほどこすと，所要の性質が得られなくなってしまう．さきに，基本記号のところでの［注意 4.1］に，“=”がいわゆる等号とは異なっている，と述べたのはこの理由による．すなわち，$s=t$ を $t=s$ と書き替えることはできないのである．

（6）　演繹 (deduction)

方程式のある集合を E とする．ここで定義されるものは，正確には，“E からの演繹 (deduction from E)”である．

（i）　e を E に含まれる方程式とするとき，

$$e$$

は，E からの演繹である．このとき，e はこの演繹の最下式であるという．

（ii）　D を E からの演繹とし，D の最下式を e_1 とするとき，e_1 から“代入”の推論規則によって e_2 が得られるならば，

$$\frac{D}{e_2}$$

は，E からの演繹である．このとき，e_2 はこの演繹の最下式であるという．

（iii）　D_1, D_2 を E からの演繹とし，D_1 の最下式を e_1，D_2 の最下式を e_2 とする．e_1 と e_2 から，“置換”の推論規則によって，e_3 が得られるならば，

$$\frac{D_1\quad D_2}{e_3}$$

は，E からの演繹である．このとき，e_3 はこの演繹の最下式であるという．

（iv）　以上によって定められるもののみが，E からの演繹である．

$$E;\ f_0(a_0, \boldsymbol{o})=a_0,\quad f_0(a_0, a_1')=f_0(a_0, a_1)'$$

とし，E からの演繹の例をつくってみよう：

$$\dfrac{\dfrac{\dfrac{f_0(a_0, a_1')=f_0(a_0, a_1)'}{f_0(\boldsymbol{o}''', a_1')=f_0(\boldsymbol{o}''', a_1)'}}{f_0(\boldsymbol{o}''', \boldsymbol{o}'')=f_0(\boldsymbol{o}''', \boldsymbol{o}')'}\quad \dfrac{\dfrac{\dfrac{f_0(a_0, a_1')=f_0(a_0, a_1)'}{f_0(\boldsymbol{o}''', a_1')=f_0(\boldsymbol{o}''', a_1)'}}{f_0(\boldsymbol{o}''', \boldsymbol{o}')=f_0(\boldsymbol{o}''', \boldsymbol{o})'}\quad \dfrac{f_0(a_0, \boldsymbol{o})=a_0}{f_0(\boldsymbol{o}''', \boldsymbol{o})=\boldsymbol{o}'''}}{f_0(\boldsymbol{o}''', \boldsymbol{o}')=\boldsymbol{o}''''}}{f_0(\boldsymbol{o}''', \boldsymbol{o}'')=\boldsymbol{o}'''''}$$

“代入”によって変数が消去され，“置換”によって関数記号が消去されていくわけである．この例では，E からの演繹により，最下式として，$f_0(\mathbf{3},\mathbf{2})=\mathbf{5}$ が得られている．

（7） 関数表 (given functions)

変数を含まない方程式の集合を，関数表という．

実際に関数表を用いるときのために，直観的な説明をしておこう：

自然数上で定義された関数 $\psi_1, \psi_2, \cdots, \psi_m$ が与えられているものとする．これらの関数の各変数に，あらゆる自然数を代入したときの関数値の全体の表

$$\psi_i(n_1, n_2, \cdots, n_{l_i})=n \quad (i=1,2,\cdots,m\ ;\ n_1, n_2, \cdots, n_{l_i},\ \ n \text{ は自然数})$$

を考える．たとえば

$$\begin{aligned}\psi_1(0,0,\cdots,0)&=1\\ \psi_1(0,0,\cdots,1)&=4\\ &\vdots\\ \psi_1(2,7,\cdots,4)&=0\\ &\vdots\\ \psi_2(0,0,\cdots,0)&=2\\ &\vdots\end{aligned}$$

というような表である．さて，これに対応する $\mathcal{R}$ での方程式の表をつくる．

$g_1, g_2, \cdots, g_m$ を $\psi_1, \psi_2, \cdots, \psi_m$ に対応する $\mathcal{R}$ での関数記号として用いるものとし，$\bar{n}_1, \bar{n}_2, \cdots, \bar{n}_{l_i}$ を，それぞれ自然数 $n_1, n_2, \cdots, n_{l_i}$ に対応する数項とするとき，

$$g_i(\bar{n}_1, \bar{n}_2, \cdots, \bar{n}_{l_i})=\bar{n} \Longleftrightarrow \psi_i(n_1, n_2, \cdots, n_{l_i})=n$$

であるような，

$$g_i(\bar{n}_1, \bar{n}_2, \cdots, \bar{n}_{l_i})=\bar{n} \quad (i=1,2,\cdots,m\ ;\ \bar{n}_1, \bar{n}_2, \cdots, \bar{n}_{l_i},\ \ \bar{n} \text{ は数項})$$

の表を考えるわけである．上の ψ_i の表の例に対応した表を書けば，

$$\begin{aligned}g_1(\bar{0},\bar{0},\cdots,\bar{0})&=\bar{1}\\ g_1(\bar{0},\bar{0},\cdots,\bar{1})&=\bar{4}\\ &\vdots\\ g_1(\bar{2},\bar{7},\cdots,\bar{4})&=\bar{0}\\ &\vdots\\ g_2(\bar{0},\bar{0},\cdots,\bar{0})&=\bar{2}\\ &\vdots\end{aligned}$$

ということになる．いうまでもなく，$m\geqq 1$ ならば，この方程式の集合は無限集合となり，$m=0$ ならば空集合となる．

関数 $\psi_1, \psi_2, \cdots, \psi_m$ に対するこのような $\mathcal{R}$ の方程式の集合を，$\psi_1, \psi_2, \cdots, \psi_m$ に対する関数表とよび（ψ_i に対応する関数記号として g_i を用いるならば），$E^{\psi_1, \psi_2, \cdots, \psi_m}_{g_1, g_2, \cdots, g_m}$ と書く．

（8） 主関数記号 (principal function letter)

Eを方程式系 $(e_0, e_1, \cdots, e_l)$ とする．e_l の左辺の一番左の記号（約束によって，関数記号）を，主関数記号という（主関数記号は，後に示すように，その方程式系によって定められる関数に対応する $\mathcal{R}$ での関数記号である）．また，Eのなかで，方程式の右辺には現れるが左辺に現れない関数記号を，（関数表で）与えられた関数記号 (given function letter)，右辺にも左辺にも現われる主関数記号以外の関数記号を補助関数記号 (auxiliary function letter) とよぶ．

（9） 演繹可能な方程式

Eを方程式系，$E^{\psi_1, \psi_2, \cdots, \psi_m}_{g_1, g_2, \cdots, g_m}$ を関数表とするとき，Eと $E^{\psi_1, \psi_2, \cdots, \psi_m}_{g_1, g_2, \cdots, g_m}$ からの演繹の最下式となるような方程式 $f(\bar{n}_1, \bar{n}_2, \cdots, \bar{n}_r) = \bar{n}$ を，E と $E^{\psi_1, \psi_2, \cdots, \psi_m}_{g_1, g_2, \cdots, g_m}$ から演繹可能 (deducible from E, $E^{\psi_1, \psi_2, \cdots, \psi_m}_{g_1, g_2, \cdots, g_m}$) な方程式とよび，

$$E^{\psi_1, \psi_2, \cdots, \psi_m}_{g_1, g_2, \cdots, g_m},\quad E \vdash f(\bar{n}_1, \bar{n}_2, \cdots, \bar{n}_r) = \bar{n}$$

と書く．

$E^{\psi_1, \psi_2, \cdots, \psi_m}_{g_1, g_2, \cdots, g_m}$ が空のときは，もちろん，単に

$$E \vdash f(\bar{n}_1, \bar{n}_2, \cdots, \bar{n}_r) = \bar{n}$$

と書くわけである．

以上によって，形式的体系 $\mathcal{R}$ は定められたから，これを用いて，"形式的に計算可能な関数"を定義しよう．

定義 4.1 （部分）関数 $\varphi(z_1, z_2, \cdots, z_n)$ が**形式的に計算可能** (formally calculable) であるとは，φ に対して，ある方程式系Eが存在して，任意の自然数 z_i $(i=1, 2, \cdots, n)$，z と，それに対応する数項 $\bar{z}_i, \bar{z}$ について，

$$E \vdash f(\bar{z}_1, \bar{z}_2, \cdots, \bar{z}_n) = \bar{z} \iff \varphi(z_1, z_2, \cdots, z_n) = z$$

が成り立つときをいう．ここに，fはEの主関数記号とする．

定義 4.2 （部分）関数 $\varphi(z_1, z_2, \cdots, z_n)$ が関数 $\boldsymbol{\psi}_1, \boldsymbol{\psi}_2, \cdots, \boldsymbol{\psi}_m$ **から形式的に計算可能** (formally calculable from $\psi_1, \psi_2, \cdots, \psi_m$) であるとは，ある方程式

系Eが存在して,

$$E^{\psi_1,\psi_2,\cdots,\psi_m}_{g_1,g_2,\cdots,g_m},\ E\vdash f(\bar{z}_1,\bar{z}_2,\cdots,\bar{z}_n)=\bar{z} \iff \varphi(z_1,z_2,\cdots,z_n)=z$$

が成り立つときをいう．ここに，fはEの主関数記号とする[†].

なお，上の定義4.1,2における方程式系Eを，**“関数φを形式的に定義する方程式系”**とよぶ.

また，Eが満たす条件のうち ⇒ が成り立つことを，**Eの無矛盾性**とよび，⇐ が成り立つことを，**Eの完全性**という.

たとえば，原始帰納的関数の定義が，存在やその一意性あるいは関数値の定まり方などについて明示的であったのに比べ，形式的に計算可能な関数の定義は，代入，置換という2つの推論規則と，方程式系，関数表などの概念によって“手続き”を形式化し，「手続きが存在する」こと自身によって定義されている．この大胆さがアルゴリズム一般を見事にとらえさせたといえよう.

さて，原始帰納的関数や帰納的関数は形式的に計算可能であることを示そう．そのために，まず次の定理4.1，4.2を用意する.

定理 4.1　原始帰納的関数を定義する図式（I）〜(VI)，あるいは

（0）　　$\varphi(z_1,z_2,\cdots,z_n)=\psi(z_1,z_2,\cdots,z_n)$

なる図式によって導入される関数φはその図式を形式化した方程式系とその右辺にのみ現れる関数を形式化した関数表によって，形式的に定義される.

［証明］（0）〜(VI) の図式を，そのまま$\mathcal{R}$のなかに形式化したものを方程式系Eとしてとればよい．すなわち，

場合0：　φが（0）の図式によって定義されている場合

φ,ψ にそれぞれ対応する$\mathcal{R}$での関数記号を，f,g とする．このとき，Eを

$$f(a_1,a_2,\cdots,a_n)=g(a_1,a_2,\cdots,a_n)$$

とすれば,

$$E^{\psi}_{g}, E\vdash f(\bar{z}_1,\bar{z}_2,\cdots,\bar{z}_n)=\bar{z} \iff \varphi(z_1,z_2,\cdots,z_n)=z$$

であることを示せばよい.

⇒の証明：　$f(z_1,z_2,\cdots,z_n)=z$ から，演繹を上にたどり，置換によって枝

---

†) ここで，φは部分関数でよいが，$\psi_1,\cdots,\psi_m$ は部分関数ではなく自然数全体で定義されているものとする.

分れしているところは左側へとたどれば，一番上の方程式は

$$f(a_1, a_2, \cdots, a_n) = g(a_1, a_2, \cdots, a_n)$$

になっている．$f(\bar{z}_1, \bar{z}_2, \cdots, \bar{z}_n) = \bar{z}$ が得られるのは，上の方程式に $\bar{z}_1, \bar{z}_2, \cdots, \bar{z}_n$ が代入された $f(\bar{z}_1, \bar{z}_2, \cdots, \bar{z}_n) = g(\bar{z}_1, \bar{z}_2, \cdots, \bar{z}_n)$ と，$g(\bar{z}_1, \bar{z}_2, \cdots, \bar{z}_n) = \bar{z}$ から置換をほどこした場合に限る．

したがって，$g(\bar{z}_1, \bar{z}_2, \cdots, \bar{z}_n) = \bar{z}$ は E_g^ψ の要素でなくてはならない．すなわち，

$$\psi(z_1, z_2, \cdots, z_n) = z$$

である．しかるに（0）によって，

$$\varphi(z_1, z_2, \cdots, z_n) = \psi(z_1, z_2, \cdots, z_n)$$

であるから，

$$\varphi(z_1, z_2, \cdots, z_n) = z$$

が成り立つ．

⇐の証明：（0）により，$\varphi(z_1, z_2, \cdots, z_n) = \psi(z_1, z_2, \cdots, z_n)$ であるから，

$$\psi(z_1, z_2, \cdots, z_n) = z$$

である．したがって，

$$g(\bar{z}_1, \bar{z}_2, \cdots, \bar{z}_n) = \bar{z}$$

は E_g^ψ の要素である．そこで E の要素

$$f(a_1, a_2, \cdots, a_n) = g(a_1, a_2, \cdots, a_n)$$

に代入を繰り返して

$$f(\bar{z}_1, \bar{z}_2, \cdots, \bar{z}_n) = g(\bar{z}_1, \bar{z}_2, \cdots, \bar{z}_n)$$

を最下式とする演繹をつくり，これと E_g^ψ の要素

$$g(\bar{z}_1, \bar{z}_2, \cdots, \bar{z}_n) = \bar{z}$$

とから，置換を行えば，

$$f(\bar{z}_1, \bar{z}_2, \cdots, \bar{z}_n) = \bar{z}$$

が得られる．すなわち，

$$E_g^\psi,\ E \vdash f(\bar{z}_1, \bar{z}_2, \cdots, \bar{z}_n) = \bar{z}$$

が成り立つ．

場合 1, 2, 3, 4：　φ が（I），（II），（III）あるいは（IV）の図式によって定義されている場合．この場合はいずれも明らか．

場合 5,6: φ が（Ⅴ）あるいは（Ⅵ）の図式によって定義されている場合.
（Ⅵ）について証明すれば十分であろう.

φ, ψ, χ に対応する関数記号をそれぞれ f, g, h とし, E を

$$f(\bar{0}, a_1, a_2, \cdots, a_n) = g(a_1, a_2, \cdots, a_n)$$
$$f(a', a_1, a_2, \cdots, a_n) = h(a, f(a, a_1, a_2, \cdots, a_n), a_1, a_2, \cdots, a_n)$$

とする. このとき,

$$E_{g,h}^{\psi,\chi}, \ E \vdash f(\bar{z}, \bar{z}_1, \bar{z}_2, \cdots, \bar{z}_n) = \bar{v} \iff \varphi(z, z_1, z_2, \cdots, z_n) = v$$

であることを, 数項 $\bar{z}$ についての帰納法によって示そう.

（ⅰ） $\bar{z} = \bar{0}$ の場合

⇒ の証明: $f(\bar{0}, \bar{z}_1, \bar{z}_2, \cdots, \bar{z}_n) = \bar{v}$ が得られるためには, $f(\bar{0}, a_1, a_2, \cdots, a_n)$ $= g(a_1, a_2, \cdots, a_n)$ に代入規則を n 回適用して得られる $f(\bar{0}, \bar{z}_1, \bar{z}_2, \cdots, \bar{z}_n) =$ $g(\bar{z}_1, \bar{z}_2, \cdots, \bar{z}_n)$ と $g(\bar{z}_1, \bar{z}_2, \cdots, \bar{z}_n) = \bar{v}$ から, 置換規則によらなくてはならない. したがって, $g(\bar{z}_1, \bar{z}_2, \cdots, \bar{z}_n) = \bar{v}$ は $E_{g,h}^{\psi,\chi}$ の要素でなくてはならない. すなわち

$$\psi(z_1, z_2, \cdots, z_n) = v$$

しかるに,

$$\varphi(0, z_1, z_2, \cdots, z_n) = \psi(z_1, z_2, \cdots, z_n)$$

であるから

$$\varphi(0, z_1, z_2, \cdots, z_n) = v$$

が成り立つ.

⇐ の証明: $\varphi(0, z_1, z_2, \cdots, z_n) = v$ であるから, $\psi(z_1, z_2, \cdots, z_n) = v$, すなわち,

$$g(\bar{z}_1, \bar{z}_2, \cdots, \bar{z}_n) = \bar{v}$$

は $E_{g,h}^{\psi,\chi}$ の要素になっている. したがって,

$$\begin{array}{l} f(\bar{0}, a_1, a_2, \cdots, a_n) = g(a_1, a_2, \cdots, a_n) \\ \hline f(\bar{0}, \bar{z}_1, a_2, \cdots, a_n) = g(\bar{z}_1, a_2, \cdots, a_n) \\ \qquad\qquad\qquad \vdots \\ \hline f(\bar{0}, \bar{z}_1, \bar{z}_2, \cdots, \bar{z}_n) = g(\bar{z}_1, \bar{z}_2, \cdots, \bar{z}_n) \qquad g(\bar{z}_1, \bar{z}_2, \cdots, \bar{z}_n) = \bar{v} \\ \hline \qquad\qquad f(\bar{0}, \bar{z}_1, \bar{z}_2, \cdots, \bar{z}_n) = \bar{v} \end{array}$$

であるから,

$$E_{g,h}^{\psi,\chi},\ E \vdash f(\bar{0}, \bar{z}_1, \bar{z}_2, \cdots, \bar{z}_n) = \bar{v} \Longleftrightarrow \varphi(0, z_1, z_2, \cdots, z_n) = v$$

が成り立つ.

（ii） $\bar{z}$ のとき成立するものと仮定し，$\bar{z}'$ の場合を証明する：

⇒の証明： $f(\bar{z}', \bar{z}_1, \bar{z}_2, \cdots, \bar{z}_n) = \bar{v}$ が得られるためには，

$$f(a', a_1, a_2, \cdots, a_n) = h(a, f(a, a_1, a_2, \cdots, a_n), a_1, a_2, \cdots, a_n)$$

から代入規則によって得られる

$$f(\bar{z}', \bar{z}_1, \bar{z}_2, \cdots, \bar{z}_n) = h(\bar{z}, f(\bar{z}, \bar{z}_1, \bar{z}_2, \cdots, \bar{z}_n), \bar{z}_1, \bar{z}_2, \cdots, \bar{z}_n)$$

と，

$$h(\bar{z}, f(\bar{z}, \bar{z}_1, \bar{z}_2, \cdots, \bar{z}_n), \bar{z}_1, \bar{z}_2, \cdots, \bar{z}_n) = \bar{v}$$

の $f(\bar{z}, \bar{z}_1, \bar{z}_2, \cdots, \bar{z}_n)$ を置換規則で消去したもの同士から，さらに，置換規則によらなくてはならない.

帰納法の仮定により

$$E_{g,h}^{\psi,\chi},\ E \vdash f(\bar{z}, \bar{z}_1, \bar{z}_2, \cdots, \bar{z}_n) = \bar{r} \Longleftrightarrow \varphi(z, z_1, z_2, \cdots, z_n) = r$$

が成り立つから，ある $\bar{r}$ に対して，$f(\bar{z}, \bar{z}_1, \bar{z}_2, \cdots, \bar{z}_n) = \bar{r}$ がある演繹の最下式として得られ，また，$h(\bar{z}, \bar{r}, \bar{z}_1, \bar{z}_2, \cdots, \bar{z}_n) = \bar{v}$ は $E_{g,h}^{\psi,\chi}$ の要素でなくてはならない.

したがって，

$$\varphi(z, z_1, z_2, \cdots, z_n) = r, \qquad \chi(z, r, z_1, z_2, \cdots, z_n) = v$$

が成り立つ.

しかるに，

$$\varphi(z', z_1, z_2, \cdots, z_n) = \chi(z, \varphi(z, z_1, z_2, \cdots, z_n), z_1, z_2, \cdots, z_n)$$

であるから，

$$\varphi(z', z_1, z_2, \cdots, z_n) = v$$

が成り立つ.

⇐の証明： $\varphi(z', z_1, z_2, \cdots, z_n) = v$ であるから，

$$\chi(z, \varphi(z, z_1, z_2, \cdots, z_n), z_1, z_2, \cdots, z_n) = v$$

$\varphi(z, z_1, z_2, \cdots, z_n) = r$ とすれば，$h(\bar{z}, \bar{r}, \bar{z}_1, \bar{z}_2, \cdots, \bar{z}_n) = \bar{v}$ は $E_{g,h}^{\psi,\chi}$ の要素になっている.

帰納法の仮定により，$f(\bar{z}, \bar{z}_1, \bar{z}_2, \cdots, \bar{z}_n) = \bar{r}$ を最下式にもつ $E_{g,h}^{\psi,\chi}$, E からの演繹 D が存在する．したがって，

$$\begin{array}{ll}
\underline{f(a', a_1, a_2, \cdots, a_n)=h(a, f(a, a_1, a_2, \cdots, a_n), a_1, a_2, \cdots, a_n)} & \\
\underline{f(\bar{z}', a_1, a_2, \cdots, a_n)=h(\bar{z}, f(\bar{z}, a_1, a_2, \cdots, a_n), a_1, a_2, \cdots, a_n)} & \\
\underline{f(\bar{z}', \bar{z}_1, a_2, \cdots, a_n)=h(\bar{z}, f(\bar{z}, \bar{z}_1, a_2, \cdots, a_n), \bar{z}_1, a_2, \cdots, a_n)} & \left.\begin{array}{c}\vdots\\ \end{array}\right. \\
\underline{\qquad\qquad\vdots\qquad\qquad} & \\
\underline{f(\bar{z}', \bar{z}_1, \bar{z}_2, \cdots, \bar{z}_n)=h(\bar{z}, f(\bar{z}, \bar{z}_1, \bar{z}_2, \cdots, \bar{z}_n), \bar{z}_1, \bar{z}_2, \cdots, \bar{z}_n)} & \left.\underline{f(\bar{z}, \bar{z}_1, \bar{z}_2, \cdots, \bar{z}_n)=\bar{r}}\right\} : D \\
\end{array}$$

$$\dfrac{f(\bar{z}', \bar{z}_1, \bar{z}_2, \cdots, \bar{z}_n)=h(\bar{z}, \bar{r}, \bar{z}_1, \bar{z}_2, \cdots, \bar{z}_n) \quad h(\bar{z}, \bar{v}, \bar{z}_1, \bar{z}_2, \cdots, \bar{z}_n)=\bar{v}}{f(\bar{z}', \bar{z}_1, \bar{z}_2, \cdots, \bar{z}_n)=\bar{v}}$$

であるから,

$$E_{g,h}^{\psi,\chi},\ E\vdash f(\bar{z}', \bar{z}_1, \bar{z}_2, \cdots, \bar{z}_n)=\bar{v} \iff \varphi(z', z_1, z_2, \cdots, z_n)=v$$

が成り立つ. ∎

方程式系，関数表，演繹などの定義から，次の定理が成立することは明らかであろう.

定理 4.2 Dを関数表，Fを方程式系とする．このとき,

（i） Fの要素の左辺に現れる関数記号はDには現れないとし，gをDに現れる関数記号とすれば,

$$D,\ F\vdash g(\bar{z}_1, \cdots, \bar{z}_g)=\bar{z} \Longrightarrow D\vdash g(\bar{z}_1, \cdots, \bar{z}_g)=\bar{z}$$

である.

（ii） D, F 双方に現れる関数記号gで，$D\vdash g(\bar{z}_1, \cdots, \bar{z}_g)=\bar{z}$ となるような方程式の全体をGとすれば,

$$D,\ F\vdash f(\bar{z}_1, \cdots, \bar{z}_n)=\bar{z} \Longrightarrow G, F\vdash f(\bar{z}_1, \cdots, \bar{z}_n)=\bar{z}$$

である.

これらから次の定理が得られる：

定理 4.3 関数φが$\psi_1, \psi_2, \cdots, \psi_l$で原始帰納的ならば，$\varphi$は$\psi_1, \psi_2, \cdots, \psi_l$から形式的に計算可能である.

［**証明**］ 与えられた関数 ψ_i $(i=1, 2, \cdots, l)$ に対し，図式

（i） $\varphi(z_1, z_2, \cdots, z_{n_i})=\psi_i(z_1, z_2, \cdots, z_{n_i})$

を導入し，原始帰納的関数を定義する図式（I）～(VI) を $(l+1)$～$(l+6)$ とすれば，φ は (1)～$(l+6)$ の図式を有限回適用して得られる関数とみなしてよい．以下，φ に至る記述の長さについての帰納法によって証明する.

まず，**場合** (***i***) $(i=1, 2, \cdots, l)$ として，φ が図式（i）で導入された場合を

考える．

この場合は，方程式系 E として

$$f(a_1, a_2, \cdots, a_{n_i}) = g_i(a_1, a_2, \cdots, a_{n_i})$$

をとる．ここで，f, g_i はおのおの φ, ψ_i に対応する $\mathcal{R}$ での関数記号とする．このとき，

$$E_{g_i}^{\psi_i},\ E \vdash f(\bar{z}_1, \bar{z}_2, \cdots, \bar{z}_{n_i}) = \bar{z} \Longleftrightarrow \varphi(z_1, z_2, \cdots, z_{n_i}) = z$$

が成立することを示そう．

⇒の証明： a_j に z_j $(j=1, 2, \cdots, n_i)$ を代入し，$f(\bar{z}_1, \cdots, \bar{z}_{n_i}) = g_i(\bar{z}_1, \cdots, \bar{z}_{n_i})$ を得て，さらに $g_i(\bar{z}_1, \cdots, \bar{z}_{n_i}) = \bar{z}$ から，$f(\bar{z}_1, \cdots, \bar{z}_{n_i}) = \bar{z}$ が得られる．$g_i(\bar{z}_1, \cdots, \bar{z}_{n_i}) = \bar{z}$ は $E_{g_i}^{\psi_i}$ の要素であるから，$\psi_i(z_1, \cdots, z_{n_i}) = z$，すなわち，$\varphi(z_1, \cdots, z_{n_i}) = z$ である．

⇐の証明： a_j に $\bar{z}_j$ $(j=1, 2, \cdots, n_i)$ を代入し，$f(\bar{z}_1, \cdots, \bar{z}_{n_i}) = g_i(\bar{z}_1, \cdots, \bar{z}_{n_i})$ を得る．いま，$\varphi(z_1, \cdots, z_n) = z$ であるから，$\psi_i(z_1, \cdots, z_{n_i}) = z$ であり，したがって，$E_{g_i}^{\psi_i}$ には $g_i(\bar{z}_1, \cdots, \bar{z}_{n_i}) = \bar{z}$ が存在する．よって，置換規則により，$f(\bar{z}_1, \cdots, \bar{z}_{n_i}) = \bar{z}$ が得られる．

以上から，

$$E_{g_1, \cdots, g_l}^{\psi_1, \cdots, \psi_l},\ E \vdash f(\bar{z}_1, \bar{z}_2, \cdots, \bar{z}_{n_i}) = \bar{z} \Longleftrightarrow \varphi(z_1, z_2, \cdots, z_{n_i}) = z$$

である．

場合 (l+1)〜(l+3) で，図式（Ⅰ）〜（Ⅲ）で導入された場合は明らかであろう．

場合 (l+4) φ が次の図式で導入された場合を考える：

（Ⅳ） $\varphi(z_1, z_2, \cdots, z_n) = \psi(\chi_1(z_1, \cdots, z_n), \cdots, \chi_m(z_1, \cdots, z_n))$

$\varphi, \psi_i, \psi, \chi_i$ に対応する $\mathcal{R}$ での関数記号をそれぞれ，f, g_i, g, h_i とする．

定理 4.1 により，E' として

$$f(a_1, a_2, \cdots, a_n) = g(h_1(a_1, \cdots, a_n), \cdots, h_m(a_1, \cdots, a_n))$$

をとれば，

$$E_{g, h_1, \cdots, h_m}^{\psi, \chi_1, \cdots, \chi_m},\ E' \vdash f(\bar{z}_1, \cdots, \bar{z}_n) = \bar{z} \Longleftrightarrow \varphi(z_1, \cdots, z_n) = z$$

が成立する．また，帰納法の仮定から，$\psi(v_1, \cdots, v_m)$，$\chi_i(z_1, \cdots, z_n)$ $(i=1, 2, \cdots, m)$ に対して，それぞれ方程式系 H, H_i が存在して

$$E_{g_1, \cdots, g_l}^{\psi_1, \cdots, \psi_l},\ H \vdash g(\bar{v}_1, \cdots, \bar{v}_m) = \bar{v} \Longleftrightarrow \psi(v_1, \cdots, v_m) = v$$

$$E^{\psi_1,\cdots,\psi_l}_{g_1,\cdots,g_l},\ H_i \vdash h_i(\bar{z}_1,\cdots,\bar{z}_n)=\bar{v}_i \Longleftrightarrow \chi_i(z_1,\cdots,z_n)=v_i \quad (i=1,2,\cdots,m)$$

である.

そこで，Eとして，

$$H_1, H_2, \cdots, H_m, H, E'$$

をとれば，

$$E^{\psi_1,\cdots,\psi_l}_{g_1,\cdots,g_l},\ E \vdash f(\bar{z}_1,\cdots,\bar{z}_n)=\bar{z} \Longleftrightarrow \varphi(z_1,\cdots,z_n)=z$$

が成立することを示そう.

⇒の証明：　定理4.2（ii）から

$$G, E' \vdash f(\bar{z}_1,\cdots,\bar{z}_n)=\bar{z}$$

である．ただし，Gは，$E^{\psi_1,\cdots,\psi_l}_{g_1,\cdots,g_l}, H, H_1,\cdots,H_m$ を D とするとき，Dにも E' にも現れる関数記号をもち，Dから演繹可能な方程式の全体とする.

このことから，$f(\bar{z}_1,\cdots,\bar{z}_n)=\bar{z}$ に至る演繹に現れる $g(\bar{v}_1,\cdots,\bar{v}_m)=\bar{z}$, $h_i(\bar{z}_1,\cdots,\bar{z}_n)=\bar{v}_i$ などはいずれもDから演繹可能である．さらに，

$$E^{\psi_1,\cdots,\psi_l}_{g_1,\cdots,g_l},\ H \vdash g(\bar{v}_1,\cdots,\bar{v}_m)=\bar{z}$$

$$E^{\psi_1,\cdots,\psi_l}_{g_1,\cdots,g_l},\ H_i \vdash h_i(\bar{z}_1,\cdots,\bar{z}_n)=\bar{v}_i \quad (i=1,2,\cdots,m)$$

であるから，帰納法の仮定から，

$$\psi(v_1,\cdots,v_m)=z,\ \chi_i(z_1,\cdots,z_n)=v_i \quad (i=1,2,\cdots,m)$$

であり，

$$\psi(\chi_1(z_1,\cdots,z_n),\cdots,\chi_m(z_1,\cdots,z_n))=z$$

となるから

$$\varphi(z_1,z_2,\cdots,z_n)=z$$

である.

⇐の証明：　$\varphi(z_1,z_2,\cdots,z_n)=z$ とすれば，定理4.1から，

$$E^{\psi,\chi_1,\cdots,\chi_m}_{g,h_1,\cdots,h_m},\ E' \vdash f(\bar{z}_1,\cdots,\bar{z}_n)=\bar{z}$$

である.

この演繹に現れる $g(\bar{v}_1,\cdots,\bar{v}_m)=\bar{z}$, $h_i(\bar{z}_1,\cdots,\bar{z}_m)=\bar{v}_i$ $(i=1,2,\cdots,m)$ はいずれも $E^{\psi,\chi_1,\cdots,\chi_m}_{g,h_1,\cdots,h_m}$ の要素で，

$$E^{\psi_1,\cdots,\psi_l}_{g_1,\cdots,g_l},\ H_i \vdash h_i(\bar{z}_1,\cdots,\bar{z}_m)=\bar{v}_i \quad (i=1,2,\cdots,m)$$

$$E^{\psi_1,\cdots,\psi_l}_{g_1,\cdots,g_l},\ H \vdash g(\bar{v}_1,\cdots,\bar{v}_m)=\bar{z}$$

であるから，結局

$$E^{\psi_1,\cdots,\psi_l}_{g_1,\cdots,g_l},\ E\vdash f(\bar{z}_1, \bar{z}_2, \cdots, \bar{z}_n)=\bar{z}$$

となる.

場合 ($\boldsymbol{l}$+5), ($\boldsymbol{l}$+6)　($l+6$) の場合を示せば十分であろう. すなわち図式

$$(\text{VI})\quad \begin{cases} \varphi(0, z_1, \cdots, z_n)=\psi(z_1, \cdots, z_n) \\ \varphi(z', z_1, \cdots, z_n)=\chi(z, \varphi(z, z_1, \cdots, z_n), z_1, \cdots, z_n) \end{cases}$$

で φ が導入された場合を考えよう.

φ, ψ, χ に対応する $\mathcal{R}$ での関数記号を, それぞれ f, g, h とし, 方程式系 E' として,

$$f(\bar{0}, a_1, \cdots, a_n)=g(a_1, \cdots, a_n),$$
$$f(a', a_1, \cdots, a_n)=h(a, f(a, a_1, \cdots, a_n), a_1, \cdots, a_n)$$

をとる. このとき定理4.1から

$$E^{\varphi,\chi}_{g,h},\ E'\vdash f(\bar{z}, \bar{z}_1, \cdots, \bar{z}_n)=\bar{v} \Longleftrightarrow \varphi(z, z_1, \cdots, z_n)=v$$

が成立する. また, 帰納法の仮定から方程式系 H_1, H_2 が存在して,

$$E^{\psi_1,\cdots,\psi_l}_{g_1,\cdots,g_l},\ H_1\vdash g(\bar{z}_1, \cdots, \bar{z}_n)=\bar{r} \Longleftrightarrow \psi(z_1, \cdots, z_n)=r$$
$$E^{\psi_1,\cdots,\psi_l}_{g_1,\cdots,g_l},\ H_2\vdash h(\bar{z}, \bar{r}, \bar{z}_1, \cdots, \bar{z}_n)=\bar{v} \Longleftrightarrow \chi(z, r, z_1, \cdots, z_n)=v$$

である.

そこで, E として

$$H_1, H_2, E'$$

をとれば,

$$E^{\psi_1,\cdots,\psi_l}_{g_1,\cdots,g_l},\ E\vdash f(\bar{z}, \bar{z}_1, \cdots, \bar{z}_n)=\bar{v} \Longleftrightarrow \varphi(z, z_1, \cdots, z_n)=v$$

が成立することを示す.

⇒の証明：　定理4.2 (ii) での D を $E^{\psi_1,\cdots,\psi_l}_{g_1,\cdots,g_l}, H_1, H_2$ とし, F を E' にとれば, G は $E^{\varphi,\chi}_{g,h}$ となって, 仮定により,

$$D, F\vdash f(\bar{z}, \bar{z}_1, \cdots, \bar{z}_n)=\bar{v}$$

であるから,

$$G, F\vdash f(\bar{z}, \bar{z}_1, \cdots, \bar{z}_n)=\bar{v}$$

が成立する.

よって, 定理4.1から

$$\varphi(z, z_1, \cdots, z_n)=v$$

⇐の証明：　z についての帰納法によって証明する.

（i） $z=\bar{0}$ の場合．$f(\bar{0}, a_1, \cdots, a_n)=g(a_1, \cdots, a_n)$ の各 a_j に $\bar{z}_j$ $(j=1, 2, \cdots, n)$ を代入すれば，$f(\bar{0}, \bar{z}_1, \cdots, \bar{z}_n)=g(\bar{z}_1, \cdots, \bar{z}_n)$．いま，前提により $\varphi(0, z_1, \cdots, z_n)=v$ であるから，$\psi(z_1, \cdots, z_n)=v$．すなわち，$g(\bar{z}_1, \cdots, \bar{z}_n)=\bar{v}$ であるから，これと $f(\bar{0}, \bar{z}_1, \cdots, \bar{z}_n)=g(\bar{z}_1, \cdots, \bar{z}_n)$ に置換規則を適用すれば，

$$f(\bar{0}, \bar{z}_1, \cdots, \bar{z}_n)=\bar{v}$$

が得られる．

（ii） z の場合を仮定し，z' の場合を証明する．

$\varphi(z', z_1, \cdots, z_n)=v$ とすれば，$\chi(z, \varphi(z, z_1, \cdots, z_n), z_1, \cdots, z_n)=v$

である．すなわち，

$$\varphi(z, z_1, \cdots, z_n)=r$$

$$\chi(z, r, z_1, \cdots, z_n)=v$$

となる．このとき，帰納法の仮定により，

$$E_{g_1, \cdots, g_l}^{\psi_1, \cdots, \psi_l},\ E\vdash f(\bar{z}, \bar{z}_1, \cdots, \bar{z}_n)=\bar{r}$$

$$E_{g_1, \cdots, g_l}^{\psi_1, \cdots, \psi_l},\ E\vdash h(\bar{z}, \bar{r}, \bar{z}_1, \cdots, \bar{z}_n)=\bar{v}$$

一方，代入規則によって，

$$f(a', a_1, \cdots, a_n)=h(a, f(a, a_1, \cdots, a_n), a_1, \cdots, a_n)$$

の a_j に $\bar{z}_j$ $(j=1, 2, \cdots, n)$ を代入し，a に $\bar{z}$ を代入すると

$$f(\bar{z}', \bar{z}_1, \cdots, \bar{z}_n)=h(\bar{z}, f(\bar{z}, \bar{z}_1, \cdots, \bar{z}_n), \bar{z}_1, \cdots, \bar{z}_n)$$

であるから，置換を2度行えば，

$$E_{g_1, \cdots, g_l}^{\psi_1, \cdots, \psi_l},\ E\vdash f(\bar{z}', \bar{z}_1, \cdots, \bar{z}_n)=\bar{v}$$

が得られる． ▮

上の定理から明らかに，次の系が得られる：

系 （i） 原始帰納的関数は形式的に計算可能である．

（ii） 原始帰納的な部分関数は形式的に計算可能である．

まったく同様にして

定理 4.4 部分関数 φ が $\psi_1, \cdots, \psi_l$ で原始帰納的ならば，φ は $\psi_1, \cdots, \psi_l$ から形式的に計算可能である．

定理 4.5 関数 φ が $\psi_1, \psi_2, \cdots, \psi_l$ で帰納的ならば，φ は $\psi_1, \psi_2, \cdots, \psi_l$ か

ら形式的に計算可能である.

［証明］ 定理4.1, 4.2, 4.3と，その証明から，帰納的関数を定義する図式(Ⅶ)

$$\varphi(z_1, \cdots, z_n) = \mu v[\psi(z_1, \cdots, z_n, v) = 0]$$

ただし，
$$\forall z_1 \cdots \forall z_n \exists v[\psi(z_1, \cdots, z_n, v) = 0]$$

によって導入される関数φを形式的に定義する方程式系と関数表を示せば十分であろう.

定理4.1の証明にみられるように，図式（Ⅰ)〜(Ⅵ）では，その図式のままを$\mathcal{R}$のなかに形式化した方程式系をとればよいが，図式（Ⅶ）ではμ-作用素を表現するために，いささかの工夫が必要になる.

図式（Ⅶ）に対しては，φ, ψに対応する$\mathcal{R}$での関数記号をそれぞれf, gとし，hを補助関数記号とすれば，方程式系Eを次のようにとればよい：

$$h(\bar{0}, a_1, \cdots, a_n, b) = b,$$
$$h(a', a_1, \cdots, a_n, b) = h(g(a_1, \cdots, a_n, b'), a_1, \cdots, a_n, b'),$$
$$f(a_1, \cdots, a_n) = h(g(a_1, \cdots, a_n, \bar{0}), a_1, \cdots, a_n, \bar{0}).$$

すなわち，このとき

$$E_g^{\psi}, E \vdash f(\bar{z}_1, \cdots, \bar{z}_n) = \bar{z} \iff \varphi(z_1, \cdots, z_n) = z$$

が成立する.

このことと，上述の定理およびその証明から，$\psi_1, \cdots, \psi_l$で帰納的な関数φは，$\psi_1, \cdots, \psi_l$から形式的に計算可能である. ∎

定理 4.6 部分関数φが$\psi_1, \cdots, \psi_l$で帰納的であるならば，φは$\psi_1, \cdots, \psi_l$から形式的に計算可能である.

系 （i） 帰納的関数は形式的に計算可能である.

（ii） 帰納的部分関数は形式的に計算可能である.

4.2 形式的体系$\mathcal{R}$の算術化

3章で，形式的体系Pについて行ったと同様に，形式的体系$\mathcal{R}$を算術化しよう.

（1） $\mathcal{R}$の基本記号のゲーデル数を次のように定義する：

(1.1) 定記号のゲーデル数

$$\ulcorner \boldsymbol{o} \urcorner = 3,\ \ulcorner ' \urcorner = 5,\ \ulcorner = \urcorner = 7$$ [†]

(1.2) 変数および関数記号のゲーデル数

$$\ulcorner a_n \urcorner = 2^9 \cdot 3^n \qquad (n=0, 1, 2, \cdots)$$

$$\ulcorner f_n \urcorner = 2^{11} \cdot 3^n \qquad (n=0, 1, 2, \cdots)$$

(2) 項のゲーデル数

(i) t が（すでにゲーデル数が定義されている）項のとき，

$$\ulcorner (t)' \urcorner = 2^5 \cdot 3^{\ulcorner t \urcorner}$$ [††]

(ii) $t_1, t_1, \cdots, t_n$ が（すでにゲーデル数が定義されている）項で，f が関数記号であるとき，

$$\ulcorner f(t_1, t_2, \cdots, t_n) \urcorner = 2^{\ulcorner f \urcorner} \cdot 3^{\ulcorner t_1 \urcorner} \cdot 5^{\ulcorner t_2 \urcorner} \cdot \cdots \cdot p_n^{\ulcorner t_n \urcorner}$$

(3) 方程式のゲーデル数

t_1, t_2 が，（すでにゲーデル数の定義されている）項であるとき，

$$\ulcorner t_1 = t_2 \urcorner = 2^7 \cdot 3^{\ulcorner t_1 \urcorner} \cdot 5^{\ulcorner t_2 \urcorner}$$

(4) 方程式系のゲーデル数

$e_1, e_2, \cdots, e_l$ が（すでにゲーデル数の定義されている）方程式であるとき，

$$\ulcorner (e_1, e_2, \cdots, e_l) \urcorner = 2^{13} \cdot 3^{\ulcorner e_1 \urcorner} \cdot 5^{\ulcorner e_2 \urcorner} \cdot \cdots \cdot p_l^{\ulcorner e_l \urcorner}$$

(5) （方程式系 E からの）演繹のゲーデル数

(i) e を E に含まれる方程式とするとき，演繹 D が e 自身ならば，

$$\ulcorner D \urcorner = 2^{\ulcorner e \urcorner}$$

(ii) D_1 を E からの演繹とし，D_1 の最下式 e_1 とするとき，演繹 D が e_1 から“代入”の推論規則によって e_2 を得る

$$\frac{D_1}{e_2}$$

とすれば，

---

†) いうまでもないことだが，「=」=7 の「=」の“=”は形式的体系 $\mathcal{R}$ の中の定記号としての“=”であり，「=」と 7 を結んでいる“=”，つまり，「=」の値を 7 と定めている“=”は，現在議論している場での直観的な意味の等号である．

なお，補助記号は構成の順序を示すための記号であるが，以下のゲーデル数の対応のさせ方では，補助記号のゲーデル数を定義する必要はない．項や方程式，その他に対応させるゲーデル数は，その構成の順序がわかるように定義されるからである．

††) たとえば，$(((o)')')'$ のゲーデル数は，$2^5 \cdot 3^{2^5 \cdot 3^{2^5 \cdot 3^3}}$ である．(1.1) の脚注に述べたように，( ) のゲーデル数を定義しなくても，構成の順序はこのゲーデル数からわかる．

$$\ulcorner \frac{D_1}{e_2} \urcorner = 2^{\ulcorner e_2 \urcorner} \cdot 3^{\ulcorner D_1 \urcorner}$$

(iii)　D_1, D_2 を E からの演繹，e_1 を D_1 の最下式，e_2 を D_2 の最下式とし，演繹 D が e_1 と e_2 から“置換”の推論規則によって e_3 を得る

$$\frac{D_1 \quad D_2}{e_3}$$

とすれば，

$$\ulcorner \frac{D_1 \quad D_2}{e_3} \urcorner = 2^{\ulcorner e_3 \urcorner} \cdot 3^{\ulcorner D_1 \urcorner} \cdot 5^{\ulcorner D_2 \urcorner}$$

以上の算術化によって，$\mathcal{R}$ を自然数論のなかに埋め込んだとき，$\mathcal{R}$ におけるさまざまな概念および $\mathcal{R}$ で展開される議論を，自然数上の関数，述語として定義し，自然数論のなかで展開してみよう．

定義 4.3　e を $\mathcal{R}$ における表現とし，$\ulcorner e \urcorner = x$ とする．このとき，“e は数項である”ことを自然数論のなかで表す述語“x は数項のゲーデル数である”を，$N(x)$ と書く．すなわち，

$$N(x) \equiv x=3 \vee (x=2^5 \cdot 3^{(x)_1} \wedge N((x)_1))$$

以下では，上のような場合，単に“x は数項である”と「…ゲーデル数である」の部分は省略したかたちで述べる．

定義 4.4　述語“x は変数記号である”を，$V(x)$ と書く．

$$V(x) \equiv x=2^9 \cdot 3^{(x)_1}$$

定義 4.5　述語“x は関数記号である”を，$\mathrm{FL}(x)$ と書く．

$$\mathrm{FL}(x) \equiv x=2^{11} \cdot 3^{(x)_1}$$

定義 4.6　述語“x は項である”を，$\mathrm{Tm}(x)$ と書く．

$$\mathrm{Tm}(x) \equiv x=3 \vee V(x) \vee (lh(x)=2 \wedge (x)_0=5 \wedge \mathrm{Tm}((x)_1)) \vee (lh(x)>1 \wedge \mathrm{FL}((x)_0) \wedge (\forall i)_{0<i<lh(x)} \mathrm{Tm}((x)_i))$$

定義 4.7　述語“x は方程式である”を，$\mathrm{Eq}(x)$ と書く．

$$\mathrm{Eq}(x) \equiv (x=2^7 \cdot 3^{(x)_1} \cdot 5^{(x)_2}) \wedge \mathrm{Tm}((x)_1) \wedge \mathrm{Tm}((x)_2)$$

定義 4.8　述語“x は方程式系である”を，$\mathrm{SE}(x)$ と書く．

$$\mathrm{SE}(x) \equiv lh(x)>1 \wedge (x)_0=13 \wedge (\forall i)_{0<i<lh(x)} \mathrm{Eq}((x)_i)$$

定義 4.9 述語“変数記号 x に項 t を代入すると，方程式あるいは項である e が d になる”を，$\mathrm{Sb}(d,e,t,x)$ と書く．

$$\begin{aligned}\mathrm{Sb}(d,e,t,x) \equiv{}& V(x)\wedge \mathrm{Tm}(t)\\ &\wedge\{[(e=x\wedge d=t)\vee((e=3\vee(V(e)\wedge e\neq x))\wedge d=e)]\\ &\vee[(\mathrm{Tm}(e)\vee \mathrm{Eq}(e))\wedge lh(e)>1\wedge lh(e)=lh(d)\\ &\wedge(d)_0=(e)_0\wedge(\forall i)_{0<i<lh(e)}\mathrm{Sb}((d)_i,(e)_i,t,x)]\}\end{aligned}$$

定義 4.10 述語“方程式あるいは項である e が，変数記号 x を含む”を，$Ct(e,x)$ と書く．

$$Ct(e,x)\equiv(\mathrm{Tm}(e)\vee \mathrm{Eq}(e))\wedge V(x)\wedge\neg \mathrm{Sb}(e,e,3,x)$$

定義 4.11 述語“方程式 e は，方程式 d から「代入」の推論規則によって得られる”を，$\mathrm{SC}_n(e,d)$ と書く．

$$\begin{aligned}\mathrm{SC}_n(e,d)\equiv{}& \mathrm{Eq}(d)\wedge(\exists x)_{x<d}(\exists n)_{n<e}[N(n)\wedge \mathrm{Ct}(d,x)\\ &\wedge \mathrm{Sb}(e,d,n,x)]\end{aligned}$$

定義 4.12 述語“方程式 e は，方程式 d と c から「置換」の推論規則によって得られる”を，$\mathrm{RC}_n(e,d,c)$ と書く．

$$\begin{aligned}\mathrm{RC}_n(e,d,c)\equiv{}&\mathrm{Eq}(c)\wedge \mathrm{FL}((c)_{1,0})\wedge(\forall i)_{0<i<lh((c)_1)}N((c)_{1,i})\wedge N((c)_2)\\ &\wedge \mathrm{Eq}(d)\wedge(\forall x)_{x<d}\neg \mathrm{Ct}(d,x)\wedge \mathrm{Eq}(e)\\ &\wedge(\exists u)_{u<d}[\mathrm{Tm}(u)\wedge \mathrm{Ct}(u,2^9\cdot 3)\wedge \mathrm{Sb}((d)_2,u,(c)_1,2^9\cdot 3)\\ &\wedge \mathrm{Sb}((e)_2,u,(c)_2,2^9\cdot 3)]^{\dagger)}\end{aligned}$$

定義 4.13 述語“z は自然数 n に対応する数項である”を，$\mathrm{Nu}(z,n)$ と書く．

$$\mathrm{Nu}(z,n)\equiv(z=3\wedge n=0)\vee(z=2^5\cdot 3^{(z)_1}\wedge n\neq 0\wedge \mathrm{Nu}((z)_1,n\dot{-}1))$$

定義 4.14 述語“y は方程式系 z からの演繹である”を，$D(z,y)$ と書く．

$$\begin{aligned}D(z,y)\equiv{}&\mathrm{SE}(z)\wedge[(\exists i)_{0<i<lh(z)}(y=2^{(z)_i})\vee(y=2^{(y)_0}\cdot 3^{(y)_1}\\ &\wedge \mathrm{SC}_n((y)_0,(y)_{1,0})\wedge D(z,(y)_1))\vee(y=2^{(y)_0}\cdot 3^{(y)_1}\cdot 5^{(y)_2}\\ &\wedge \mathrm{RC}_n((y)_0,(y)_{1,0},(y)_{2,0})\wedge D(z,(y)_1)\wedge D(z,(y)_2))]\end{aligned}$$

定義 4.15 述語“z を方程式系，その主関数記号を f とする．$\bar{x}_1,\bar{x}_2,\cdots,$

---

†) 変数記号 a_1 のゲーデル数「a_1」$=2^9\cdot 3$ は，いかなる関数記号 f_n のゲーデル数「f_n」$=2^{11}\cdot 3^n$ より小さく，したがって $u<d$ であるような u がとれることに注意.

$\bar{x}_n$ をそれぞれ自然数 $x_1, x_2, \cdots, x_n$ に対応する数項，$\bar{x}$ も数項とする．また，y は方程式系 z からの演繹で，y の最下式は，$f(\bar{x}_1, \bar{x}_2, \cdots, \bar{x}_n)=\bar{x}$ のかたちをしている”を，$S_n(z, x_1, x_2, \cdots, x_n, y)$ と書く．

$$\begin{aligned}S_n(z, x_1, x_2, \cdots, x_n, y) \equiv\ & D(z, y) \wedge lh((y)_{0,1})=n+1 \wedge \mathrm{FL}((y)_{0,1,0}) \\ & \wedge (y)_{0,1,0}=(z)_{lh(z)\dot{-}1,1,0} \wedge \mathrm{Nu}((y)_{0,1,1}, x_1) \\ & \wedge \mathrm{Nu}((y)_{0,1,2}, x_2) \wedge \cdots \wedge \mathrm{Nu}((y)_{0,1,n}, x_n) \wedge \mathrm{N}((y)_{0,2})\end{aligned}$$

さて，以上の定義4.3〜4.15の述語をよく観察すれば，2章に述べた定理および例から，これらがいずれも原始帰納的述語であることは容易に了解されよう．すなわち，次の定理が成り立つ：

定理 4.7 定義4.3〜4.15の述語は，いずれも原始帰納的である．

$S_n(z, x_1, x_2, \cdots, x_n, y)$ は，z をゲーデル数としてもつ方程式系を Z とすれば，

$$Z \vdash f(\bar{x}_1, \bar{x}_2, \cdots, \bar{x}_n)=\bar{x}$$

つまり，$f(\bar{x}_1, \bar{x}_2, \cdots, \bar{x}_n)=\bar{x}$ が Z から演繹可能であることを表している．そこで，次に関数表をつけ加えた場合の述語を考えよう．そのためには，まず $D(z, y)$ の定義の修正から始めなくてはならない．

定義 4.16 Y を，方程式系 Z と関数表 $E^{\psi_1, \psi_2, \cdots, \psi_l}_{g_1, g_2, \cdots, g_l}$ からの演繹，$\ulcorner Y \urcorner=y$，$\ulcorner Z \urcorner=z$ とする．述語“y は z と $\psi_1, \psi_2, \cdots, \psi_l$ に対する関数表からの演繹である”を，$D^{\psi_1, \psi_2, \cdots, \psi_l}(z, y)$ と書く．以下の定義では，必要以上の煩雑さをさけるために，$\psi_1, \psi_2, \cdots, \psi_m$ はいずれも1変数の関数として記述する．

$$\begin{aligned}D^{\psi_1, \psi_2, \cdots, \psi_l}(z, y) \equiv\ & \mathrm{SE}(z) \wedge [\{(\exists i)_{0<i<lh(z)}(y=2^{(z)_i}) \\ & \vee (y=2^{(y)_0} \wedge \mathrm{Eq}((y)_0) \wedge \mathrm{FL}((y)_{0,1,0}) \\ & \wedge (\exists w)_{w<y}((y)_{0,1}=2^{(y)_{0,1,0}} \cdot 3^{(y)_{0,1,1}} \\ & \wedge \mathrm{Nu}((y)_{0,1,1}, w) \wedge (\mathrm{Nu}((y)_{0,2}, \psi_1(w)) \\ & \vee \mathrm{Nu}((y)_{0,2}, \psi_2(w)) \vee \cdots \vee \mathrm{Nu}((y)_{0,2}, \psi_m(w)))))\} \\ & \vee (y=2^{(y)_0} \cdot 3^{(y)_1} \wedge \mathrm{SC}_n((y)_0, (y)_{1,0}) \\ & \wedge D^{\psi_1, \psi_2, \cdots, \psi_l}(z, (y)_1)) \vee (y=2^{(y)_0} \cdot 3^{(y)_1} \cdot 5^{(y)_2} \\ & \wedge \mathrm{RC}_n((y)_0, (y)_{1,0}, (y)_{2,0}) \wedge D^{\psi_1, \psi_2, \cdots, \psi_l}(z, (y)_1) \\ & \wedge D^{\psi_1, \psi_2, \cdots, \psi_l}(z, (y)_2))]\end{aligned}$$

定義 4.17 述語“y は方程式系 z と，$\psi_1, \psi_2, \cdots, \psi_l$ に対する関数表からの演繹で，y の最下式は $f(\bar{x}_1, \bar{x}_2, \cdots, \bar{x}_n)=\bar{x}$ のかたちをしている．ただし，f は z の主関数記号，$\bar{x}_1, \bar{x}_2, \cdots, \bar{x}_n$ は自然数 $x_1, x_2, \cdots, x_n$ に対応する数項，$\bar{x}$ も数項である”を，$S_n^{\psi_1, \psi_2, \cdots, \psi_l}(z, x_1, x_2, \cdots, x_n, y)$ と書く．

$$\begin{aligned} S_n^{\psi_1, \psi_2, \cdots, \psi_l}(z, x_1, x_2, \cdots, x_n, y) \equiv D^{\psi_1, \psi_2, \cdots, \psi_l}(z, y) \wedge lh((y)_{0,1}) = n+1 \wedge \\ \mathrm{FL}((y)_{0,1,0}) \wedge (y)_{0,1,0} = (z)_{lh(z)\dot{-}1,1,0} \\ \wedge \mathrm{Nu}((y)_{0,1,1}, x_1) \wedge \mathrm{Nu}((y)_{0,1,2}, x_2) \\ \wedge \cdots \wedge \mathrm{Nu}((y)_{0,1,n}, x_n) \wedge \mathrm{N}((y)_{0,2}) \end{aligned}$$

明らかに次の定理が成り立つ：

定理 4.8 述語 $D^{\psi_1, \psi_2, \cdots, \psi_l}$, $S_n^{\psi_1, \psi_2, \cdots, \psi_l}$ は，いずれも $\psi_1, \psi_2, \cdots, \psi_l$ で原始帰納的な述語である．

定義 4.18 定義 4.16 の $D^{\psi_1, \psi_2, \cdots, \psi_l}$ の定義に現れる $\psi_i(w)$ を $(v_i)_w$ でおきかえた述語，ψ_i が m_i 変数の関数 $(i=1, 2, \cdots, l)$ の場合には，$\psi_i(w_1, w_2, \cdots, w_{m_i})$ を $(v_i)_{w_1, w_2, \cdots, w_{m_i}}$ で置き換えた述語を $D^{m_1, m_2, \cdots, m_l}(v_1, v_2, \cdots, v_l, z, y)$ と書く．

明らかに述語 $D^{m_1, m_2, \cdots, m_l}$ は原始帰納的述語である．さて，

$$\prod_{i<n} p_i \exp a_i = \prod_{i<n} p_i^{a_i}$$

とおくとき，次のように原始帰納的関数 $\tilde{\varphi}(x_1, x_2, \cdots, x_n)$ を定義する：

$$\begin{aligned} &\tilde{\varphi}(x_1, x_2, \cdots, x_n) \\ &= \prod_{i_1<x_1} p_{i_1} \exp(\prod_{i_2<x_2} p_{i_2} \exp(\cdots(\prod_{i_n<x_n} p_{i_n} \exp \varphi(i_1, i_2, \cdots, i_n))\cdots)) \end{aligned}$$

この定義から明らかに，

$$a_i < x_i \quad (i=1, 2, \cdots, n) \quad \text{に対して}$$
$$\varphi(a_1, a_2, \cdots, a_n) = (\tilde{\varphi}(x_1, x_2, \cdots, x_n))_{a_1, a_2, \cdots, a_n}$$

が成り立つ．

定理 4.9 ψ_i を m_i 変数の関数とするとき $(i=1, 2, \cdots, l)$,

$$\begin{aligned} &(\forall v)_{v \geqq y}[D^{m_1, m_2, \cdots, m_l}(\tilde{\psi}_1(v, v, \cdots, v), \tilde{\psi}_2(v, v, \cdots, v), \cdots, \tilde{\psi}_l(v, v, \cdots, v), z, y) \\ &\Longleftrightarrow D^{\psi_1, \psi_2, \cdots, \psi_l}(z, y)] \end{aligned}$$

が成り立つ．

［証明］ ⇒は定義から明らかである.

また, $D^{\psi_1,\psi_2,\cdots,\psi_l}(z,y)$ を満たす y は, z からの演繹であるから, $\psi_1,\psi_2,\cdots,\psi_l$ に対応する関数表で, たとえば $g_i(\bar{a}_1,\bar{a}_2,\cdots,\bar{a}_{m_i})=\bar{b}$ を用いたとすれば, $\bar{a}_1,\bar{a}_2,\cdots,\bar{a}_{m_i},\bar{b}$ のいずれも演繹に含まれており, しかも $a_k<\ulcorner\bar{a}_k\urcorner$, $b<\ulcorner\bar{b}\urcorner$ であるから $a_k<y$ かつ $b<y$ である. したがって, y で用いられた $\psi_i(a_1,a_2,\cdots,a_{m_i})=b$ は $y\leqq v$ であるような任意の v に対し, $\tilde{\psi}_i(v,v,\cdots,v)$ の表のなかで見つけることができる. したがって

$$D^{m_1,m_2,\cdots,m_l}(\tilde{\psi}_1(v,v,\cdots,v),\tilde{\psi}_2(v,v,\cdots,v),\cdots,\tilde{\psi}_l(v,v,\cdots,v),z,y)$$

が成り立つ. ∎

定義 4.19　ψ_i を m_i 変数の関数とするとき $(i=1,2,\cdots,l)$,

$$\begin{aligned}&S_n^{m_1,m_2,\cdots,m_l}(v_1,v_2,\cdots,v_l,z,x_1,x_2,\cdots,x_n,y)\\ \equiv\ &D^{m_1,m_2,\cdots,m_l}(v_1,v_2,\cdots,v_l,z,y)\wedge lh((y)_{0,1})=n+1\\ &\wedge \mathrm{FL}((y)_{0,1,0})\wedge(y)_{0,1,0}=(z)_{lh(z)\dot{-}1,1,0}\\ &\wedge \mathrm{Nu}((y)_{0,1,1},x_1)\wedge \mathrm{Nu}((y)_{0,1,2},x_2)\\ &\wedge\cdots\wedge \mathrm{Nu}((y)_{0,1,n},x_n)\wedge \mathrm{N}((y)_{0,2})\end{aligned}$$

と定義すれば, 前定理により次の定理が得られる：

定理 4.10　ψ_i を m_i 変数の関数とするとき $(i=1,2,\cdots,l)$,

$$(\forall v)_{v\geqq y}[S_n^{m_1,m_2,\cdots,m_l}(\tilde{\psi}_1(v,v,\cdots,v),\tilde{\psi}_2(v,v,\cdots,v),\cdots,\tilde{\psi}_l(v,v,\cdots,v),\\ z,x_1,x_2,\cdots,x_n,y)\iff S_n^{\psi_1,\psi_2,\cdots,\psi_l}(z,x_1,x_2,\cdots,x_n,y)$$

注意 4.5　$S_n^{\psi_1,\psi_2,\cdots,\psi_l}(z,x_1,x_2,\cdots,x_n,y)$ は, $(n+2)$ 変数の述語で, $\psi_1,\psi_2,\cdots,\psi_l$ で原始帰納的であるのに対し, $S_n^{m_1,m,\cdots,m_l}(v_1,v_2,\cdots,v_l,z,x_1,x_2,\cdots,x_n,y)$ は, $(l+n+2)$ 変数の原始帰納的述語である. また, $S_n^{\psi_1,\psi_2,\cdots,\psi_l}(z,x_1,x_2,\cdots,x_n,y)$ は, 無限集合である関数表 $E_{g_1,g_2,\cdots,g_l}^{\psi_1,\psi_2,\cdots,\psi_l}$ によって定められているのに対し, $S_n^{m_1,m_2,\cdots,m_l}(\tilde{\psi}_1(v,v,\cdots,v),\tilde{\psi}_2(v,v,\cdots,v),\cdots,\tilde{\psi}_l(v,v,\cdots,v),z,x_1,x_2,\cdots,x_n,y)$ は, 有限の表 $\tilde{\psi}_1(v,v,\cdots,v),\cdots,\tilde{\psi}_l(v,v,\cdots,v)$ で定義されていることに注意.

定理 4.11　n 変数の部分関数 φ が $\psi_1,\cdots,\psi_l$ から形式的に計算可能ならば, ある自然数 e が存在して,

$$\exists yS_n^{\psi_1,\cdots,\psi_l}(e,x_1,\cdots,x_n,y)\iff\varphi(x_1,\cdots,x_n)\text{ の値が定義される}$$

［証明］ φ が $\psi_1,\cdots,\psi_l$ で形式的に計算可能であることから, ある方程式系

Eが存在して，任意の自然数 $z_1, \cdots, z_n, z$ に対し

$$E^{\psi_1, \cdots, \psi_l}_{g_1, \cdots, g_l},\ E \vdash f(\bar{z}, \cdots, \bar{z}_n) = \bar{z} \Longleftrightarrow \varphi(z_1, \cdots, z_n) = z$$

となる．（f はEの主関数記号，$\bar{z}_1, \cdots, \bar{z}_n, \bar{z}$ は自然数 $z_1, \cdots, z_n, z$ に対応する数項）

そこで，Eのゲーデル数を e とすれば，$S^{\psi_1, \cdots, \psi_l}_n$ の定義から

$$\exists y S^{\psi_1, \cdots, \psi_l}_n(e, x_1, \cdots, x_n, y) \Longleftrightarrow \varphi(x_1, \cdots, x_n) \text{ が定義される}$$ ∎

この定理と定理4.6から，

系 φ が $\varphi_1, \cdots, \varphi_l$ で帰納的な部分関数ならば，ある自然数 e が存在して，

$$\exists y S^{\varphi_1, \cdots, \varphi_l}_n(e, x_1, \cdots, x_n, y) \Longleftrightarrow \varphi(x_l, \cdots, x_n) \text{ の値が定義される}$$

定理 4.12 $R(x_1, \cdots, x_n, y)$ を，$\psi_1, \cdots, \psi_l$ で帰納的な任意の述語とする．このとき，ある自然数 e が存在して，

$$\exists y S^{\psi_1, \cdots, \psi_l}_n(e, x_1, \cdots, x_n, y) \Longleftrightarrow \exists y R(x_1, \cdots, x_n, y)$$

が成立する．

［**証明**］ $R(x_1, \cdots, x_n, y)$ は $\psi_1, \cdots, \psi_l$ で帰納的な述語であるから，$\varphi(x_1, \cdots, x_n) \simeq \mu y R(x_1, \cdots, x_n, y)$ は $\psi_1, \cdots, \psi_l$ で帰納的な部分関数である．定理4.6によって，この関数 φ は，$\psi_1, \cdots, \psi_l$ で形式的に計算可能であるから，ある方程式系 E が存在して

$$E^{\psi_1, \cdots, \psi_l}_{g_1, \cdots, g_l},\ E \vdash f(\bar{z}_1, \cdots, \bar{z}_n) = \bar{z} \Longleftrightarrow \varphi(z_1, \cdots, z_n) = z$$

となる（f は E の主関数記号）．

そこで，E のゲーデル数を e とすれば，φ と $S^{\psi_1, \cdots, \psi_l}_n$ の定義から

$$\begin{aligned} \exists y R(x_1, \cdots, x_n, y) &\Longleftrightarrow \varphi(x_1, \cdots, x_n) \text{ の値が定義される} \\ &\Longleftrightarrow \exists y S^{\psi_1, \cdots, \psi_l}_n(e, x_1, \cdots, x_n, y) \end{aligned}$$

である． ∎

上定理と定理4.10から，次の系が得られる：

系

（i） $R(x_1, \cdots, x_n, y)$ が帰納的述語ならば，ある自然数 e が存在して，

$$\exists y S_n(e, x_1, \cdots, x_n, y) \Longleftrightarrow \exists y R(x_1, \cdots, x_n, y)$$

（ii） $R(x_1, \cdots, x_n, y)$ が $\psi_1, \cdots, \psi_l$ で帰納的な述語ならば，ある自然数 e が存在して，

$$\exists y S_n^{m_1,\cdots,m_l}(\tilde{\psi}_1(y,\cdots,y),\cdots,\tilde{\psi}_m(y,\cdots,y),e,x_1,\cdots,x_n,y)$$
$$\Longleftrightarrow \exists y R(x_1,\cdots,x_n,y)$$

(ψ_i は m_i 変数の関数とする $(i=1,\cdots,l)$).

4.3 T-述語と枚挙可能定理

述語 $S_n(z,x_1,\cdots,x_n,y)$ では，z がしかるべき方程式系のゲーデル数であったとしても，自然数 $x_1,\cdots,x_n$ に対し $S_n(z,x_1,\cdots,x_n,y)$ を成立させる y が一意的に定まるわけではない．

そこで，これを一意にすることを考える．

定義 4.20

$$S_n(z,x_1,\cdots,x_n,y)\wedge\forall t[t<y\Longrightarrow\neg S_n(z,x_1,\cdots,x_n,t)]$$

なる述語を，

$$T_n(z,x_1,\cdots,x_n,y)$$

と書く．

同様に，m_i 変数の関数 ψ_i $(i=1,2,\cdots,l)$ に対し

$$S_n^{\psi_1,\cdots,\psi_l}(z,x_1,\cdots,x_n,y)\wedge\forall t[t<y\Longrightarrow\neg S_n^{\psi_1,\cdots,\psi_l}(z,x_1,\cdots,x_n,t)]$$

を，

$$T_n^{\psi_1,\cdots,\psi_l}(z,x_1,\cdots,x_n,y)$$

また，

$$S_n^{m_1,\cdots,m_l}(\tilde{\psi}_1(y,\cdots,y),\cdots,\tilde{\psi}_l(y,\cdots,y),z,x_1,\cdots,x_n,y)$$
$$\wedge\forall t[t<y\Longrightarrow\neg S_n^{m_1,\cdots,m_l}(\tilde{\psi}_1(t,\cdots,t),\cdots,\tilde{\psi}_l(t,\cdots,t),z,x_1,\cdots,x_n,t)]$$

を，

$$T_n^{m_1,\cdots,m_l}(\tilde{\psi}_1(y,\cdots,y),\cdots,\tilde{\psi}_l(y,\cdots,y),z,x_1,\cdots,x_n,y)$$

と書く．

定義から明らかに，次の定理が成立する．

定理 4.13

(i) $T_n(z,x_1,\cdots,x_n,y)$, $T_n^{m_1,\cdots,m_l}(v_1,\cdots,v_l,z,x_1,\cdots,x_n,y)$ は原始帰納的述語であり，$T_n^{\psi_1,\cdots,\psi_l}(z,x_1,\cdots,x_n,y)$ は $\psi_1,\cdots,\psi_l$ で原始帰納的な述語である．

(ii) $\exists y S_n(z,x_1,\cdots,x_n,y)\Longleftrightarrow\exists y T_n(z,x_1,\cdots,x_n,y)$

(iii) $\exists y S_n^{\psi_1,\cdots,\psi_l}(z, x_1, \cdots, x_n, y) \iff \exists y T_n^{\psi_1,\cdots,\psi_l}(z, x_1, \cdots, x_n, y)$

(iv) $\exists y S_n^{m_1,\cdots,m_l}(\tilde{\psi}_1(y, \cdots, y), \cdots, \tilde{\psi}_l(y, \cdots, y), z, x_1, \cdots, x_n, y)$

$$\iff \exists y T_n^{m_1,\cdots,m_l}(\tilde{\psi}_1(y, \cdots, y), \cdots, \tilde{\psi}_l(y, \cdots, y), z, x_1, \cdots, x_n, y) \quad ▮$$

さて，上定理と定理 4.12 から，次の**枚挙可能定理** (enumeration theorem) が得られる．この定理は後述する標準形定理に並んで最も基本的なものである．

定理 4.14 (枚挙可能定理)　$\psi_1, \cdots, \psi_l$ で帰納的な任意の述語 $R(x_1, \cdots, x_n, y)$ に対し，(i)，(ii) を満たす自然数 e_1, e_2 が存在する．

(i) $\exists y T_n^{\psi_1,\cdots,\psi_l}(e_1, x_1, \cdots, x_n, y) \iff \exists y R(x_1, \cdots, x_n, y)$

(ii) $\forall y \neg T_n^{\psi_1,\cdots,\psi_l}(e_2, x_1, \cdots, x_n, y) \iff \forall y R(x_1, \cdots, x_n, y)$

[**証明**]

(i) の証明：　定理 4.12 と定理 4.13 から明らか．

(ii) の証明：　$R(x_1, \cdots, x_n, y)$ が $\psi_1, \cdots, \psi_l$ で帰納的であるから，$\neg R(x_1, \cdots, x_n, y)$ も $\psi_1, \cdots, \psi_l$ で帰納的な述語である．よって (i) により，ある自然数 e_2 が存在して

$$\exists y T_n^{\psi_1,\cdots,\psi_l}(e_2, x_1, \cdots, x_n, y) \iff \exists y \neg R(x_1, \cdots, x_n, y)$$

が成立する．この両辺の否定をとれば

$$\neg \exists y T_n^{\psi_1,\cdots,\psi_l}(e_2, x_1, \cdots, x_n, y) \iff \neg \exists y \neg R(x_1, \cdots, x_n, y)$$

すなわち，

$$\forall y \neg T_n^{\psi_1,\cdots,\psi_l}(e_2, x_1, \cdots, x_n, y) \iff \forall y R(x_1, \cdots, x_n, y) \quad ▮$$

系　任意の帰納的述語 $R(x_1, \cdots, x_n, y)$ に対し，(i)，(ii) を満たす自然数 e_1, e_2 が存在する：

(i) $\exists y T_n(e_1, x_1, \cdots, x_n, y) \iff \exists y R(x_1, \cdots, x_n, y)$

(ii) $\forall y \neg T_n(e_2, x_1, \cdots, x_n, y) \iff \forall y R(x_1, \cdots, x_n, y)$

この定理が“枚挙可能”とよばれるゆえんは，$\exists y T_n^{\psi_1,\cdots,\psi_l}(z, x_1, \cdots, x_n, y)$ の z (あるいは $\forall y T_n^{\psi_1,\cdots,\psi_l}(z, x_1, \cdots, x_n, y)$ の z) に，自然数 $0, 1, 2, \cdots$ を順次代入して成立するものをとっていけば，$\psi_1, \cdots, \psi_l$ で帰納的なすべての R に対し，$\exists y R(x_1, \cdots, x_n, y)$ の形の (あるいは $\forall y R(x_1, \cdots, x_n, y)$ の形の) 述語がすべ

て枚挙できることによるのである.

4.4 標準形定理

述語 T_n と関連して，次のような原始帰納的関数 U を定義する：

定義 4.21

$$U(y)=\mu z_{z<y}\mathrm{Nu}(((y)_{0,2}, z)$$

y がある方程式系からの演繹を表すゲーデル数ならば，$(y)_0$ は最下式，$(y)_{0,2}$ はその右辺を表している.

したがって，いま，$T_n(e, x_1, \cdots, x_n, y)$ が成立しているならば，このような y に対する $U(y)$ の値は，演繹の最下式の右辺の数項に対応する自然数になる.

かくて，次の**標準形定理** (normal form theorem) が得られる.

定理 4.15 (標準形定理 I)　関数 $\psi_1, \cdots, \psi_l$ から形式的に計算可能な任意の部分関数 φ に対し，ある自然数 e が存在して，

(i) $\forall x_1 \cdots \forall x_n \forall y[T_n^{\psi_1, \cdots, \psi_l}(e, x_1, \cdots, x_n, y) \Longrightarrow U(y)=\varphi(x_1, \cdots, x_n)]$

(ii) $\varphi(x_1, \cdots, x_n) \simeq U(\mu y T_n^{\psi_1, \cdots, \psi_l}(e, x_1, \cdots, x_n, y))$

［**証明**］ φ は $\psi_1, \cdots, \psi_l$ で形式的に計算可能であるから，任意の自然数 $z_1, \cdots, z_n, z$ に対し，

$$E_{g_1, \cdots, g_l}^{\psi_1, \cdots, \psi_l}, \ E \vdash f(\bar{z}_1, \cdots, \bar{z}_n)=\bar{z} \Longleftrightarrow \varphi(z_1, \cdots, z_n)=z$$

となる方程式系 E が存在する ($\bar{z}_1, \cdots, \bar{z}_n, \bar{z}$ は，$z_1, \cdots, z_n, z$ に対応する数項で，f は E の主関数記号).

このとき，$e=\ulcorner E \urcorner$ とおけば，定理 4.11，定理 4.13 および述語 $T_n^{\psi_1, \cdots, \psi_l}$ と関数 U の定義から，(i)，(ii) が得られる. ∎

この定理の (ii) の右辺は，$\psi_1, \cdots, \psi_l$ で帰納的な部分関数であるから，このことと定理 4.6 から直ちに，次の定理が得られる：

定理 4.16　$\psi_1, \cdots, \psi_l$ から形式的に計算可能な部分関数の全体からなるクラスと，$\psi_1, \cdots, \psi_l$ で帰納的な部分関数の全体からなるクラスは一致する.

この定理をふまえて，以下の章では，“形式的に計算可能”という概念は“帰納的”という概念を用いて述べることにする.

第5章　算術的階層

本章では，前章の T-述語の導入，枚挙可能定理，標準形定理を受けて，S_n^m-定理，帰納定理，階層定理，完備形定理などの基本的な諸定理について述べ，それらによって，“計算，決定，あるいは記述の可能性”に着目した場合の，困難さの程度を表すある種の階層——算術的階層の様子を調べる．

これは帰納的関数の理論の主たる目的の1つであり，この理論の入門的な議論の大部分は，ここでつくされるといってもよい．

5.1　標準形定理 II，III

5.2　帰納的可算集合

5.3　帰納定理

5.4　算術的階層

5.5　階層定理と完備形定理

前章と同様，ここで述べる内容の多くは，S. C. Kleeneによる．

5.1　標準形定理 II，III

定理 4.15，4.16 によって得られる結果の，最もしばしば用いられるかたちを，標準形定理 II，III としてあげ，証明も，もう一度見ておくことにしよう．

定理 5.1（標準形定理 II）　関数 $\psi_1, \cdots, \psi_l$ で帰納的な任意の関数 $\varphi(x_1, \cdots, x_n)$ に対し，ある自然数 e が存在して，次の（i），(ii)，(iii) が成立する：

（i）　$\forall x_1 \cdots \forall x_n \exists y T_n^{\psi_1, \cdots, \psi_l}(e, x_1, \cdots, x_n, y)$

（ii）　$\forall x_1 \cdots \forall x_n \forall y [T_n^{\psi_1, \cdots, \psi_l}(e, x_1, \cdots, x_n, y) \Longrightarrow U(y) = \varphi(x_1, \cdots, x_n)]$

（iii）　$\varphi(x_1, \cdots, x_n) = U(\mu y T_n^{\psi_1, \cdots, \psi_l}(e, x_1, \cdots, x_n, y))$

［**証明**］　φ は $\psi_1, \cdots, \psi_l$ から形式的に計算可能であるから，定理 4.5 あるいは定理 4.16 によって，

$$E_{g_1, \cdots, g_l}^{\psi_1, \cdots, \psi_l}, \quad E \vdash f(\bar{z}_1, \cdots, z_n) = \bar{z} \Longleftrightarrow \varphi(z_1, \cdots, z_n) = z$$

となる方程式系 E が存在する（f は E の主関数記号）．

$e=\ulcorner E \urcorner$ とおく.

(i) の証明： 自然数 e のとり方と，述語 $T_n^{\psi_1,\cdots,\psi_l}$ の定義から明らか.

(ii) の証明： $T_n^{\psi_1,\cdots,\psi_l}(e,x_1,\cdots,x_n,y)$ ならば，$(y)_{0,2}$ は $f(\bar{x}_1,\cdots,\bar{x}_n)=\bar{x}$ なる数項 $\bar{x}$ に対応する自然数であるから，$U(y)=\varphi(x_1,\cdots,x_n)$ である.

(iii) の証明： (i) によって，$\mu y T_n^{\psi_1,\cdots,\psi_l}(e,x_1,\cdots,x_n,y)$ は $\psi_1,\cdots,\psi_l$ で帰納的な関数であり，その値は $f(\bar{x}_1,\cdots,\bar{x}_n)=\bar{x}$ を最下式にもつ演繹のゲーデル数である. したがって，

$$\varphi(x_1,\cdots,x_n)=U(\mu y T_n^{\psi_1,\cdots,\psi_l}(e,x_1,\cdots,x_n,y))$$

となる. ▮

系 任意の帰納的関数 $\varphi(x_1,\cdots,x_n)$ に対し，ある自然数 e が存在して，

(i) $\forall x_1\cdots\forall x_n \exists y T_n(e,x_1,\cdots,x_n,y)$

(ii) $\forall x_1\cdots\forall x_n \forall y[T_n(e,x_1,\cdots,x_n,y) \Longrightarrow U(y)=\varphi(x_1,\cdots,x_n)]$

(iii) $\varphi(x_1,\cdots,x_n)=U(\mu y T_n(e,x_1,\cdots,x_n,y))$

が成り立つ. ▮

帰納的部分関数についても，ほとんど同様にして，次の定理が得られる.

定理 5.2 (標準形定理Ⅲ) 関数 $\psi_1,\cdots,\psi_l$ で帰納的な任意の部分関数 $\varphi(x_1,\cdots,x_n)$ に対し，ある自然数 e が存在して，次の (i)，(ii)，(iii) が成立する：

(i) φ の定義域は $\{(x_1,\cdots,x_n) \mid \exists y T_n^{\psi_1,\cdots,\psi_l}(e,x_1,\cdots,x_n,y)\}$

(ii) $\forall x_1\cdots\forall x_n \forall y[T_n^{\psi_1,\cdots,\psi_l}(e,x_1,\cdots,x_n,y) \Longrightarrow U(y)=\varphi(x_1,\cdots,x_n)]$

(iii) $\varphi(x_1,\cdots,x_n)\simeq U(\mu y T_n^{\psi_1,\cdots,\psi_l}(e,x_1,\cdots,x_n,y))$ ▮

系 任意の帰納的部分関数 $\varphi(x_1,\cdots,x_n)$ に対し，ある自然数 e が存在して，

(i) φ の定義域は $\{(x_1,\cdots,x_n) \mid \exists y T_n(e,x_1,\cdots,x_n,y)\}$

(ii) $\forall x_1\cdots\forall x_n \forall y[T_n(e,x_1,\cdots,x_n,y) \Longrightarrow U(y)=\varphi(x_1,\cdots,x_n)]$

(iii) $\varphi(x_1,\cdots,x_n)\simeq U(\mu y T_n(e,x_1,\cdots,x_n,y))$

が成り立つ. ▮

定理 5.1 や定理 5.2 が "標準形" 定理とよばれるゆえんは，**任意の**帰納的

(部分) 関数 φ が，**特定の**原始帰納的述語 T_n と原始帰納的関数 U とを用いて，**いつも** (iii) のかたち (標準形) で表せるところにある．

($\psi_1, \cdots, \psi_l$ で) 帰納的な (部分) 関数 φ に対し，標準形定理を満たす自然数 e を，**φ のゲーデル数**とよぶ．φ のゲーデル数 e を用いて，この関数 $\varphi(x_1, \cdots, x_n)$ を $\{e\}(x_1, \cdots, x_n)$ などと書き表す．すなわち，

$$\{e\}(x_1, \cdots, x_n) = U(\mu y T_n(e, x_1, \cdots, x_n, y))$$
$$\{e\}^{\psi_1 \cdots \psi_l}(x_1, \cdots, x_n) = U(\mu y T_n^{\psi_1 \cdots \psi_l}(e, x_1, \cdots, x_n, y))$$
$$\{e\}(x_1, \cdots, x_n) \simeq U(\mu y T_n(e, x_1, \cdots, x_n, y))$$
$$\{e\}^{\psi_1 \cdots \psi_l}(x_1, \cdots, x_n) \simeq U(\mu y T_n^{\psi_1 \cdots \psi_l}(e, x_1, \cdots, x_n, y))$$

である．

一般に，φ のゲーデル数 e は一意に定まるわけではないが，その1つを代表として $\{e\}$ を φ の代りに用いるのである．

以下では，"$\psi_1 \cdots \psi_l$ で帰納的" という記述を省略するが，次の定理5.3〜5.5のいずれでも，述語 R, P, Q, T_n を $\psi_1 \cdots \psi_l$ で相対化し，$R^{\psi_1 \cdots \psi_l}, P^{\psi_1 \cdots \psi_l}, Q^{\psi_1 \cdots \psi_l}, T_n^{\psi_1 \cdots \psi_l}$ で置き換えた命題が成立する．

定理 5.3

(i) 任意の帰納的述語 $R(x_1, \cdots, x_n)$ に対し，

(i-1) $R(x_1, \cdots, x_n) \Longleftrightarrow \exists y[T_n(e, x_1, \cdots, x_n, y) \wedge U(y) = 0]$

(i-2) $R(x_1, \cdots, x_n) \Longleftrightarrow \forall y[T_n(e, x_1, \cdots, x_n, y) \Rightarrow U(y) = 0]$

を満たす自然数 e が存在する．

(ii) 任意の帰納的述語 $R(x_1, \cdots, x_n)$ に対し，

(ii-1) $R(x_1, \cdots, x_n) \Longleftrightarrow \exists y P(x_1, \cdots, x_n, y)$

(ii-2) $R(x_1, \cdots, x_n) \Longleftrightarrow \forall y Q(x_1, \cdots, x_n, y)$

を満たす原始帰納的述語 $P(x_1, \cdots, x_n, y)$，$Q(x_1, \cdots, x_n, y)$ が存在する．

[証明]

(i) の証明：$R(x_1, \cdots, x_n)$ は帰納的述語であるから，帰納的な表現関数 $\varphi(x_1, \cdots, x_n)$ が存在する．このとき，

$$R(x_1, \cdots, x_n) \Longleftrightarrow \varphi(x_1, \cdots, x_n) = 0$$

であるから，φ のゲーデル数を e とすれば，標準形定理により，(i-1)，(i-

2) が成り立つ.

（ii）の証明：（i-1）により，$T_n(e, x_1, \cdots, x_n, y) \wedge U(y)=0$ を $P(x_1, \cdots, x_n, y)$ とおけば，これは原始帰納的述語で，（ii-1）が成り立つ．同様に，（i-2）により，$T_n(e, x_1, \cdots, x_n, y) \Rightarrow U(y)=0$ を $Q(x_1, \cdots, x_n, y)$ とおけば，これも原始帰納的述語で（ii-2）が成立する． ∎

定理 5.4 任意の述語 $R(x_1, \cdots, x_n)$ に対し，ある原始帰納的述語 $P(x_1, \cdots, x_n, y)$，$Q(x_1, \cdots, x_n, y)$ が存在して，

（i） $R(x_1, \cdots, x_n) \Longleftrightarrow \exists y P(x_1, \cdots, x_n, y)$

（ii） $R(x_1, \cdots, x_n) \Longleftrightarrow \forall y\, Q(x_1, \cdots, x_n, y)$

を満たせば，$R(x_1, \cdots, x_n)$ は帰納的述語である.

［証明］

$$R(x_1, \cdots, x_n) \vee \neg R(x_1, \cdots, x_n)$$

はつねに成立する（排中律）.

いま，仮定（ii）により，

$$\begin{aligned}\neg R(x_1, \cdots, x_n) &\Longleftrightarrow \neg \forall y\, Q(x_1, \cdots, x_n, y)\\ &\Longleftrightarrow \exists y \neg Q(x_1, \cdots, x_n, y)\end{aligned}$$

である．このことと仮定（i）によって，

$$\exists y P(x_1, \cdots, x_n, y) \vee \exists y \neg Q(x_1, \cdots, x_n, y)$$

は，任意の $x_1, \cdots, x_n$ に対し成立する．すなわち

$$\forall x_1 \cdots \forall x_n \exists y [P(x_1, \cdots, x_n, y) \vee \neg Q(x_1, \cdots, x_n, y)]$$

であるから，

$$\mu y [P(x_1, \cdots, x_n, y) \vee \neg Q(x_1, \cdots, x_n, y)]$$

は帰納的関数である．これを用いれば，

$$R(x_1, \cdots, x_n) \Longleftrightarrow P(x_1, \cdots, x_n, \mu y [P(x_1, \cdots, x_n, y) \vee \neg Q(x_1, \cdots, x_n, y)])$$

であり，この右辺は明らかに帰納的述語である．したがって，$R(x_1, \cdots, x_n)$ は帰納的述語である. ∎

定理5.3の（ii）と定理5.4から，ただちに次の定理が得られる.

定理 5.5 述語 $R(x_1, \cdots, x_n)$ が帰納的である必要十分条件は，適当な原始帰納的述語 $P(x_1, \cdots, x_n, y), Q(x_1, \cdots, x_n, y)$ に対して

（i） $R(x_1, \cdots, x_n) \Longleftrightarrow \exists y P(x_1, \cdots, x_n, y)$

（ii） $R(x_1, \cdots, x_n) \Longleftrightarrow \forall y\, Q(x_1, \cdots, x_n, y)$

が成立することである. ∎

すなわち, "帰納的" という概念は, "原始帰納的" という概念を用いて直接に定義することもできるのである.

5.2 帰納的可算集合

帰納的関数の値域として表せるような集合を, **帰納的可算集合** (recursively enumerable set) という. つまり, 適当な帰納的関数 φ を用いて

$$S = \{\varphi(0), \varphi(1), \varphi(2), \cdots, \varphi(n), \cdots\}$$

と表せるような集合 S が帰納的可算集合である.

帰納的関数によってすべての要素を数えあげることができる集合, というわけであるが, この場合, 重複は許すものとする. すなわち, ある $k_1, k_2, \cdots$ について

$$\varphi(k_1) = \varphi(k_2) = \cdots$$

でもよいものとする. また, 取扱いの便宜上, 空集合 $\varnothing$ も帰納的可算集合に含めるものと約束する. すなわち,

定義 5.1

（i） 集合 $S \subseteqq \boldsymbol{N}$ について, $S = \varnothing$ であるか, あるいは

$$a \in S \Longleftrightarrow \exists x[\varphi(x) = a]$$

なる帰納的関数 φ が存在するとき, S を帰納的可算集合という.

（ii） 集合 $M \subseteqq \boldsymbol{N}^n$ について, $M = \varnothing$ であるか, あるいは次のような集合 S

$$a \in S \Longleftrightarrow ((a)_0, (a)_1, \cdots, (a)_n) \in M$$

が帰納的可算集合であるとき, M を帰納的可算集合という.

定理 5.6

（i） $S(\subseteqq \boldsymbol{N})$ が帰納的可算集合ならば, ある帰納的述語 $R(a, x)$ が存在して,

$$a \in S \Longleftrightarrow \exists x R(a, x)$$

が成立する.

（ii） 逆に，ある帰納的述語 $R(a, x)$ に対し，

$$a \in S \iff \exists x R(a, x)$$

を満たす集合 S は帰納的可算集合である．

［証明］

（ｉ）の証明： $S = \emptyset$ のときは，$a \notin S$ であるから，$\exists x R(a, x)$ がつねに成立しないように，たとえば

$$a \neq a \wedge x \neq x$$

を $R(a, x)$ とすればよい．このとき，$R(a, x)$ は明らかに帰納的述語である．

S が空でない帰納的可算集合ならば，ある帰納的関数 φ によって

$$a \in S \iff \exists x[\varphi(x) = a]$$

であるから，帰納的述語

$$\varphi(x) = a$$

を $R(a, x)$ とすればよい．

（ii）の証明： $\exists x R(a, x)$ が，すべての a に対し成立しないならば，$S = \emptyset$ となるから，S は帰納的可算集合である．

$\exists x R(a, x)$ が成立するような a が存在するとしよう．このときは $S \neq \emptyset$ であるから，$m \in S$ となるような m を1つ固定する．この m と帰納的述語 R を用いて

$$\varphi(x) = \begin{cases} (x)_0, & R((x)_0, (x)_1) \quad \text{のとき} \\ m\ , & \neg R((x)_0, (x)_1) \quad \text{のとき} \end{cases}$$

と φ を定義すれば，φ は明らかに帰納的関数であり，定義の仕方から

$$a \in S \iff \exists x[\varphi(x) = a]$$

であるから，S は帰納的可算集合である． ∎

定義 5.2 R を $(n+1)$ 変数の帰納的述語とするとき，述語

$$\exists y R(x_1, \cdots, x_n, y)$$

を，**帰納的可算述語** (recursively enumerable predicate) という．

すなわち，集合 S が帰納的可算集合であることと，述語 $a \in S$ が帰納的可算述語であることとは同等である．

定理 5.7 帰納的述語は帰納的可算述語である．

［証明］ $R(x_1, \cdots, x_n)$ を任意の帰納的述語とする．このとき，定理5.9によって

$$R(x_1, \cdots, x_n) \iff \exists y P(x_1, \cdots, x_n, y)$$

なる原始帰納的述語 P が存在する．原始帰納的述語は帰納的であるから，R は帰納的可算述語でもある． ▮

定理 5.8 任意の帰納的可算集合 S は，適当な原始帰納的述語 P を用いて

$$S = \{a | \exists x P(a, x)\}$$

と書ける．

［証明］ 定理5.6により，任意の帰納的可算集合 S は，ある帰納的関数 R によって

$$S = \{a | \exists x R(a, x)\}$$

と書ける．ところで，定理5.2（枚挙可能定理）から，ある自然数 e に対して

$$\exists x R(a, x) \iff \exists x T_1(e, a, x)$$

が成立する．よって

$$S = \{a | \exists x T_1(e, a, x)\}$$

であり，$T_1(e, a, x)$ は原始帰納的述語であるから，$P(a, x)$ として $T_1(e, a, x)$ をとればよい（e は定数であることに注意）． ▮

上の定理によって，帰納的可算集合は原始帰納的関数によって数えあげられることがわかる．

定理 5.9 帰納的可算述語 $\exists y T_1(x, x, y)$ は帰納的述語ではない．

［証明］ 背理法によって証明する．

$\exists y T_1(x, x, y)$ を帰納的述語と仮定する．すなわち，ある帰納的述語 $R(x)$ が存在して

$$\exists y T_1(x, x, y) \iff R(x)$$

であると仮定する．

定理5.5により，帰納的述語 $R(x)$ に対し

$$R(x) \iff \forall y P(x, y)$$

なる原始帰納的述語 P が存在する．原始帰納的述語は帰納的であるから，枚

挙可能定理（定理4.14）によって

$$\forall y P(x, y) \iff \forall y \neg T_1(e, x, y)$$

なる自然数 e が存在する.

以上から，任意の自然数 x に対し

$$\exists y T_1(x, x, y) \iff \forall y \neg T_1(e, x, y)$$

が成立する．ここで，x として e をとれば，

$$\exists y T_1(e, e, y) \iff \forall y \neg \exists y T_1(e, e, y)$$

であるが，

$$\forall y \neg T_1(e, e, y) \iff \neg \exists y T_1(e, e, y)$$

であるから，

$$\exists y T_1(e, e, y) \iff \neg \exists y T_1(e, e, y)$$

となり，これは矛盾である． ∎

系

（i） 任意の $\psi_1, \cdots, \psi_l$ に対し，述語 $\exists y T_1^{\psi_1, \cdots, \psi_l}(x, x, y)$ は，$\psi_1, \cdots, \psi_l$ で帰納的でない.

（ii） $\varphi(x) = \begin{cases} 0, & \exists y T_1(x, x, y) \\ 1, & \neg \exists y T_1(x, x, y) \end{cases}$

と定義された関数 φ は帰納的関数ではない.

（iii） $\forall y \neg T_1(x, x, y)$ は帰納的述語ではない.

また，任意の $\psi_1, \cdots, \psi_l$ に対し，述語 $\forall y \neg T_1^{\psi_1, \cdots, \psi_l}(x, x, y)$ は，$\psi_1, \cdots, \psi_l$ で帰納的でない.

［証明］

（i）は，定理5.5で，R も P も $\psi_1, \cdots, \psi_l$ で相対化できることから，本定理と全く同様に証明される.

（ii）の証明： φ は $\exists y T_1(x, x, y)$ の表現関数であり，本定理から $\exists y T_1(x, x, y)$ は帰納的でないから.

（iii）の証明： $\forall y \neg T_1(x, x, y) \iff \neg \exists y T_1(x, x, y)$ であるから，$\forall y \neg T_1(x, x, y)$ が帰納的ならば $\neg \exists y T_1(x, x, y)$ も帰納的でなくてはならない．したがって定理2.6から，$\neg \neg \exists y T_1(x, x, y)$，すなわち，$\exists y T_1(x, x, y)$ も帰

納的になるが，これは本定理と矛盾する．よって，$\forall y \neg T_1(x,x,y)$ は帰納的ではありえない．$\forall y \neg T_1^{\psi_1,\cdots,\psi_l}(x,x,y)$ についても，（i）から，まったく同様である． ∎

帰納的でない関数が存在することは比較的容易にわかる．$\boldsymbol{N}$ 上で定義され，$\boldsymbol{N}$ 上に値をとる関数の個数は非可算個で，連続の濃度（$\aleph$）だけあるが，帰納的関数にはおのおのそのゲーデル数が対応し，したがって可算濃度（$\aleph_0$）しかないからである．すなわち，帰納的でない関数は連続の濃度だけ存在することになる．

しかし，この議論は，いわゆる存在定理の証明であって，その具体的な例を与えるのが，上の系の（ii）の関数や（iii）の $\forall y \neg T_1(x,x,y)$ の表現関数なのである．

定義 5.3　述語 $a \in S$ が帰納的述語であるような集合 S を**帰納的集合**（recursive set）という．

たとえば，$a \in \emptyset \iff a \neq a$ であるから，空集合 $\emptyset$ は帰納的集合である．また，偶数の全体 $\boldsymbol{E}$ は $a \in \boldsymbol{E} \iff \exists x_{x<a}[a=2x]$ と書けるから，$\boldsymbol{E}$ も帰納的集合である．

定理 5.10

（i）　帰納的集合は帰納的可算集合である．

（ii）　帰納的でない帰納的可算集合が存在する．

［証明］

（i）の証明：　任意の帰納的集合 S は，ある帰納的述語によって

$$S=\{a|R(a)\}$$

と書ける．しかるに，定理5.11により

$$R(a) \iff \exists x P(a,x)$$

なる帰納的可算述語 $\exists x P(a,x)$ が存在するから

$$S=\{a|\exists x P(a,x)\}$$

と書ける．したがって，S は帰納的可算集合である．

（ii）の証明：　たとえば，定理5.13により

$$S=\{a|\exists y T_1(a,a,y)\}$$

は帰納的でない帰納的可算集合である. ▮

定理 5.11 S を帰納的可算な無限集合とするとき，S が帰納的集合である必要十分条件は，S が

$$n<m \Longrightarrow \varphi(n)<\varphi(m)$$

が成立するような帰納的関数 φ によって数えあげられることである.

［**証明**］ S を帰納的な無限集合とする. すなわち，S をある帰納的述語 R に対して

$$a\in S \Longleftrightarrow R(a)$$

が成立する無限集合とする.

このとき，

$$\begin{cases}\varphi(0)=\mu x R(x)\\ \varphi(n+1)=\mu x[x>\varphi(n)\wedge R(x)]\end{cases}$$

と定義すれば，S が無限集合であることから，φ は帰納的関数で

$$n<m \Longrightarrow \varphi(n)<\varphi(m)$$

が成立し，S は φ で数えあげられる. すなわち

$$a\in S \Longleftrightarrow \exists n[\varphi(n)=a]$$

である.

逆に，ある帰納的関数 φ によって，S が

$$\varphi(0)<\varphi(1)<\varphi(2)<\cdots<\varphi(n)<\varphi(n+1)<\cdots$$

と数えあげられるとすれば，任意の n について

$$n\leqq\varphi(n)$$

であるから

$$a\in S \Longleftrightarrow \exists n_{n\leqq a}[\varphi(n)=a]$$

が成立し，この右辺は帰納的述語である. よって，S は帰納的集合である. ▮

5.3 帰 納 定 理

まず，以下の記述を簡単にするために，Church の λ 記法なるものを説明しておく.

$(m+n)$-変数の関数 $f(y_1,\cdots,y_m,x_1,\cdots,x_n)$ あるいは，述語 $P(y_1,\cdots,y_m,$

$x_1, \cdots, x_n$) で，$y_1, \cdots, y_m$ を固定し，$x_1, \cdots, x_n$ のみを変数として考える，という場合はしばしばある．このようなとき，これを明確にするために

$$\lambda x_1 x_2 \cdots x_n f(y_1, \cdots, y_m, x_1, \cdots, x_n)$$
$$\lambda x_1 x_2 \cdots x_n P(y_1, \cdots, y_m, x_1, \cdots, x_n)$$

などと書く．

つまり，λ の後に変数を列挙したものを前置して，変数を明示するのである．たとえば

$$\lambda x_1 \cdots x_n y T_n(z, x_1, \cdots, x_n, y)$$

は，$x_1, \cdots, x_n, y$ のみを変数とすること，したがって，z は変数でなく，ある自然数であることを意味する．

さて，$(m+n)$-変数の部分関数 $\lambda y_1 y_2 \cdots y_m x_1 x_2 \cdots x_n f(y_1, \cdots, y_m, x_1, \cdots, x_n)$ が帰納的ならば，定理 5.2 の系により，f のゲーデル数 e が存在する．この関数で，$y_1, \cdots, y_m$ の値を固定した場合，つまり，$\lambda x_1 \cdots x_n f(y_1, \cdots, y_m, x_1, \cdots, x_n)$ を考える．この関数も帰納的部分関数であるから，あるゲーデル数 e' をもつ．このとき，もとの関数のゲーデル数 e と $y_1, \cdots, y_m$ が与えられれば，e' はこれらから求められるであろう．事実，そのような原始帰納的関数が存在する，というのが次の定理である：

定理 5.12 (S_n^m-定理)　任意の $(m+n)$-変数の帰納的部分関数 $\lambda y_1 y_2 \cdots y_m x_1 x_2 \cdots x_n f(y_1, \cdots, y_m, x_1, \cdots, x_n)$ に対し，そのゲーデル数を e とすれば，

$$\lambda x_1 x_2 \cdots x_n [\{e\}(y_1, \cdots, y_m, x_1, \cdots, x_n) \simeq \{S_n^m(e, y_1, \cdots, y_m)\}(x_1, \cdots, x_n)]$$

を満たす原始帰納的関数 $\lambda z y_1 \cdots y_m S_n^m(z, y_1, \cdots, y_m)$ が存在する．

[証明]　$m=0$ の場合は，$S_n^0(z)=z$ とすればよい．$m \geqq 1$ とする．一般に

$$\{z\}(y_1, \cdots, y_m, x_1, \cdots, x_n) \simeq U(\mu w T_{m+n}(z, y_1, \cdots, y_m, x_1, \cdots, x_n, w))$$

であり，この右辺は $z, y_1, \cdots, y_m, x_1, \cdots, x_n$ を変数とする $(m+n+1)$-変数の帰納的部分関数であるから，この関数を形式的に定義する方程式系を D とする．ここで，$y_1, \cdots, y_m$ を任意に固定する．D の主関数記号を g とするとき，D に含まれない関数記号 f を用いて，方程式系 F を次のように定義する：

$$D, f(a_1, a_2, \cdots, a_n) = g(\bar{e}, \bar{y}_1, \cdots, \bar{y}_m, a_1, \cdots, a_n)$$

$d = \ulcorner D \urcorner$ とすれば，

$$\ulcorner F \urcorner = d * 2^{\ulcorner f(a_1, \cdots, a_n) = g(\bar{e}, \bar{y}_1, \cdots, \bar{y}_m, a_1, \cdots, a_n) \urcorner}$$

$$= d * 2^{2^{\ulcorner = \urcorner} \cdot 3^{\ulcorner f(a_1, \cdots, a_n) \urcorner} \cdot 5^{\ulcorner g(\bar{e}, \bar{y}_1, \cdots, \bar{y}_m, a_1, \cdots, a_n) \urcorner}}$$

である．

「F」はDと $e, y_1, \cdots, y_m$ をパラメタとして原始帰納的に定まる．そこで，

$$S_n^m(e, y_1, \cdots, y_m) = \ulcorner F \urcorner$$

とおけば，これは原始帰納的関数で，

$$\lambda x_1 x_2 \cdots x_n [\{e\}(y_1, \cdots, y_m, x_1, \cdots, x_n) \simeq \{S_n^m(e, y_1, \cdots, y_m)\}(x_1, \cdots, x_n)]$$

である． ∎

注意 5.1 この定理が，$\psi_1, \cdots, \psi_l$ で帰納的な部分関数 f に拡張できることは明らかであろう．

この場合，$\psi_1, \cdots, \psi_l$ をおのおの $m_1, \cdots, m_l$ 変数とすれば，S_n^m に対応する関数は，$S_n^{m, m_1, \cdots, m_l}$ と書かれる．

以下，このような明白な拡張はしばしば省略する．

この S_n^m-定理は，きわめて有用な定理で，さまざまに用いられる．次の**帰納定理**（recursion theorem）も，これによって容易に得られるのである．

定理 5.13（帰納定理） $f(w, x_1, \cdots, x_n)$ を任意の帰納的部分関数とする．このとき，

$$\{e\}(x_1, \cdots, x_n) \simeq f(e, x_1, \cdots, x_n)$$

なる自然数 e を求めることができる．

［**証明**］ 関数 $\lambda y x_1 \cdots x_n f(S_n^1(y, y), x_1, \cdots, x_n)$ を考え，この帰納的部分関数のゲーデル数を z とする．

さらに，

$$e = S_n^1(z, z)$$

とおく，z の定め方から

$$\{z\}(y, x_1, \cdots, x_n) \simeq f(S_n^1(y, y), x_1, \cdots, x_n)$$

であり，$(n+1)$-変数の関数 $\{z\}$ に対し $S_n^1(z, y)$ を考え，さらに $y = z$ とおけば，S_n^m-定理によって

$$\begin{aligned} \lambda x_1 \cdots x_n [\{S_n^1(z, z)\}(x_1, \cdots, x_n) &\simeq \{z\}(z, x_1, \cdots, x_n) \\ &\simeq f(S_n^1(z, z), x_1, \cdots, x_n)] \end{aligned}$$

であるから，

$$\{e\}(x_1, \cdots, x_n) \simeq f(e, x_1, \cdots, x_n)$$

である. ∎

この定理は，方程式

$$\{z\}(x_1, \cdots, x_n) \simeq f(z, x_1, \cdots, x_n)$$

が z について解ける，ということを主張するものである.

帰納的部分関数 $\{z\}$ は，$\{z\}$ の満たすべき条件を，変数 z を含む帰納的部分関数 f のかたちに書くことができれば，z について解けて，その関数 $\{z\}$ を具体的に求めることができる，というのである.

5.4 算術的階層

ここでは，まず，述語の型を考えることから始める.

定理 5.14 任意の述語 P について，

(i) $\forall x_1 \forall x_2 \cdots \forall x_n P(x_1, x_2, \cdots, x_n) \Longleftrightarrow \forall x P((x)_0, (x)_1, \cdots, (x)_{n-1})$

(ii) $\exists x_1 \exists x_2 \cdots \exists x_n P(x_1, x_2, \cdots, x_n) \Longleftrightarrow \exists x P((x)_0, (x)_1, \cdots, (x)_{n-1})$

(iii) $\forall i_{i<n} \exists x P(i, x) \Longleftrightarrow \exists x \forall i_{i<n} P(i, (x)_i)$

(iv) $\exists i_{i<n} \forall x P(i, x) \Longleftrightarrow \forall x \exists i_{i<n} P(i, (x)_i)$

［証明］ (i)〜(iv) のいずれについても，

$$(x)_i (= \mu y_{y<x} [p_i^y | x \vee \neg (p_i^{y+1} | x)])$$

の定義と，(iii)，(iv) については i が有限個であることから明らかであろう．たとえば，(ii) では，左辺が成立するような $x_1, \cdots, x_n$ に対し，右辺では

$$x = 2^{x_1} \cdot 3^{x_2} \cdot \cdots \cdot p_{n-1}^{x_n}$$

とおけばよく，右辺が成立するような x に対しては，

$$x_i = (x)_{i-1} \quad (i = 1, 2, \cdots, n-1)$$

とおけばよい．また，(iv) は，(iii) の P を $\neg P$ に置き換え，両辺の否定をとれば得られる. ∎

注意 5.2 $R(x_1, \cdots, x_n, y_1, \cdots, y_m)$ を帰納的述語とするとき，$\exists y_1 \cdots \exists y_m R(x_1, \cdots, x_n, y_1 \cdots y_m)$ は，上定理によって $\exists y R(x_1, \cdots, x_n, (y)_0, (y)_1, \cdots, (y)_{m-1})$ と書けて，$R(x_1, \cdots, x_n, (y)_0, \cdots, (y)_{m-1})$ は帰納的述語であるから帰納的可算述語である.

注意 5.3 上定理から，任意の n について，n 変数の帰納的述語 $R(a_1, a_2, \cdots, a_n)$

を用いて

$$S(x) \Longleftrightarrow R((x)_0, (x)_1, \cdots, (x)_{n-1})$$

と定義された1変数の述語 $S(a)$ は帰納的であり，逆に，1変数の帰納的述語 $S(a)$ を用いて

$$R(x_1, x_2, \cdots, x_n) \Longleftrightarrow S(2^{x_1}\cdot 3^{x_2}\cdot\cdots\cdot p_{n-1}^{x_n})$$

と定義された n 変数の述語 $R(a_1, a_2, \cdots, a_n)$ は帰納的であるから，帰納的述語の意味についての一般論では，変数の個数は本質的でない．

このことと，表記を簡明にすることのために，以下では，変数の個数を「任意の n」にせず，1変数で書き表すことが多い（たとえば次の定義5.4）．

定義 5.4　R_i $(i=0, 1, 2, \cdots)$ を帰納的述語とするとき，次のような型の述語の列

$$(*)\quad R_0(a) \quad \begin{matrix} \exists x R_1(a, x) & \forall y \exists x R_2(a, x, y) & \exists z \forall y \exists x R_3(a, x, y, z)\cdots \\ \forall x R_1(a, x) & \exists y \forall x R_2(a, x, y) & \forall z \exists y \forall x R_3(a, x, y, z)\cdots \end{matrix}$$

を，**算術的階層** (arithmetical hierarchy) という．

定義 5.5　帰納的述語と論理記号∧，∨，￢，⇒，⟺，∀，∃を用いて表現できるような述語を，(Kleene の) **初等的述語** (elementary predicate (in Kleene's sense)) という．

定理 5.15　任意の初等的述語は，算術的階層 (*) のなかの，いずれかの型で表現できる．

［**証明**］ A, B が帰納的述語ならば，$A\wedge B$，$A\vee B$，$\neg A$，$A\Rightarrow B$，$A\Longleftrightarrow B$ はいずれも帰納的述語となるから，任意の初等的述語は，それと同等な冠頭標準形に変形すれば，帰納的述語の前に ∀ や ∃ が並んだ形にできる．

定理5.14の（i），（ii）から，いくつか続いて並んだ同種の限定記号は，原始帰納的関数 $(x)_i$ を用いて，1つにすることができるから，この述語はさらに，∀ と ∃ が交互に並んだ形の述語と同等になる．

すなわち，(*) のいずれかの型に変形できる．　∎

定義 5.6　自然数上の定数，変数，＋，・，＝と論理記号∧，∨，￢，⇒，⟺，∀，∃を用いて表現できるような述語を，**算術的述語** (arithmetical predicate) という．

算術的述語が初等的であることは，定義から明らかであるが，以下のよう

に，初等的述語は算術的である．

このことを示すために，Gödel によって導入された **β 関数** (β-function) なるものを用意しよう．

定理 5.16 次の条件（i），（ii）を満たす関数 β が存在する：

（i） $\beta(c, d, i)=w$ は算術的述語．

（ii） 自然数 $a_0, a_1, \cdots, a_n$ に対し，自然数 c, d が存在して，任意の i ($=0, 1, 2, \cdots, n$) に対し

$$\beta(c, d, i)=a_i$$

が成立する．

［証明］ $\delta(d, i)=1+(i+1)d$ なる関数 δ と，（例 2.14 の）関数 $\mathrm{rem}(a, b)$ を用いて，β を

$$\beta(c, d, i)=\mathrm{rem}(c, \delta(d, i))$$

と定義する．

（i）の証明： 述語 $\delta(d, i)=u$ は明らかに算術的であり，さらに

$$\begin{aligned}\mathrm{rem}(c, d)=w &\Longleftrightarrow \exists x[c=dx+w \wedge w<d] \\ &\Longleftrightarrow \exists x[c=dx+w \wedge \exists y[\neg(y=0) \wedge d=w+y]]\end{aligned}$$

から，$\mathrm{rem}(c, d)=w$ も算術的であるから，$\beta(c, d, i)=w$ は算術的述語である．

（ii）の証明： $m=\max(n, a_0, a_1, \cdots, a_n)$ とおき，d を $m!$ とする．まず，

$$d_i=\delta(d, i) \quad (i=0, 1, \cdots, n)$$

は互いに素であることを示そう．d_i と d_{i+j} に公約数があるとすると，$p|d_i$ かつ $p|d_{i+j}$ なる素数 p が存在する．このとき，$p|(d_{i+j}-d_i)$ であり，

$$d_{i+j}-d_i=(1+(i+j+1)d)-(1+(i+1)d)=jd$$

であるから，$p|j$ あるいは $p|d$ でなくてはならない．しかるに，$p|d$ とすれば，$\neg(p|d_i)$，$\neg(p|d_{i+j})$ となって，これは矛盾である．$p|j$ とすれば，$j \leqq n$ から $p|m!$ であるが，$m!=d$ であるから，上によってこの場合も矛盾する．よって，d_i ($i=0, 1, \cdots, n$) は互いに素でなくてはならない．

さて，$d=m!$ であるから，明らかに $i=0, 1, \cdots, n$ に対して $a_i<d_i$ である．したがって剰余定理 (Chinese Remainder Theorem)：「任意の自然数 $a_0, a_1, \cdots, a_n$ と互いに素な自然数の組 $d_0, d_1, \cdots, d_n$ に対し，$c \equiv a_i (\mathrm{mod}\, d_i)$ なる自然

数 c が存在する」を用いれば,

$$\mathrm{rem}(c, d_i)=a_i \quad (i=0, 1, \cdots, n)$$

なる c が存在する.

以上によって，任意の $a_0, a_1, \cdots, a_n$ に対し，c, d が存在して，$i=0, 1, \cdots, n$ について

$$\beta(c, d, i)=a_i$$

が成立する. ∎

定理 5.17　初等的述語の全体からなるクラスと，算術的述語の全体からなるクラスは一致する.

［**証明**］ 定義から，任意の算術的述語が初等的であることは明らかであるから，任意の初等的述語が算術的であることを示せばよい.

このためには，任意の帰納的関数 φ について

(＊)　$\varphi(x_1, x_2, \cdots, x_n)=w$　は算術的述語

であることを示せば十分である.

φ の帰納的記述の長さについての数学的帰納法によって証明する.

長さ1の場合：　φ は初期関数であるが，この場合は

（Ⅰ）　$\varphi(x)=x'$ のときは　$\varphi(x)=w \Longleftrightarrow x+1=w$

（Ⅱ）　$\varphi(x_1, \cdots, x_n)=q$ （q は定数）のときは　$\varphi(x_1, \cdots, x_n)=w \Longleftrightarrow q=w$

（Ⅲ）　$\varphi(x_1, \cdots, x_n)=x_i$ $(i=1, 2, \cdots, n)$ のときは

$$\varphi(x_1, \cdots, x_n)=w \Longleftrightarrow x_i=w$$

で，いずれも算術的である.

帰納的記述の長さ l 以下の関数については (＊) が成立すると仮定し，それらから，次の各操作によって φ を定義する場合：

（Ⅳ）　$\varphi(x_1, \cdots, x_n)=\psi(\chi_1(x_1, \cdots, x_n), \cdots, \chi_m(x_1, \cdots, x_n))$ のときは,

$$\varphi(x_1, \cdots, x_n)=w \Longleftrightarrow \exists w_1 \cdots \exists w_m[\psi(w_1, \cdots, w_m)=w \wedge \chi_1(x_1, \cdots, x_n)=w_1 \wedge \cdots \wedge \chi_m(x_1, \cdots, x_n)=w_m]$$

と表現できて，$\psi, \chi_1, \cdots, \chi_m$ は帰納法の仮定により，(＊) が成立するから，φ についても (＊) が成立する.

（Ⅴ）　$$\begin{cases} \varphi(0)=q \\ \varphi(x)'=\psi(x, \varphi(x)) \end{cases}$$

(VI) $\begin{cases} \varphi(0, x_1, \cdots, x_n) = \psi(x_1, \cdots, x_n) \\ \varphi(x', x_1, \cdots, x_n) = \chi(x, \varphi(x, x_1, \cdots, x_n), x_1, \cdots, x_n) \end{cases}$

については，(VI) のときを示せば十分であろう．このときは，前定理の β-関数を用いて

$$\begin{aligned} &\varphi(x, x_1, \cdots, x_n) = w \\ &\quad \Longleftrightarrow \exists u \exists v \exists z \exists c \exists d[\psi(x_1, \cdots, x_n) = u \wedge \beta(c, d, 0) = u \\ &\quad\quad \wedge \forall i_{0 \leq i < x}(\chi(i, v, x_1, \cdots, x_n) = z \wedge \beta(c, d, i) = v \\ &\quad\quad \wedge \beta(c, d, i+1) = z) \wedge \beta(c, d, x) = w] \end{aligned}$$

と書けて，ψ, χ については帰納法の仮定から (*) が成立し，β も算術的であったから，φ についても (*) が成立する．

(VII) $\varphi(x_1, \cdots, x_n) = \mu y[\psi(x_1, \cdots, x_n, y) = 0]$ のときは，

$$\begin{aligned} &\varphi(x_1, \cdots, x_n) = w \\ &\quad \Longleftrightarrow \psi(x_1, \cdots, x_n, w) = 0 \wedge \forall y_{y<w} \neg(\psi(x_1, \cdots, x_n, y) = 0) \end{aligned}$$

と書けて，ψ については帰納法の仮定により (*) が成立するから，φ についても (*) が成立する．

以上によって，任意の初等的述語は算術的である． ∎

系 任意の算術的述語は，算術的階層 (*) のなかの，いずれかの型で表現できる．

［**証明**］ 本定理と定理 5.15 から明らか． ∎

注意 5.4 定理 5.17 によって，“初等的述語”と“算術的述語”は，まったく同じ概念であるから，以下では統一的に，**算術的述語**とよぶことにする．

“初等的”という言葉は，一般的な用語であり，たとえば後述の「ヒルベルト型の決定問題」でも言及される **Kalmár の初等的述語**などでも用いられるからである．

注意 5.5 定義 5.4 の (*) が算術的階層とよばれるのは，上の系に述べられた事実による．

注意 5.6 上定理の証明のなかの (VI) については，

$$\begin{aligned} &a_0 = \varphi(0, x_1, \cdots, x_n) \quad (= \psi(x_1, \cdots, x_n)) \\ &a_1 = \varphi(1, x_1, \cdots, x_n) \quad (= \chi(0, a_0, x_1, \cdots, x_n)) \\ &\cdots\cdots\cdots\cdots\cdots\cdots\cdots\cdots\cdots\cdots \\ &a_x = \varphi(x, x_1, \cdots, x_n) \quad (= \chi(x-1, a_{x-1}, x_1, \cdots, x_n)) \end{aligned}$$

とおいて

$$\varphi(x, x_1, \cdots, x_n)=w \Longleftrightarrow \exists a_0 \exists a_1 \cdots \exists a_x[\psi(x_1, \cdots, x_n)=a_0 \wedge \forall i_{0\leq i<x}(\chi(i, a_i, x_1, \cdots, x_n)=a_{i+1}) \wedge a_x=w]$$

としても，この右辺は x の値に従って限定記号の個数が変わるから，算術的な表現とはいえない．

定理 5.14 にみるように，原始帰納的関数 $(a)_i$ を用いてこの右辺の限定記号を 1 つにすると，

$$\exists a[\psi(x_1, \cdots, x_n)=(a)_0 \wedge \forall i_{0\leq i<x}(\chi(i, (a)_i, x_i, \cdots, x_n)=(a)_{i+1}) \wedge (a)_x=w]$$

となって，[…] の中に原始帰納的述語が現れ，これも算術的な表現とはならない．

定理 5.16 の β-関数は，これを算術的述語にするために必要だったのである．

原始帰納的述語の全体からなるクラスを $\boldsymbol{P}$，帰納的述語の全体からなるクラスを $\boldsymbol{R}$ と書く．

原始帰納的述語に存在記号 $\exists$ を 1 個つけて表せる述語全体からなるクラスを $\Sigma_{1,P}$，帰納的述語に存在記号 $\exists$ を 1 個つけて表せる述語全体からなるクラスを $\Sigma_{1,R}$ と書くと，枚挙可能定理（定理 4.14）によって

$$\Sigma_{1,P}=\Sigma_{1,R}$$

が成立する．（任意の帰納的述語 $R(x_1, \cdots, x_n, y)$ に対し，ある自然数 e が存在して，$\exists y T_n(e, x_1, \cdots, x_n, y) \Longleftrightarrow \exists y R(x_1, \cdots, x_n, y)$ であり，T_n は特定の原始帰納的述語であったから．）

同様に，原始帰納的述語に全称記号 $\forall$ を 1 個つけて表せる述語全体からなるクラスを $\Pi_{1,P}$，帰納的述語に全称記号 $\forall$ を 1 個つけて表せる述語全体からなるクラスを $\Pi_{1,R}$ と書くと，これも枚挙可能定理によって，

$$\Pi_{1,P}=\Pi_{1,R}$$

が成立する．

したがって，クラス $\Sigma_{1,R}$ と $\Sigma_{1,P}$ を，ともに Σ_1 と書き，クラス $\Pi_{1,R}$ と $\Pi_{1,P}$ を，ともに Π_1 と書くことにする．

一般に，次のように述語のクラスを帰納的に定義する：

定義 5.7

（1） $\Sigma_1=\Sigma_{1,R}(=\Sigma_{1,P})$

（2） $\Pi_1=\Pi_{1,R}(=\Pi_{1,P})$

（3） Σ_{n+1}="Π_n の述語に存在記号∃を1個つけて表現できる述語の全体"

（4） Π_{n+1}="Σ_n の述語に全称記号∀を1個つけて表現できる述語の全体"

（5） $\varDelta_n=\Sigma_n\cap\Pi_n$

2.5節の定理2.15, 2.16によれば,

$$\boldsymbol{P}\subsetneqq\boldsymbol{R}$$

であり, 定理5.5, 5.7や定理5.9とその系によれば,

（#）
$$\boldsymbol{R}=\Sigma_1\cap\Pi_1=\varDelta_1\begin{matrix}\subsetneqq\Sigma_1\\ \subsetneqq\Pi_1\end{matrix}$$

が成立しているわけである.

このような状況を, Σ_k, Π_k $(k=1,2,\cdots)$ について, 調べることを考えよう†).

このために, 定義5.4の算術的階層（*）から $\boldsymbol{R}$ を除き, 以下のように書き換えておこう.

（**）
$$\begin{matrix}\Sigma_1 & \Pi_2 & \Sigma_3\cdots\Pi_k & \Sigma_{k+1},\cdots\\ \Pi_1 & \Sigma_2 & \Pi_3\cdots\Sigma_k & \Pi_{k+1},\cdots\end{matrix}$$

この算術的階層（**）の各クラスの述語の変数の個数は任意であることに注意しよう.

この各クラスについては, 後述するように,

$$\Sigma_k\neq\Pi_k,\qquad \Sigma_k,\Pi_k\subsetneqq\Sigma_{k+1},\qquad \Sigma_k,\Pi_k\subsetneqq\Pi_{k+1}$$

などが成立する.

この状況を, "算術的述語は階層をなす" というのである.

5.5 階層定理と完備形定理

定理 5.18（一般枚挙可能定理） 算術的階層（**）の各クラス C について, C のすべての要素を枚挙する C の要素が存在する.

［**証明**］ 任意に k を固定する.

クラス Σ_{2k+1} の任意の要素

$$\exists y_{2k+1}\forall y_{2k}\cdots\exists y_1R_{2k+1}(a,y_1,\cdots,y_{2k+1})$$

---

†） Σ_n は Σ_n^0, Π_n は Π_n^0, $\varDelta_n$ は $\varDelta_n^0$ と書かれることがある. この場合の0は束縛変数のタイプが0であることを表すものである. なお, Σ_1 は帰納的可算述語の全体と一致する.

をとる（R_{2k+1} は帰納的述語）．このとき

$$\lambda a y_{2k+1} \cdots y_2 \mu y_1 R_{2k+1}(a, y_1, \cdots, y_{2k+1})$$

は $(2k+1)$ 変数の帰納的部分関数であるから，標準形定理により，ある自然数 e が存在して

$$\mu y_1 R_{2k+1}(a, y_1, y_2, \cdots, y_{2k+1}) \simeq U(\mu y_1 T_{2k+1}(e, a, y_2, \cdots, y_{2k+1}, y_1))$$

が成立する．よって，$\simeq$ の定義から

$$\exists y_1 R_{2k+1}(a, y_1, y_2, \cdots, y_{2k+1}) \Longleftrightarrow \exists y_1 T_{2k+1}(e, a, y_2, \cdots, y_{2k+1}, y_1)$$

である．したがって，

$$\exists y_{2k+1} \forall y_{2k} \cdots \forall y_2 \exists y_1 R_{2k+1}(a, y_1, y_2, \cdots, y_{2k}, y_{2k+1})$$
$$\Longleftrightarrow \exists y_{2k+1} \forall y_{2k} \cdots \forall y_2 \exists y_1 T_{2k+1}(e, a, y_2, \cdots, y_{2k}, y_{2k+1}, y_1)$$

が成立する．

すなわち，Σ_{2k+1} のすべての要素を枚挙する Σ_{2k+1} の要素は

$$\exists y_{2k+1} \forall y_{2k} \cdots \forall y_2 \exists y_1 T_{2k+1}(z, a, y_2, \cdots, y_{2k+1}, y_1)$$

である．

次に，クラス Σ_{2k} について考える．Σ_{2k} の任意の要素

$$\exists y_{2k} \forall y_{2k-1} \cdots \exists y_2 \forall y_1 R_{2k}(a, y_1, \cdots, y_{2k})$$

をとる．いま，この否定形

$$\forall y_{2k} \exists y_{2k-1} \cdots \forall y_2 \exists y_1 \neg R_{2k}(a, y_1, \cdots, y_{2k})$$

をとって，

$$\lambda a y_{2k} \cdots y_2 \mu y_1 \neg R_{2k}(a, y_1, \cdots, y_{2k})$$

を考えれば，これは $2k$ 変数の帰納的部分関数であるから，これも標準形定理により，ある自然数 e が存在して

$$\mu y_1 \neg R_{2k}(a, y_1, \cdots, y_{2k}) \simeq U(\mu y_1 T_{2k}(e, a, y_2, \cdots, y_{2k}, y_1))$$

が成立する．よって，$\simeq$ の定義から

$$\exists y_1 \neg R_{2k}(a, y_1, \cdots, y_{2k}) \Longleftrightarrow \exists y_1 T_{2k}(e, a, y_2, \cdots, y_{2k}, y_1)$$

であり，この両辺の否定をとれば

$$\forall y_1 R_{2k}(a, y_1, \cdots, y_{2k}) \Longleftrightarrow \forall y_1 \neg T_{2k}(e, a, y_2, \cdots, y_{2k}, y_1)$$

が成立する．したがって，

$$\exists y_{2k} \forall y_{2k-1} \cdots \exists y_2 \forall y_1 R_{2k}(a, y_1, y_2, \cdots, y_{2k-1}, y_{2k})$$
$$\Longleftrightarrow \exists y_{2k} \forall y_{2k-1} \cdots \exists y_2 \forall y_1 \neg T_{2k}(e, a, y_2, \cdots, y_{2k}, y_1)$$

となり，Σ_{2k} のすべての要素を枚挙する Σ_{2k} の要素は

$$\exists y_{2k} \forall y_{2k-1} \cdots \exists y_2 \forall y_1 \neg T_{2k}(z, a, y_2, \cdots, y_{2k}, y_1)$$

である．

クラス Π_{2k+1}, Π_{2k} についても，まったく同様にして，

$$\forall y_{2k+1} \exists y_{2k} \cdots \exists y_2 \forall y_1 \neg T_{2k+1}(z, a, y_2, \cdots, y_{2k+1}, y_1)$$

および

$$\forall y_{2k} \exists y_{2k-1} \cdots \forall y_2 \exists y_1 T_{2k}(z, a, y_2, \cdots, y_{2k}, y_1)$$

が，おのおの，Π_{2k+1}, Π_{2k} のすべての要素を枚挙する述語である． ▮

注意 5.7　この定理は**一般枚挙可能定理**（enumeration theorem in general form）とよばれる．Σ_1, Π_1 の場合を考えれば，これは 4.3 節の枚挙可能定理そのものである．すなわち，本定理は，(**) の各クラスについての枚挙可能定理なのである．

定理 5.19（階層定理）　任意の n について，

（1）$\Pi_n - \Sigma_n \neq \emptyset$，$\Sigma_n - \Pi_n \neq \emptyset$

（2）$\Sigma_n \subsetneqq \Sigma_{n+1}$，$\Pi_n \subsetneqq \Sigma_{n+1}$

（3）$\Sigma_n \subsetneqq \Pi_{n+1}$，$\Pi_n \subsetneqq \Pi_{n+1}$

が成立する．

［**証明**］

（1）の証明：　Σ_n に属さない Π_n の要素，および，Π_n に属さない Σ_n の要素が存在することを示す．

$n=2k+1$ のとき，Π_{2k+1} の要素

ⓘ　$\forall y_{2k+1} \exists y_{2k} \cdots \forall y_1 \neg T_{2k+1}(a, a, y_2, \cdots, y_{2k+1}, y_1)$

は Σ_{2k+1} に属さない．

なぜならば，ある帰納的述語 R に対して

$$\forall y_{2k+1} \exists y_{2k} \cdots \forall y_1 \neg T_{2k+1}(a, a, y_2, \cdots, y_{2k+1}, y_1)$$
$$\Longleftrightarrow \exists y_{2k+1} \forall y_{2k} \cdots \exists y_1 R(a, y_1, \cdots, y_{2k+1})$$

が成立すると仮定すると，前定理から，ある自然数 e が存在して

$$\exists y_{2k+1} \forall y_{2k} \cdots \exists y_1 R(a, y_1, \cdots, y_{2k+1})$$
$$\Longleftrightarrow \exists y_{2k+1} \forall y_{2k} \cdots \exists y_1 T_{2k+1}(e, a, y_2, \cdots, y_{2k+1}, y_1)$$

であるから，

$$\forall y_{2k+1} \exists y_{2k} \cdots \forall y_1 \neg T_{2k+1}(a, a, y_2, \cdots, y_{2k+1}, y_1)$$

$$\Longleftrightarrow \exists y_{2k+1} \forall y_{2k} \cdots \exists y_1 T_{2k+1}(e, a, y_2, \cdots, y_{2k+1}, y_1)$$

が成立する．

自由変数 a に e を代入すれば

$$\forall y_{2k+1} \exists y_{2k} \cdots \forall y_1 \neg T_{2k+1}(e, e, y_2, \cdots, y_{2k+1}, y_1)$$
$$\Longleftrightarrow \exists y_{2k+1} \forall y_{2k} \cdots \exists y_1 T_{2k+1}(e, e, y_2, \cdots, y_{2k+1}, y_1)$$

であるが，この右辺（左辺）は左辺（右辺）の否定形であるから，これは矛盾である．

次に，$n=2k$ のとき，Π_{2k} の要素

ⅱ $\forall y_{2k} \exists y_{2k-1} \cdots \forall y_2 \exists y_1 T_{2k}(a, a, y_2, \cdots, y_{2k}, y_1)$

は Σ_{2k} に属さない．

なぜならば，ある帰納的述語 R に対して

$$\forall y_{2k} \exists y_{2k-1} \cdots \forall y_2 \exists y_1 T_{2k}(a, a, y_2, \cdots, y_{2k}, y_1)$$
$$\Longleftrightarrow \exists y_{2k} \forall y_{2k-1} \cdots \exists y_2 \forall y_1 R(a, y_1, \cdots, y_{2k})$$

が成立すると仮定すれば，前定理によって，ある自然数 e が存在して

$$\exists y_{2k} \forall y_{2k-1} \cdots \exists y_2 \forall y_1 R(a, y_1, \cdots, y_{2k})$$
$$\Longleftrightarrow \exists y_{2k} \forall y_{2k-1} \cdots \exists y_2 \forall y_1 \neg T_{2k}(e, a, y_2, \cdots, y_{2k}, y_1)$$

であり，上の議論と同様にして

$$\forall y_{2k} \exists y_{2k-1} \cdots \forall y_2 \exists y_1 T_{2k}(e, e, y_2, \cdots, y_{2k}, y_1)$$
$$\Longleftrightarrow \exists y_{2k} \forall y_{2k-1} \cdots \exists y_2 \forall y_1 \neg T_{2k}(e, e, y_2, \cdots, y_{2k}, y_1)$$

となって矛盾するからである．

すなわち，$\Pi_n - \Sigma_n \neq \varnothing$．

同様にして，Σ_{2k+1} の要素

ⅲ $\exists y_{2k+1} \forall y_{2k} \cdots \exists y_1 T_{2k+1}(a, a, y_2, \cdots, y_{2k+1}, y_1)$

は Π_{2k+1} に属さない．また，Σ_{2k} の要素

ⅳ $\exists y_{2k} \forall y_{2k-1} \cdots \exists y_2 \forall y_1 \neg T_{2k}(a, a, y_2, \cdots, y_{2k}, y_1)$

は Π_{2k} に属さない．

すなわち，$\Sigma_n - \Pi_n \neq \varnothing$．

（2），（3）の証明： Σ_n の任意の要素を P とし，z を P に現れない変数とする．

$n=2k+1$ とする．z が P に現れない変数であることに注意すれば，ある帰

納的述語 R に対して

$$P \iff \exists y_{2k+1} \forall y_{2k} \cdots \exists y_1 R(a, y_1, \cdots, y_{2k+1})$$
$$\iff \exists y_{2k+1} \forall y_{2k} \cdots \exists y_1 \forall z [R(a, y_1, \cdots, y_{2k+1}) \wedge z=z]$$
$$\iff \forall z \exists y_{2k+1} \forall y_{2k} \cdots \exists y_1 [R(a, y_1, \cdots, y_{2k+1}) \wedge z=z]$$

であるから，

$$P \in \Sigma_{n+1}, \quad P \in \Pi_{n+1}$$

である．

$n=2k$ の場合も同様に，ある帰納的述語 R に対して

$$P \iff \exists y_{2k} \forall y_{2k-1} \cdots \exists y_2 \forall y_1 R(a, y_1, \cdots, y_{2k})$$
$$\iff \exists y_{2k} \forall y_{2k-1} \cdots \exists y_2 \forall y_1 \exists z [R(a, y_1, \cdots, y_{2k}) \wedge z=z]$$
$$\iff \forall z \exists y_{2k} \forall y_{2k-1} \cdots \exists y_2 \forall y_1 [R(a, y_1, \cdots, y_{2k}) \wedge z=z]$$

であるから

$$P \in \Sigma_{n+1}, \quad P \in \Pi_{n+1}$$

である．

同様にして，Π_n の任意の要素 P に対し

$$P \in \Pi_{n+1}, \quad P \in \Sigma_{n+1}$$

である．

以上から，

ⓥ $$\Sigma_n, \Pi_n \subseteq \Sigma_{n+1}$$

ⓥⓘ $$\Sigma_n, \Pi_n \subseteq \Pi_{n+1}$$

が成立する．

さて，任意の $Q \in \Sigma_{n+1}$ が，Σ_n あるいは Π_n の要素になるとすれば，ⓥⓘ から $Q \in \Pi_{n+1}$ となって，

$$\Sigma_{n+1} \subseteq \Pi_{n+1}$$

が成立するが，本定理の（1）によって，$\Sigma_{n+1} - \Pi_{n+1} \neq \varnothing$ であるから，これは矛盾である．

よって，

$$\Sigma_n \subsetneqq \Sigma_{n+1}, \quad \Pi_n \subsetneqq \Sigma_{n+1}$$

である．

同様に，$\Pi_{n+1} \subseteq \Sigma_n$ あるいは $\Sigma_{n+1} \subseteq \Pi_n$ と仮定すると，ⓥ から

$$\Pi_{n+1} \subseteqq \Sigma_{n+1}$$

が成立するが，これも（1）によって，$\Pi_{n+1}-\Sigma_{n+1} \neq \varnothing$ であることと矛盾する．

よって，

$$\Sigma_n \subsetneqq \Pi_{n+1},\quad \Pi_n \subsetneqq \Pi_{n+1}$$

が成立する．　■

以上の証明から，$\textcircled{i}$〜$\textcircled{iv}$ の述語について，

$$\begin{array}{llll}
\textcircled{i} \in \Pi_{2k+1}, & \textcircled{i} \notin \Sigma_{2k+1} & \text{でしかも，} & \textcircled{i} \notin \Pi_{2k}, \Sigma_{2k} \\
\textcircled{ii} \in \Pi_{2k}, & \textcircled{ii} \notin \Sigma_{2k} & \text{でしかも，} & \textcircled{ii} \notin \Pi_{2k-1}, \Sigma_{2k-1} \\
\textcircled{iii} \in \Sigma_{2k+1}, & \textcircled{iii} \notin \Pi_{2k+1} & \text{でしかも，} & \textcircled{iii} \notin \Sigma_{2k}, \Pi_{2k} \\
\textcircled{iv} \in \Sigma_{2k}, & \textcircled{iv} \notin \Pi_{2k} & \text{でしかも，} & \textcircled{iv} \notin \Sigma_{2k-1}, \Pi_{2k-1}
\end{array}$$

が成り立っていることがわかる．すなわち，

系　算術的階層（**）の各クラス Σ_n, Π_n には，

$$\begin{array}{lcl}
P \in \Sigma_n, P \notin \Pi_n & \text{かつ} & P \notin \Sigma_m, \Pi_m (m<n) \\
Q \in \Pi_n, Q \notin \Sigma_n & \text{かつ} & Q \notin \Sigma_m, \Pi_m (m<n)
\end{array}$$

なる述語 P, Q が存在する．　■

階層定理と定理5.5から，算術的述語は次のような階層をなしていることがわかる：

$$\boldsymbol{R}=\Delta_1 \begin{array}{ccccccccccc}
\rotatebox{45}{$\subsetneqq$} & \Sigma_1 & \subsetneqq & \Pi_2 & \subsetneqq & \Sigma_3 & \cdots & \Pi_k & \subsetneqq & \Sigma_{k+1} & \cdots \\
 & \rotatebox{90}{$\neq$} & \begin{smallmatrix}\rotatebox{-45}{$\subsetneqq$} \\ \rotatebox{45}{$\subsetneqq$}\end{smallmatrix} & \rotatebox{90}{$\neq$} & \begin{smallmatrix}\rotatebox{-45}{$\subsetneqq$} \\ \rotatebox{45}{$\subsetneqq$}\end{smallmatrix} & \rotatebox{90}{$\neq$} & & \rotatebox{90}{$\neq$} & \begin{smallmatrix}\rotatebox{-45}{$\subsetneqq$} \\ \rotatebox{45}{$\subsetneqq$}\end{smallmatrix} & \rotatebox{90}{$\neq$} & \\
\rotatebox{-45}{$\subsetneqq$} & \Pi_1 & \subsetneqq & \Sigma_2 & \subsetneqq & \Pi_3 & \cdots & \Sigma_k & \subsetneqq & \Pi_{k+1} & \cdots
\end{array}$$

定義 5.8　述語のあるクラス C に対し，述語 $\Gamma(a)$ が **C の完備述語** (complete predicate for the class C) であるとは，

（1）　$\Gamma(a) \in C$

（2）　任意の $P(a_1 \cdots a_n) \in C$ に対して，ある帰納的関数 $\varphi(a_1 \cdots a_n)$ が存在して，

$$P(a_1 \cdots a_n) \Longleftrightarrow \Gamma(\varphi(a_1 \cdots a_n))$$

が成立するときをいう．

たとえば，Σ_1 の述語の全体 C に対し，述語 $\exists y T_1(a, a, y)$ は C の完備述語である．これらのことは，次の定理と，その系である**完備形定理** (complete form theorem) から得られる：

定理 5.20　任意の n と k $(n \geqq k \geqq 1)$ について，任意の帰納的述語 $R(x_1, \cdots, x_n, y)$ に対し，ある自然数 e_1, e_2 が存在して

(i)　$\exists y R(x_1, \cdots, x_n, y) \Longleftrightarrow \exists y T_{n-k+1}(S^k_{n-k+1}(e_1, x_1, \cdots, x_k),$
$S^k_{n-k+1}(e_1, x_1, \cdots, x_k), x_{k+1}, \cdots, x_n, y)$

(ii)　$\forall y R(x_1, \cdots, x_n, y) \Longleftrightarrow \forall y \neg T_{n-k+1}(S^k_{n-k+1}(e_2, x_1, \cdots, x_k),$
$S^k_{n-k+1}(e_2, x_1, x_2, \cdots, x_k), x_{k+1}, \cdots, x_n, y)$

が成立する．

［**証明**］

(i) の証明：　帰納的部分関数 $\lambda x_1 \cdots x_k z x_{k+1} \cdots x_n \mu y[R(x_1, x_2, \cdots, x_n, y) \wedge z=z]$ を考え，このゲーデル数を e_1 とする．ここで，$x_1, \cdots, x_k$ を任意に固定すれば，$\lambda z x_{k+1} \cdots x_n \mu y[R(x_1, x_2, \cdots, x_n, y) \wedge z=z]$ のゲーデル数は $S^k_{n-k+1}(e_1, x_1, \cdots, x_k)$ となる．よって標準形定理により，

$$\lambda z x_{k+1} \cdots x_n \mu y[R(x_1, x_2, \cdots, x_n, y) \wedge z=z]$$
$$\simeq U(\mu y T_{n-k+1}(S^k_{n-k+1}(e_1, x_1, \cdots, x_k), z, x_{k+1}, \cdots, x_n, y))$$

であるから，

$$\exists y R(x_1, x_2, \cdots, x_k, x_{k+1}, \cdots, x_n, y)$$
$$\Longleftrightarrow \exists y T_{n-k+1}(S^k_{n-k+1}(e_1, x_1, \cdots, x_k), z, x_{k+1}, \cdots, x_n, y)$$

が成立する．

ここで，z は任意であるから $S^k_{n-k+1}(e_1, x_1, \cdots, x_k)$ を代入すれば，

$$\exists y R(x_1, x_2, \cdots, x_n, y)$$
$$\Longleftrightarrow \exists y T_{n-k+1}(S^k_{n-k+1}(e_1, x_1, \cdots, x_k), S^k_{n-k+1}(e_1, x_1, \cdots, x_k), x_{k+1}, \cdots, x_n, y)$$

である．

(ii) の証明：　帰納的部分関数 $\lambda x_1 \cdots x_k z x_{k+1} \cdots x_n \mu y[\neg R(x_1, x_2, \cdots, x_n, y) \wedge z=z]$ を考え，このゲーデル数を e_2 とする．ここで $x_1 \cdots x_k$ を任意に固定すれば，$\lambda z x_{k+1} \cdots x_n \mu y[\neg R(x_1, x_2, \cdots, x_n, y) \wedge z=z]$ のゲーデル数は $S^k_{n-k+1}(e_2, x_1, \cdots, x_k)$ となる．よって標準形定理により，

$$\lambda z x_{k+1}\cdots x_n \mu y[\neg R(x_1, x_2, \cdots, x_n, y)\wedge z=z]$$
$$\simeq U(\mu y T_{n-k+1}(S^k_{n-k+1}(e_2, x_1, \cdots, x_k), z, x_{k+1}, \cdots, x_n, y))$$

であるから,

$$\exists y \neg R(x_1, x_2, \cdots, x_n, y)$$
$$\Longleftrightarrow \exists y T_{n-k+1}(S^k_{n-k+1}(e_2, x_1, \cdots, x_k), z, x_{k+1}, \cdots, x_n, y)$$

が成立する．ここで，z に $S^k_{n-k+1}(e_2, x_1, \cdots, x_k)$ を代入し，両辺の否定をとれば,

$$\forall y R(x_1, x_2, \cdots, x_n, y)$$
$$\Longleftrightarrow \forall y \neg T_{n-k+1}(S^k_{n-k+1}(e_2, x_1,\cdots, x_k), S^k_{n-k+1}(e_2, x_1,\cdots,x_k), x_{k+1},\cdots, x_n, y)$$

である． ∎

注意 5.8 この定理で，特に，$n=k$ とすれば,

$$\exists y R(x_1,\cdots, x_n, y) \Longleftrightarrow \exists y T_1(S^n_1(e_1, x_1,\cdots,x_n), S^n_1(e_1, x_1,\cdots, x_n), y)$$
$$\forall y R(x_1,\cdots, x_n, y) \Longleftrightarrow \forall y \neg T_1(S^n_1(e_1, x_1,\cdots,x_n), S^n_1(e_1, x_1,\cdots, x_n), y)$$

である．したがって，$\exists T_1(a, a, y)$ が Σ_1 の述語全体の完備述語であり，$\forall y \neg T_1(a, a, y))$ が Π_1 の述語全体の完備述語であることがわかる．

また，明らかに，R を "$\psi_1\cdots\psi_l$ で帰納的" とし，T_{n-k+1} を $T^{\psi_1\cdots\psi_l}_{n-k+1}$ で置き換えても，この定理は成立する．たとえば，$\exists y T^\psi_1(a, a, y)$ は $\exists y R^\psi(a, y)$ (R^ψ は ψ で帰納的な述語）の形の述語全体の完備述語である．

系（完備形定理） 任意の n ($\geqq 1$) について；

（i） クラス Σ_n には完備述語が存在する．

（ii） クラス Π_n には完備述語が存在する．

［**証明**］ $n=2k+1$ のとき，Σ_{2k+1} の任意の述語

$$\exists y_{2k+1}\forall y_{2k}\cdots\exists y_1 R_1(a_1, \cdots, a_m, y_1, \cdots, y_{2k+1})$$

に対しては（R_1 は帰納的述語），上の定理から，ある e_1 が存在して

$$\exists y_{2k+1}\forall y_{2k}\cdots\exists y_1 R_1(a_1, \cdots, a_m, y_1, \cdots, y_{2k+1}) \Longleftrightarrow \exists y_{2k+1}\forall y_{2k}$$
$$\cdots\exists y_1 T_{2k+1}(S^m_{2k+1}(e_1, a_1, \cdots, a_m), S^m_{2k+1}(e_1, a_1, \cdots, a_m), y_1, \cdots, y_{2k+1})$$

が成立する．

$\varphi(a_1, \cdots, a_m)=S^m_n(e_1, a_1, \cdots, a_m)$ とおけば，φ は原始帰納的関数であるから,

$$\exists y_{2k+1}\forall y_{2k}\cdots\exists y_1 T_{2k+1}(a, a, y_1, \cdots, y_{2k+1})$$

は Σ_{2k+1} の完備述語である．

同様に，Π_{2k+1} の任意の述語

$$\forall y_{2k+1} \exists y_{2k} \cdots \forall y_1 R_2(a_1, \cdots, a_m, y_1, \cdots, y_{2k+1})$$

に対しては（R_2 は帰納的述語），ある e_2 が存在して

$$\forall y_{2k+1} \exists y_{2k} \cdots \forall y_1 R_2(a_1, a_2, \cdots, a_m, y_1, \cdots, y_{2k+1})$$
$$\Longleftrightarrow \forall y_{2k+1} \exists y_{2k} \cdots \forall y_1 \neg T_{2k+1}(S_n^m(e_2, a_1, a_2, \cdots, a_m), S_n^m(e_2, a_1, a_2, \cdots, a_m), y_1, \cdots, y_{2k+1})$$

が成立するから，

$$\forall y_{2k+1} \exists y_{2k} \cdots \forall y_1 \neg T_{2k+1}(a, a, y_1, \cdots, y_{2k+1})$$

が Π_{2k+1} の完備述語である．

$n=2k$ のときも，まったく同様にして，Σ_{2k} の完備述語は

$$\exists y_{2k} \forall y_{2k-1} \cdots \forall y_1 \neg T_{2k}(a, a, y_1, \cdots, y_{2k})$$

であり，Π_{2k} の完備述語は

$$\forall y_{2k} \exists y_{2k-1} \cdots \exists y_1 T_{2k}(a, a, y_1, \cdots, y_{2k})$$

である． ∎

定理 5.21 (Post の定理)　$I(\Sigma_n)$ を Σ_n のいくつかの述語で帰納的な述語全体のクラス，$I(\Pi_n)$ を Π_n のいくつかの述語で帰納的な述語全体のクラスとするとき，任意の n について，

$$I(\Sigma_n) = I(\Pi_n) = \Delta_{n+1}$$

が成立する．

［**証明**］ $P \in \Sigma_n$ なる述語 P に対し，$\neg P \in \Pi_n$ であり，$Q \in \Pi_n$ なる述語 Q に対し，$\neg Q \in \Sigma_n$ である．しかも否定 $\neg$ をとる操作は帰納的であるから，明らかに

$$I(\Sigma_n) = I(\Pi_n)$$

である．

証明は n の如何にかかわらず一様であるから，以下では $n=1$ の場合を示そう．

まず，$I(\Pi_1) \supseteq \Delta_2 (= \Sigma_2 \cap \Pi_2)$ を示す．

任意に $P(a) \in \Delta_2$ をとる．Δ_2 の定義から

$$P(a) \Longleftrightarrow \exists x V(a, x) \Longleftrightarrow \forall x W(a, x)$$

なる $V \in \Pi_1$, $W \in \Sigma_1$ が存在する．このとき，

$$\exists x V(a, x) \vee \neg(\exists x V(a, x))$$
$$\Longleftrightarrow \exists x V(a, x) \vee \neg(\forall x W(a, x))$$
$$\Longleftrightarrow \exists x V(a, x) \vee \exists x \neg W(a, x)$$
$$\Longleftrightarrow \exists x [V(a, x) \vee \neg W(a, x)]$$

この一番上の式は排中律により，任意の a に対して真となるから

$$\mu x [V(a, x) \vee \neg W(a, x)]$$

は任意の a に対して定義され，$V, \neg W \in \Pi_1$ であるから，この関数は Π_1 の述語 $V, \neg W$ で帰納的である．

これを用いれば，

$$P(a) \Longleftrightarrow \exists x V(a, x) \Longleftrightarrow V(a, \mu x [V(a, x) \vee \neg W(a, x)])$$

が成立するから，$P(a)$ は Π_1 の述語で帰納的，すなわち，$P(a) \in I(\Pi_1)$ である．よって，

$$I(\Pi_1) \supseteq \Delta_2.$$

逆を示そう．$P(a) \in I(\Pi_1)$ とする．定義から，$P(a)$ はある $Q_1(a), \cdots, Q_l(a) \in \Pi_1$ で帰納的な述語であるが，記述を簡単にするため $l=1$ とし，$P(a)$ は $Q(a)$ で帰納的な述語で，$Q(a) \Longleftrightarrow \forall x R(a, x)$ が成立するものとする（R は帰納的述語）．このとき，Q の表現関数を ψ とすれば，定理 5.5 と定理 4.14（枚挙可能定理）から，次のような自然数 e_1, e_2 が存在する：

$$P(a) \Longleftrightarrow \exists y T_1^{\psi}(e_1, a, y) \Longleftrightarrow \forall y \neg T_1^{\psi}(e_2, a, y)$$

また，

$$\psi(i) = w \Longleftrightarrow (Q(i) \wedge w=0) \vee (\neg Q(i) \wedge w=1)$$

であるから，定義 2.6 や定理 5.14 から

$$\tilde{\psi}(y) = t \Longleftrightarrow \forall i_{i<y}[t = \prod_{i<y} p_i^{\psi(i)}]$$
$$\Longleftrightarrow \forall i_{i<y}[(t)_i = \psi(i) \wedge t = \prod_{j<y} p_j^{(t)_j}]$$
$$\Longleftrightarrow \forall i_{i<y}[[(Q(i) \wedge (t)_i = 0) \vee (\neg Q(i) \wedge (t)_i = 1)] \wedge t = \prod_{j<y} p_j^{(t)_j}]$$
$$\Longleftrightarrow \forall i_{i<y}[[(\forall x_1 R(i, x_1) \wedge (t)_i = 0) \vee (\exists x_2 \neg R(i, x_2) \wedge (t)_i = 1)] \wedge t = \prod_{j<y} p_j^{(t)_j}]$$
$$\Longleftrightarrow \forall i_{i<y}[[(\exists x_2 \neg R(i, x_2) \wedge (t)_i = 1) \vee (\forall x_1 R(i, x_1) \wedge (t)_i = 0)]$$

$$\wedge t = \prod_{j<y} p_j^{(t)_j}]$$

$$\Longleftrightarrow \forall i_{i<y}[\exists x_2 \forall x_1[(\neg R(i, x_2) \wedge (t)_i = 1) \vee (R(i, x_1) \wedge (t)_i = 0)]$$

$$\wedge t = \prod_{j<y} p_j^{(t)_j}]$$

$$\Longleftrightarrow \exists x_2 \forall x_1 \forall i_{i<y}[[(\neg R(i, x_2) \wedge (t)_i = 1) \vee (R(i, x_1) \wedge (t)_i = 0)]$$

$$\wedge t = \prod_{j<y} p_j^{(t)_j}]$$

$$\Longleftrightarrow \exists x_2 \forall x_1 S(t, y, x_1, x_2) \qquad (S\text{は帰納的述語})$$

と表せる．

これを用いれば，$P(a)$ の性質と定理 4.13 から，

$$\begin{aligned}
P(a) &\Longleftrightarrow \exists y T_1^{\psi}(e_1, a, y) \\
&\Longleftrightarrow \exists y T_1^1(\tilde{\psi}(y), e_1, a, y) \\
&\Longleftrightarrow \exists y \exists t[t = \tilde{\psi}(y) \wedge T_1^1(t, e_1, a, y)] \\
&\Longleftrightarrow \exists y \exists t[\exists x_2 \forall x_1 S(t, y, x_1, x_2) \wedge T_1^1(t, e_1, a, y)] \\
&\Longleftrightarrow \exists z \forall x[S((z)_0, (z)_1, x, (z)_2) \wedge T_1^1((z)_0, e_1, a, (z)_1)]
\end{aligned}$$

であるから，$P(a) \in \Sigma_2$.

また，

$$\begin{aligned}
P(a) &\Longleftrightarrow \forall y \neg T_1^{\psi}(e_2, a, y) \\
&\Longleftrightarrow \forall y \neg T_1^1(\tilde{\psi}(y), e_2, a, y) \\
&\Longleftrightarrow \forall y \forall t[t = \tilde{\psi}(y) \Longrightarrow \neg T_1^1(t, e_2, a, y)] \\
&\Longleftrightarrow \forall y \forall t[\exists x_2 \forall x_1 S(t, y, x_1, x_2) \Longrightarrow \neg T_1^1(t, e_2, a, y)] \\
&\Longleftrightarrow \forall y \forall t \forall x_2 \exists x_1[S(t, y, x_1, x_2) \Longrightarrow \neg T_1^1(t, e_2, a, y)] \\
&\Longleftrightarrow \forall z \exists x[S((z)_0, (z)_1, x, (z)_2) \Longrightarrow \neg T_1^1((z)_0, e_2, a, (z)_1)]
\end{aligned}$$

であるから，$P(a) \in \Pi_2$.

よって，$P(a) \in \Sigma_2 \cap \Pi_2 = \Delta_2$. すなわち，

$$I(\Pi_1) \subseteqq \Delta_2$$

以上から，

$$I(\Sigma_1) = I(\Pi_1) = \Delta_2.$$

まったく同様にして，

$$I(\Sigma_n) = I(\Pi_n) = \Delta_{n+1} \qquad \blacksquare$$

第6章　決定不可能次数

決定不可能次数（degrees of recursive unsolvability）の概念は，決定問題（第1章序論の第3節，詳しくは第7章を参照）の「還元可能性（reducibility)」の概念に基づいて導入された．すなわち，ある決定問題 D_1 が他の決定問題 D_2 に帰着するとき，つまり，D_2 が肯定的に解ければ D_1 も肯定的に解ける（D_1 が否定的に解ければ D_2 も否定的に解ける）とき「決定問題 D_1 は決定問題 D_2 に還元可能」であるという．

D_1 が D_2 に還元可能であるとは，直観的には，D_1 を（肯定的に）解くための難しさが D_2 を解くための難しさと同程度か，それ以下であることを意味している．

この“解くための難しさ”に着目するならば，たとえば，クラス Δ_2 に属する述語 $P(a)(\Longleftrightarrow \exists xV(a,x) \Longleftrightarrow \forall xW(a,x)$, $V\in\Pi_1$, $W\in\Sigma_1$）はクラス Π_1 に属する述語 $V, \neg W$ で帰納的であるから（5.5節の Post の定理を参照），P の決定問題を解く難しさは，述語 $V, \neg W$ の決定問題を解く難しさと同程度かそれ以下である．

述語 $\exists yT_1(a,a,y)$ は Σ_1 の完備述語であるから，任意の Σ_1 の述語 $\exists yR(x,y)$ に対し，ある帰納関数 $\varphi(x)$ が存在して，

$$\exists yR(x,y) \Longleftrightarrow \exists yT_1(\varphi(x),\varphi(x),y)$$

である．すなわち，Σ_1 の述語は，いずれも $\exists yT_1(a,a,y)$ で帰納的である．したがって，Σ_1 の述語の決定問題を解く難しさは $\exists yT_1(a,a,y)$ の決定問題を解く難しさと同程度かそれ以下である．

また，Π_1 の完備述語 $\forall y \neg T(a,a,y)$ について，

$$\exists yT_1(x,x,y) \Longleftrightarrow \neg\forall y\neg T_1(x,x,y)$$
$$\forall y\neg T_1(x,x,y) \Longleftrightarrow \neg\exists yT_1(x,x,y)$$

であるから，$\exists yT_1(x,x,y)$ は $\forall y\neg T_1(x,x,y)$ で帰納的であり，逆に，$\forall y\neg T_1(x,x,y)$ は $\exists yT_1(x,x,y)$ で帰納的で，$\forall y\neg T_1(a,a,y)$ についての決定問題と $\exists yT_1(a,a,y)$ についての決定問題を解く難しさは同程度である．

一般に，Σ_n や Π_n に属する述語の決定問題は，Σ_{n+1} や Π_{n+1} に属する述語の決定問題に還元できる．

1940年代の終わりから1950年の初めにかけて，E. L. Post と S. C. Kleene は，階層構造の精密化として決定不可能次数の概念を導入し，その構造を明らかにすることを試みたのであった．この研究は C. Spector，R. M. Friedberg，A. A. Мучник，G. E. Sacks らに引き継がれ，現在も発展を続けている．

本章では，この決定不可能次数の構造をいくらか調べることにより，この理論の様子にふれたいと思う．本章で省略された定理の証明や，より詳しい事柄については，参考文献［4］や［5］などを参照されたい．

6.1 決定不可能次数の概念

数論的関数 f, g に対し，

（＊）　　　f が g で帰納的　かつ　g が f で帰納的

なる関係 ρ を考え，(＊) を満たす f, g を

$$f \rho g$$

と書く．

この関係 ρ については，任意の数論的関数 f, g, h に対し，明らかに

（1）$f \rho f$

（2）$f \rho g \Longrightarrow g \rho f$

（3）$(f \rho g \wedge g \rho h) \Longrightarrow f \rho h$

であって，ρ は同値関係となるから，数論的関数の全体 F は，この関係 ρ によって類別される．すなわち

$$F/\rho$$

を考えることができて，F/ρ の各類 c_i, c_j について

$$c_i \neq c_j \Longrightarrow c_i \cap c_j = \emptyset$$

が成立する．

定義 6.1

（i）数論的関数 f, g が同じ決定不可能次数をもつとは，f, g がともに，F/ρ の同じ類に属するときをいう．関数 f の決定不可能次数，つまり，f の属する類を，$\boldsymbol{f}$ と書き表す．

（ii）述語 P の決定不可能次数とは，P の表現関数の決定不可能次数をいう．

(iii) 集合Sの決定不可能次数とは，述語$x \in S$の決定不可能次数をいう．

以下，決定不可能次数の全体をUと書く．また，決定不可能次数を単に“次数”とよぶ．

Uに対し，次のように順序を与える：

定義 6.2 任意の次数$\boldsymbol{f}, \boldsymbol{g}$について，次数$\boldsymbol{f}, \boldsymbol{g}$の関数を，$f, g$とするとき

$$\boldsymbol{f} \leqq \boldsymbol{g} \iff f \text{ は } g \text{ で帰納的}$$

と定義する．

この定義から明らかに，次の定理が成立する：

定理 6.1 任意の次数$\boldsymbol{a}, \boldsymbol{b}, \boldsymbol{c}$について

(i) $\boldsymbol{a} \leqq \boldsymbol{a}$

(ii) $(\boldsymbol{a} \leqq \boldsymbol{b} \wedge \boldsymbol{b} \leqq \boldsymbol{a}) \Longrightarrow \boldsymbol{a} = \boldsymbol{b}$

(iii) $(\boldsymbol{a} \leqq \boldsymbol{b} \wedge \boldsymbol{b} \leqq \boldsymbol{c}) \Longrightarrow \boldsymbol{a} \leqq \boldsymbol{c}$

が成立する．すなわち，Uは$\leqq$について，(半) 順序集合をなす． ∎

常識的に，次のように記号を約束する：

定義 6.3

(i) $\boldsymbol{a} < \boldsymbol{b} \iff \boldsymbol{a} \leqq \boldsymbol{b} \wedge \neg(\boldsymbol{a} = \boldsymbol{b})$

(ii) $\boldsymbol{a} \leqq \boldsymbol{b} \iff \boldsymbol{b} \geqq \boldsymbol{a}$

(iii) $\boldsymbol{a} | \boldsymbol{b} \iff \neg(\boldsymbol{a} \leqq \boldsymbol{b}) \wedge \neg(\boldsymbol{b} \leqq \boldsymbol{a})$

$\boldsymbol{a} | \boldsymbol{b}$であるとき，次数$\boldsymbol{a}, \boldsymbol{b}$は**比較不可能** (incomparable) である，という．後述の定理 6.15 によって，比較不可能な次数は存在する．

また，帰納的関数の次数 (したがって，帰納的述語や帰納的集合の次数) を，特に$\boldsymbol{o}$と書く．

定義から明らかに，次の定理が成り立つ：

定理 6.2 任意の次数$\boldsymbol{a}$に対し

$$\boldsymbol{o} \leqq \boldsymbol{a}$$

である．すなわち，$\boldsymbol{o}$はUにおける最小の次数である．

この順序関係$\leqq$と関連して，次数の濃度について考えてみよう．

関数fが関数gで帰納的ならば，標準形定理によって

$$f(x)=\{e\}^{g}(x)$$

なるゲーデル数eが存在する．

したがって，ある関数gが与えられたとき，

$$\{f|f \text{ は } g \text{ で帰納的}\}$$

なる集合は可算集合でなくてはならない．

また，各次数$\boldsymbol{d}$について次数$\boldsymbol{d}$をもつ数論的関数の個数は可算個であり，数論的関数の全体は連続の濃度をもつから，次の定理が成立する．

定理 6.3

（i） 次数$\boldsymbol{b}$が与えられたとき，

$$\{\boldsymbol{a}\,|\,\boldsymbol{a}\leqq\boldsymbol{b}\}$$

なる集合は高々可算な濃度をもつ．

（ii） 次数全体の集合Uは連続の濃度$\aleph$をもつ．

6.2 決定不可能次数の基本的構造

順序集合Uに演算──2項演算$\cup$と単項演算$'$──を導入する．まず，$\cup$から始めよう．

定義 6.4 $\boldsymbol{f},\boldsymbol{g}\in U$とするとき，

$$h(x)=2^{f(x)}\cdot 3^{g(x)}$$

なる関数hの決定不可能次数$\boldsymbol{h}$を，$\boldsymbol{f}\cup\boldsymbol{g}$と書き表す．

$\boldsymbol{f}\cup\boldsymbol{g}$は，$\boldsymbol{f}$と$\boldsymbol{g}$の結び (join, union) とよばれる．

定理 6.4 次数$\boldsymbol{f}\cup\boldsymbol{g}$は，次数$\boldsymbol{f}$と$\boldsymbol{g}$の最上小界である．

［証明］ $h(x)=2^{f(x)}\cdot 3^{g(x)}$とすれば，$f(x)=(h(x))_0$，$g(x)=(h(x))_1$であるから，関数$f,g$はともに$h$で帰納的である．すなわち，

$$\boldsymbol{f}\leqq\boldsymbol{f}\cup\boldsymbol{g}(=\boldsymbol{h}),\quad \boldsymbol{g}\leqq\boldsymbol{f}\cup\boldsymbol{g}(=\boldsymbol{h})$$

また，f,gがともに関数kで帰納的ならば，定義から明らかに，hはkで帰納的である．すなわち，

$$(\boldsymbol{h}=)\boldsymbol{f}\cup\boldsymbol{g}\leqq\boldsymbol{k}$$

したがって，$(\boldsymbol{h}=)\boldsymbol{f}\cup\boldsymbol{g}$は，$\boldsymbol{f}$と$\boldsymbol{g}$の最小上界になっている． ▮

以上のことから，ただちに次の定理が得られる：

定理 6.5 任意の次数 $\boldsymbol{a}, \boldsymbol{b}, \boldsymbol{c}$ に対し

（i） $\boldsymbol{a} \leqq \boldsymbol{a} \cup \boldsymbol{b}$, $\boldsymbol{b} \leqq \boldsymbol{a} \cup \boldsymbol{b}$

（ii） $(\boldsymbol{a} \leqq \boldsymbol{c} \wedge \boldsymbol{b} \leqq \boldsymbol{c}) \Longleftrightarrow \boldsymbol{a} \cup \boldsymbol{b} \leqq \boldsymbol{c}$

（iii） $\boldsymbol{a} \leqq \boldsymbol{b} \Longleftrightarrow \boldsymbol{a} \cup \boldsymbol{b} = \boldsymbol{b}$

（iv） $\boldsymbol{a} \cup \boldsymbol{a} = \boldsymbol{a}$, $\boldsymbol{o} \cup \boldsymbol{a} = \boldsymbol{a}$

（v） $\boldsymbol{a} \cup \boldsymbol{b} = \boldsymbol{b} \cup \boldsymbol{a}$

（vi） $\boldsymbol{a} \cup (\boldsymbol{b} \cup \boldsymbol{c}) = (\boldsymbol{a} \cup \boldsymbol{b}) \cup \boldsymbol{c}$

が成立する． ▮

上の定理から，U は**上半束**（upper semi-lattice）になっていることがわかる．

（vi）によって，括弧は省略してよい．

また，$\boldsymbol{f} \leqq \boldsymbol{g}_1 \cup \boldsymbol{g}_2 \cup \cdots \cup \boldsymbol{g}_n$ は，

$$f \text{ が } g_1, g_2, \cdots, g_n \text{ で帰納的}$$

の意である．

定義 6.5 S を次数の集合とする．S の任意の要素 $\boldsymbol{a}$ について，

$$\boldsymbol{a} \leqq \boldsymbol{b}_1 \cup \boldsymbol{b}_2 \cup \cdots \cup \boldsymbol{b}_n$$

となるような S の有限個の要素 $\boldsymbol{b}_1, \boldsymbol{b}_2, \cdots, \boldsymbol{b}_n$ が存在しないとき，S は**独立**（independent）である，という．

明らかに，比較不可能な次数 $\boldsymbol{a}, \boldsymbol{b}$ に対し，集合 $\{\boldsymbol{a}, \boldsymbol{b}\}$ は独立である．

次に，単項演算 $'$ を定義する．

定義 6.6 $\boldsymbol{f} \in U$ に対し，述語

$$\exists y T_1{}^f(x, x, y)$$

の表現関数の決定不可能次数を $\boldsymbol{f}'$ と書き表す．

この演算 $U \longrightarrow U$，$\boldsymbol{f} \longmapsto \boldsymbol{f}'$ は，**飛躍演算**（jump operator）とよばれるが，それは次の定理による．

定理 6.6 任意の次数 $\boldsymbol{f}$ に対し

$$\boldsymbol{f} < \boldsymbol{f}'$$

である．

［証明］ $\boldsymbol{f} \leqq \boldsymbol{f}'$ であることは明らかである．一方，定理5.9の系により，$\exists y T_1{}^f(x,x,y)$ は f で帰納的でないから，$\boldsymbol{f}' \lneqq \boldsymbol{f}$ すなわち，$\boldsymbol{f} \neq \boldsymbol{f}'$ である．よって，$\boldsymbol{f} < \boldsymbol{f}'$ である． ▮

定理 6.7 任意の次数，$\boldsymbol{f}, \boldsymbol{g}$ について

（i） $\boldsymbol{f} \leqq \boldsymbol{g} \Longrightarrow \boldsymbol{f}' \leqq \boldsymbol{g}'$

（ii） $\boldsymbol{f}' \cup \boldsymbol{g}' \leqq (\boldsymbol{f} \cup \boldsymbol{g})'$

［証明］

（i）の証明： 定理5.20によって，$\exists y T_1{}^\xi(x,x,y)$ は $\exists y R^\xi(x,y)$（R^ξ は ξ で帰納的な述語）なる形の述語全体に対する完備述語であるから，f が関数 g で帰納的ならば，g で帰納的なある述語 R^g によって，

$$\exists y T_1{}^f(x,x,y) \text{ は } \exists y R^g(x,y) \text{ で帰納的}$$

であり，

$$\exists y R^g(x,y) \text{ は } \exists y T_1{}^g(x,x,y) \text{ で帰納的}$$

であるから，

$$\exists y T_1{}^f(x,x,y) \text{ は } \exists y T_1{}^g(x,x,y) \text{ で帰納的}$$

である．すなわち，

$$\boldsymbol{f} \leqq \boldsymbol{g} \Longrightarrow \boldsymbol{f}' \leqq \boldsymbol{g}'$$

（ii）の証明： 定理6.5の（i）により

$$\boldsymbol{f} \leqq \boldsymbol{f} \cup \boldsymbol{g}, \qquad \boldsymbol{g} \leqq \boldsymbol{f} \cup \boldsymbol{g}$$

であるから，本定理の（i）から

$$\boldsymbol{f}' \leqq (\boldsymbol{f} \cup \boldsymbol{g})', \qquad \boldsymbol{g}' \leqq (\boldsymbol{f} \cup \boldsymbol{g})'$$

よって，定理6.5の（ii）によって

$$\boldsymbol{f}' \cup \boldsymbol{g}' \leqq (\boldsymbol{f} \cup \boldsymbol{g})'$$

である． ▮

定義 6.7

（i） 任意の次数 $\boldsymbol{a}$ に対し，

$$\begin{cases} \boldsymbol{a}^{(0)} = \boldsymbol{a} \\ \boldsymbol{a}^{(n+1)} = (\boldsymbol{a}^{(n)})' \end{cases}$$

と定義する．

（ii） 次数 $\boldsymbol{a}$ に対し，

$$\boldsymbol{a}=\boldsymbol{b}'$$

となるような次数 $\boldsymbol{b}$ が存在するとき，$\boldsymbol{a}$ を**完全次数** (complete degree) という．

定理 6.7 の（i）と，任意の次数 $\boldsymbol{a}$ に対し，$\boldsymbol{o}\leqq\boldsymbol{a}$ であることから，$\boldsymbol{o}'$ は最小の完全次数である．

一般に，任意の次数 $\boldsymbol{a}$ に対し

$$\boldsymbol{o}\leqq\boldsymbol{a}<\boldsymbol{a}'<\boldsymbol{a}''<\boldsymbol{a}'''<\cdots<\boldsymbol{a}^{(n)}<\boldsymbol{a}^{(n+1)}<\cdots$$

であり，最小の次数は $\boldsymbol{o}$ で，一方，いくらでも大きい次数が存在する．

また，任意の次数 $\boldsymbol{b}$ に対し，$\boldsymbol{b}$ と比較不可能な

$$\boldsymbol{b}|\boldsymbol{d}$$

なる次数 $\boldsymbol{d}$ が存在することもわかっている．

J.R.Shönfield は，Zorn の補題を用いて，

「連続な濃度をもった，互いに比較不可能な次数の集合が存在する」

ことを証明し，後に G.E.Sacks は，Zorn の補題を用いることなく，より一般的な，次の定理を証明している：

定理 6.8 連続の濃度をもった，独立な次数の集合が存在する． ▌

さらに，C.Spector は，次のような

定理 6.9 任意の次数 $\boldsymbol{a}$ に対し，次のような次数 $\boldsymbol{b}$ が存在する：

（i） $\boldsymbol{a}<\boldsymbol{b}<\boldsymbol{a}''$

（ii） $\boldsymbol{a}<\boldsymbol{c}<\boldsymbol{b}$ を満たす次数 $\boldsymbol{c}$ は存在しない ▌

を証明し，次数の集合が，一般に**稠密でない**こと，すなわち，任意の $\boldsymbol{a}<\boldsymbol{b}$ を満たす次数 $\boldsymbol{a},\boldsymbol{b}$ に対し

$\boldsymbol{a}<\boldsymbol{c}<\boldsymbol{b}$ なる次数 $\boldsymbol{c}$ が存在するとは限らない

ことを示した．

さらに，S.C.Kleene，E.L.Post によって，

定理 6.10 ある次数 $\boldsymbol{a}_1,\boldsymbol{a}_2$ に対し，$\boldsymbol{b}\leqq\boldsymbol{a}_1$ かつ $\boldsymbol{b}\leqq\boldsymbol{a}_2$ を満たす任意の次数 $\boldsymbol{b}$ については

$$\boldsymbol{c} \leqq \boldsymbol{a}_1 \wedge \boldsymbol{c} \leqq \boldsymbol{a}_2 \wedge \neg(\boldsymbol{c} \leqq \boldsymbol{b})$$

なる次数 $\boldsymbol{c}$ が存在する ∎

ことが証明されている．つまり，Uでは，任意の $\boldsymbol{a}_1, \boldsymbol{a}_2$ に対し，その最大下界が必ずしも存在しないのである．

かくて，**上半束 U は，束にならない**，ことがわかる．

これら，定理 6.8, 6.9, 6.10 の証明については，たとえば，参考文献［4］を参照されたい．

6.3 帰納的可算次数と算術的次数

定義 6.8 次数 $\boldsymbol{a}$ のある集合 A が，次数 $\boldsymbol{b}$ 以下の関数の値域であるとき，**$\boldsymbol{a}$ は次数 $\boldsymbol{b}$ で帰納的可算な次数（recursively enumerable in $\boldsymbol{b}$）である**という．このことを，

$$\boldsymbol{a} \restriction \boldsymbol{b}$$

と書き表す．

$\boldsymbol{a} \restriction \boldsymbol{o}$ なる次数 $\boldsymbol{a}$ を，特に，**帰納的可算次数** (recursively enumerable degree) という．

たとえば，$R^f(x, y)$ を f で帰納的な述語とし，f の次数を $\boldsymbol{f}$ とすれば，述語

$$\exists y R^f(x, y)$$

の次数 $\boldsymbol{d}$ は，$\boldsymbol{f}$ で帰納的可算な次数，すなわち，

$$\boldsymbol{d} \restriction \boldsymbol{f}$$

である．また，帰納的可算述語，帰納的可算集合の次数は，帰納的可算次数である．

したがって，$\exists y T_1{}^f(x, x, y)$ の次数 $\boldsymbol{f}'$ は $\boldsymbol{f}$ で帰納的可算な次数である．

定理 6.11 $\boldsymbol{a}'$ は，次数 $\boldsymbol{a}$ で帰納的可算な次数のうち，最大の次数である．すなわち，

$$\boldsymbol{a}' \restriction \boldsymbol{a}$$

であり，任意の次数 $\boldsymbol{d}$ に対し

$$\boldsymbol{d} \restriction \boldsymbol{a} \Longrightarrow \boldsymbol{d} \leqq \boldsymbol{a}'$$

が成り立つ．

［証明］ $\boldsymbol{a}'\nmid\boldsymbol{a}$ は明らかである．さて，$\boldsymbol{d}\nmid\boldsymbol{a}$ なる次数 $\boldsymbol{d}$ は，次数 $\boldsymbol{a}$ の関数 α，α で帰納的な述語 R^{α} を用いて

$$\exists yR^{\alpha}(x,y)$$

なる述語の次数と考えてよい．

一方，述語 $\exists yT_1{}^{\alpha}(x,x,y)$ は，クラス Σ_1 の完備述語であったから，ある帰納的関数 φ が存在して

$$\exists yR^{\alpha}(x,y) \iff \exists yT_1{}^{\alpha}(\varphi(x),\varphi(x),y)$$

が成立する．すなわち，$\exists yR^{\alpha}(x,y)$ は $\exists yT_1{}^{\alpha}(x,x,y)$ で帰納的である．したがって，

$$\boldsymbol{d}\leqq\boldsymbol{a}'$$

が成り立つ． ∎

定理 6.12 任意の $n\,(\geqq 1)$ について，

（i） $\exists yT_1{}^{f}(x,x,y)$ の次数と $\forall y\neg T_1{}^{f}(x,x,y)$ の次数は等しい．

（ii） $n\geqq k$ なる Σ_k や Π_k の各述語の次数は，$\boldsymbol{o}^{(n)}$ 以下である．

［証明］

（i）の証明：

$$\exists yT_1{}^{f}(x,x,y) \iff \neg\forall y\neg T_1{}^{f}(x,x,y)$$

$$\forall y\neg T_1{}^{f}(x,x,y) \iff \neg\exists yT_1{}^{f}(x,x,y)$$

であるから，この2つの述語は，互いに，他の述語で帰納的である．よってともに，次数 $\boldsymbol{f}'$ をもつ．

（ii）の証明： n についての帰納法によって証明する．

$n=1$ のとき；Σ_1 の任意の述語 $\exists yR(x_1,\cdots,x_m,y)$（$R$ は帰納的述語）に対し，定理5.20の系により

$$\exists yR(x_1,\cdots,x_m,y) \iff \exists yT_1(\varphi(x_1,\cdots,x_m),\varphi(x_1,\cdots,x_m),y)$$

なる原始帰納的関数 φ が存在する．

よって，Σ_1 の任意の述語の次数は $\boldsymbol{o}'$ 以下である．

同様に，Π_1 の任意の述語 $\forall yR(x_1,\cdots,x_m,y)$ についても，

$$\forall yR(x_1,\cdots,x_m,y) \iff \forall y\neg T_1(\psi(x_1,\cdots,x_m),\psi(x_1,\cdots,x_m),y)$$

なる原始帰納的関数 ψ が存在し，（i）により，$\forall y\neg T_1(a,a,y)$ の次数は $\exists yT_1(a,a,y)$ の次数と等しく $\boldsymbol{o}'$ であるから，Π_1 の任意の述語の次数も $\boldsymbol{o}'$ 以下であ

る．

以上，次数 $\boldsymbol{o}$ の述語の前に限定記号 ∃，∀ を1つつけて表される Σ_1 あるいは Π_1 の述語の次数は $\boldsymbol{o}'$ 以下である．

$n \leqq l$ なる n について（ii）が成り立つと仮定し，$n=l+1$ の場合にも成立することを示す．

$k \leqq l+1$ なる任意の k について，Σ_k の任意の述語 $\exists y P(x_1, \cdots, x_m, y)$ と Π_k の任意の述語 $\forall y Q(x_1, \cdots, x_m, y)$ を考える．$P \in \Pi_{k-1}$, $Q \in \Sigma_{k-1}$ であるから，帰納法の仮定により，P, Q の次数はともに $\boldsymbol{o}^{(l)}$ 以下である．

したがって，次数 $\boldsymbol{o}^{(l)}$ のある関数 α について，P は α で帰納的な述語であり，

$$\exists y P(x_1, \cdots, x_m, y) \Longleftrightarrow \exists y T_1{}^{\alpha}(\varphi(x_1, \cdots, x_m), \varphi(x_1, \cdots, x_m), y)$$

なる原始帰納的関数 φ が存在する（定理5.20の“注意”を参照）．

よって，Σ_k ($k \leqq l+1$) の任意の述語の次数は $\boldsymbol{o}^{(l+1)}$ 以下である．

同様にして，次数 $\boldsymbol{o}^{(l)}$ のある関数 β について，Q は β で帰納的であるから，

$$\forall y Q(x_1, \cdots, x_m, y) \Longleftrightarrow \forall y \neg T_1{}^{\beta}(\psi(x_1, \cdots, x_m), \psi(x_1, \cdots, x_m), y)$$

なる原始帰納的関数 ψ が存在し，$\forall y \neg T_1{}^{\beta}(a, a, y)$ の次数は $\exists y T_1{}^{\alpha}(a, a, y)$ の次数と等しく $\boldsymbol{o}^{(l+1)}$ であるから，$\Pi_k (k \leqq l+1)$ の任意の述語の次数も $\boldsymbol{o}^{(l+1)}$ 以下である． ∎

定義 6.9　ある $n (\geqq 0)$ に対して

$$\boldsymbol{d} \leqq \boldsymbol{o}^{(n)}$$

が成り立つような次数 $\boldsymbol{d}$ を，**算術的次数**（arithmetical degree）という．

前定理の（ii）から明らかなように，算術的次数は算術的階層をなす述語の次数にほかならない．

このことからも容易に察せられるように，飛躍演算は，U の構造を研究する際，限定記号の個数に関わる情報を与える重要な役割を果たすものである．

S. C. Kleene と E. L. Post は，U の構造を調べるにあたって，まず，次数 $\boldsymbol{a}$ と $\boldsymbol{a}'$ の間に任意個数の独立な次数が構成できることを示した．この定理は，より拡張された形（Friedberg-Мучник の定理とその拡張）が後に示されるので，ここでは証明しない．

定理 6.13 $\boldsymbol{a}$を任意の次数とするとき，次のような（i），（ii）を満たす次数$\boldsymbol{b}_1, \cdots, \boldsymbol{b}_n$（$n$は任意）が存在する：

（i） $\boldsymbol{a}<\boldsymbol{b}_i<\boldsymbol{a}'$ $(i=1, 2, \cdots, n)$,

（ii） $\{\boldsymbol{b}_1, \boldsymbol{b}_2, \cdots, \boldsymbol{b}_n\}$は独立.

系 $\boldsymbol{a}$を任意の次数とするとき，次のような次数$\boldsymbol{c}_1, \cdots, \boldsymbol{c}_m$（$m$は任意）が存在する：

$$\boldsymbol{a}<\boldsymbol{c}_1<\boldsymbol{c}_2<\cdots<\boldsymbol{c}_m<\boldsymbol{a}'$$

［証明］ 上定理によって，$\boldsymbol{a}$と$\boldsymbol{a}'$の間に，$m+1$個の独立な次数$\{\boldsymbol{b}_1, \boldsymbol{b}_2, \cdots, \boldsymbol{b}_{m+1}\}$が存在する.

そこで，$\boldsymbol{c}_1=\boldsymbol{b}_1$，$\boldsymbol{c}_2=\boldsymbol{b}_1\cup\boldsymbol{b}_2$，$\cdots$，$\boldsymbol{c}_m=\boldsymbol{b}_1\cup\boldsymbol{b}_2\cup\cdots\cup\boldsymbol{b}_m$，$\boldsymbol{c}_{m+1}=\boldsymbol{b}_1\cup\boldsymbol{b}_2\cup\cdots\cup\boldsymbol{b}_m\cup\boldsymbol{b}_{m+1}$とおけば，$\{\boldsymbol{b}_1, \cdots\boldsymbol{b}_{m+1}\}$が独立であることと，$\boldsymbol{a}<\boldsymbol{b}_i<\boldsymbol{a}'$であることから

$$\boldsymbol{a}<\boldsymbol{c}_1<\boldsymbol{c}_2<\cdots<\boldsymbol{c}_m<\boldsymbol{c}_{m+1}\leqq\boldsymbol{a}'.$$

よって，

$$\boldsymbol{a}<\boldsymbol{c}_1<\cdots<\boldsymbol{c}_m<\boldsymbol{a}'$$

である. ▮

この定理6.13とその系から，算術的次数は，算術的階層のある種の精密化になっていることがわかる.

6.4 完 全 次 数

定義6.7の（ii）に見たように，$\boldsymbol{o}'$は最小の完全次数であった．すなわち，$\boldsymbol{a}$が完全次数ならば

$$\boldsymbol{a}\geqq\boldsymbol{o}'$$

である．R. M. Friedbergは，この逆も成立することを示した．すなわち：

定理 6.14 $\boldsymbol{a}$が完全次数であるための必要十分条件は，$\boldsymbol{a}$が関係$\boldsymbol{a}\geqq\boldsymbol{o}'$を満足することである.

［証明］ $\boldsymbol{a}$が完全次数ならば$\boldsymbol{a}\geqq\boldsymbol{o}'$は明らかであるから，任意の次数$\boldsymbol{a}$が$\boldsymbol{a}\geqq\boldsymbol{o}'$を満たせば完全次数になることを示せばよい.

このために，まず，次の命題（*）を証明する：

(*) 任意の次数 $\boldsymbol{a}$ に対し,

$$\boldsymbol{b}'=\boldsymbol{b}\cup\boldsymbol{o}'=\boldsymbol{a}\cup\boldsymbol{o}'$$

を満たす次数 $\boldsymbol{b}$ が存在する.

さて, これを証明するために, $\alpha(x)$ を次数 $\boldsymbol{a}$ の関数とし, 述語 $\mathrm{comp}(s_1, s_2)$, 関数 $\phi(e,v)$, $\psi(e)$, $\beta(x)$ を以下のように定義する:

$$\mathrm{comp}(s_1, s_2) \Longleftrightarrow \forall u_{1\,u_1<lh(s_1)} \forall u_{2\,u_2<lh(s_2)} \forall u_{3\,u_3<\min\{lh(s_1),lh(s_2)\}}$$
$$[(s_1)_{u_1} \neq 0 \wedge (s_2)_{u_2} \neq 0 \wedge (s_1)_{u_3}=(s_2)_{u_3}]$$

$\mathrm{comp}(s_1, s_2)$ は明らかに帰納的述語である.

$$\phi(e,v)=\begin{cases}\mu s[T_1^1(s,e,e)\wedge \mathrm{comp}(s,v)]\ ;\ \exists s[T_1^1(s,e,e)\wedge \mathrm{comp}(s,v)]\text{のとき}\\ 0\ ;\ \text{その他のとき}\end{cases}$$

ただし, $$T_1^1(\bar{f}(y),e,x) \Longleftrightarrow T_1^1(\tilde{f}(y),e,x,y)$$
$$\bar{f}(y)=\prod_{u<y} p_u^{f(u)+1}$$

とする. したがって, $\phi(e,v)$ は次数 $\boldsymbol{o}'$ の関数である.

次に,

$$\begin{cases}\psi(0)=1\\ \psi(e+1)=\max\{\varphi(e)\cdot p_{lh(\psi(e))}^{\alpha(e)+1},\ \phi(e,\psi(e)\cdot p_{lh(\psi(e))}^{\alpha(e)+1})\}\end{cases}$$

とし,

$$\beta(x)=(\psi(x+1))_x-1$$

と定義して, この $\beta(x)$ の次数を $\boldsymbol{b}$ とする.

以上の定義から明らかに, 次の ⓘ, ⓘⓘ が成立する:

ⓘ $T_1^1(\bar{\beta}(y),e,e) \Longrightarrow \phi(e,\psi(e)\cdot p_{lh(\psi(e))}^{\alpha(e)+1})=\prod_{u<y} p_u^{\beta(u)+1}$

ⓘⓘ $\phi(e,\psi(e)\cdot p_{lh(\psi(e))}^{\alpha(e)+1})\neq 0 \Longrightarrow T_1^1(\bar{\beta}(lh(\phi(e,\psi(e)\cdot p_{lh(\psi(e))}^{\alpha(e)+1}))),e,e)$

この ⓘ, ⓘⓘ から,

$$\exists y T_1^1(\bar{\beta}(y),e,e) \Longleftrightarrow \phi(e,\psi(e)\cdot p_{lh(\psi(e))}^{\alpha(e)+1})\neq 0$$

したがって, 述語 $\exists y T_1^1(\bar{\beta}(y),e,e)$ は, α, ϕ で帰納的である. すなわち,

ⓘⓘⓘ $$\boldsymbol{b}'\leqq\boldsymbol{a}\cup\boldsymbol{o}'$$

一方, β と ψ の定義から

$$\alpha(x)=\beta(lh(\psi(x)))$$

であるから, これを ψ に代入すれば, ψ は β と ϕ で帰納的である. したがっ

て，αもβとϕで帰納的，すなわち，

ⓘⓥ $$\boldsymbol{a} \leqq \boldsymbol{b} \cup \boldsymbol{o}'$$

である．ⓘⓥからただちに

ⓥ $$\boldsymbol{a} \cup \boldsymbol{o}' \leqq \boldsymbol{b} \cup \boldsymbol{o}'$$

である．一方，$\boldsymbol{o}' \leqq \boldsymbol{b}'$から

ⓥⓘ $$\boldsymbol{b} \cup \boldsymbol{o}' \leqq \boldsymbol{b}'$$

したがって，ⓘⓘⓘ, ⓥ, ⓥⓘ により

ⓥⓘⓘ $$\boldsymbol{b}' = \boldsymbol{a} \cup \boldsymbol{o}' = \boldsymbol{b} \cup \boldsymbol{o}'$$

が成立する．

よって，(*) は証明された．

さて，いま，$\boldsymbol{a} \geqq \boldsymbol{o}'$を仮定すれば，$\boldsymbol{a} = \boldsymbol{a} \cup \boldsymbol{o}'$であるから，(*) から

$$\boldsymbol{a} = \boldsymbol{a} \cup \boldsymbol{o}' = \boldsymbol{b} \cup \boldsymbol{o}' = \boldsymbol{b}'$$

であるような次数$\boldsymbol{b}$が存在する．

よって，$\boldsymbol{a}$は完全次数である． ▮

この定理により，$\boldsymbol{a} \geqq \boldsymbol{o}'$は，$\boldsymbol{a}$が完全次数であるための1つの判定規準であることがわかる．

6.5 Post の問題と Friedberg-Мучник の定理

実際に取り扱われる決定問題が否定的に解かれる場合には，その決定問題が肯定的に解けると仮定すれば，述語 $\exists y T_1(x, x, y)$ の決定問題も肯定的に解けることになり，定理 5.9 ($\exists y T_1(x, x, y)$ が帰納的述語でないこと) に矛盾する，というかたちをとることが多い．

すなわち，決定問題が否定的に解けるとき，その証明の方法は，その決定問題を表現する述語の決定不可能次数$\boldsymbol{a}$について，

(♯) $$\boldsymbol{o}' \leqq \boldsymbol{a}$$

であることを示す，というかたちをとるのが普通なのである．

さらに，実際に問題とされる決定問題では，その決定不可能次数が帰納的可算次数であることが多い．

決定問題が肯定的に解けるとは，もちろん，その決定不可能次数$\boldsymbol{a}$について，

$$\boldsymbol{a}=\boldsymbol{o}$$

が成立するときである．

否定的に解けるときは，その次数$\boldsymbol{a}$が$\boldsymbol{a}\upharpoonright\boldsymbol{o}$と仮定すれば，

(##) $$\boldsymbol{a}\leqq\boldsymbol{o}'$$

であり，そして（#）のかたちの証明が得られたとすれば

$$\boldsymbol{a}=\boldsymbol{o}'$$

ということになる．

つまり，具体的な帰納的可算次数は，$\boldsymbol{o}$かさもなければ$\boldsymbol{o}'$という歴史的状況が存在していたのである．

このような事情から，

「帰納的でない帰納的可算次数はすべて$\boldsymbol{o}'$であろう」

という予想が行われた．これを問題の形式にしたのが，**“Post の問題”** とよばれるものである．かたちをかえて述べれば，

「(i) $$\boldsymbol{o}<\boldsymbol{a}<\boldsymbol{o}'$$

(ii) $$\boldsymbol{a}\upharpoonright\boldsymbol{o}$$

なる次数$\boldsymbol{a}$は存在するか？」

というのが Post の問題であり，これが否定的であろう，というのが，1944年にこれを出題した E. L. Post をはじめ，ほとんどの人の予想であったわけである．

ところが，1957年，R. M. Friedberg と A. A. Мучник は，この予想に反する結果を証明した．すなわち，$\boldsymbol{o}$でもなく$\boldsymbol{o}'$でもない帰納的可算次数の存在を証明したのであった．

この問題の解決にあたって，Friedberg と Мучник は独立に同じ手法を開発した．この手法は，後に，G. E. Sacks によって**優先法**（priority method）と名づけられたものである．この手法の思想は，限定記号∀や∃の個数を可能なかぎり経済的に処理しようというもので，その後の決定不可能次数の理論で，きわめて効果的に用いられた手法である．

その方法は，大雑把には次のようなものである．

αで帰納的可算なある集合の表現関数$f(x)$を構成したい．このとき，まず，sに関する帰納法によって，αで帰納的な関数$g(x, s)$を次のように構成す

る：

ある段階 s において，ある条件 C が満たされると，$g(x, s)=0$ とおくが，一度 $g(x, s)=0$ となると，以後の段階 s' では，つねに $g(x, s')=g(x, s)$ とする．すなわち

$$(g(x, s)=0 \wedge s'>s) \Longrightarrow g(x, s')=0$$

である．したがって，

$$f(x)=\lim_{s\to\infty} g(x, s)$$

とおけば，

$$f(x)=0 \Longleftrightarrow \exists s[g(x, s)=0]$$

かくて，f は条件 C を満たし，α で帰納的可算な集合の表現関数となる，というわけである．

定理 6.15 (Friedberg-Мучник)　　任意の次数 $\boldsymbol{a}$ に対し，次のような次数 $\boldsymbol{b}_1, \boldsymbol{b}_2$ が存在する：

(i)　　$\boldsymbol{a}<\boldsymbol{b}_i<\boldsymbol{a}'$　$(i=1,2)$

(ii)　　$\boldsymbol{b}_i \nmid \boldsymbol{a}$　　$(i=1,2)$

(iii)　　$\boldsymbol{b}_1|\boldsymbol{b}_2$

［**証明**］　次数 $\boldsymbol{a}$ の値0, 1をとる関数を $\alpha(x)$ とする．これを用いて，関数 $\beta_1^s(x), \beta_2^s(x), \theta_1^s(e), \theta_2^s(e)$ を，s についての帰納法によって，次のように定義する：

(1)　$s=0$ のとき

任意の x, e と，$i=1,2$ に対して，

$$\beta_i^0(x)=\begin{cases}0, & \exists y_{y<x}[x=2^y \wedge \alpha(y)=0] \text{ のとき} \\ 1, & \text{その他のとき}\end{cases}$$

$$\theta_i^0(e)=2^e\cdot 5$$

とおく．

(2)　$s>0$ のとき

(2.1)　$j=\mathrm{rem}(s, 2)+1$ なる j と，$k\in\{1,2\}\wedge k\neq j$

なる k に対して，

$$\beta_j^{s-1}(\theta_j^{s-1}(lh(s)))=1\wedge\exists y_{y<s}[T_1^{\beta_k^{s-1}}(lh(s), \theta_j^{s-1}(lh(s)), y)\wedge U(y)=1]$$

が成り立つ場合：

任意の x, e と，$i=1,2$ に対して，

$$\beta_i^s(x)=\begin{cases}0, & x=\theta_i^{s-1}(lh(s))\wedge i=j \text{ であるとき}\\ \beta_i^{s-1}(x), & \text{その他のとき}\end{cases}$$

$$\theta_i^s(e)=\begin{cases}2^e\cdot 3^s, & (e\geqq lh(s)\wedge i>j)\vee(e>lh(s)\wedge i<j) \text{ のとき}\\ \theta_i^{s-1}(e), & \text{その他のとき}\end{cases}$$

とおく．

(2.2)　(2.1) の条件が成立しない場合：

任意の x, e と，$i=1,2$ に対して，

$$\beta_i^s(x)=\beta_i^{s-1}(x)$$

$$\theta_i^s(e)=\theta_i^{s-1}(e)$$

とおく．

以上の定義から明らかに，$\beta_i^s(x), \theta_i^s(e)$ はともに α で帰納的な関数である．

ここで，任意の x と $i=1,2$ に対し

$$\beta_i(x)=\lim_s \beta_i^s(x)$$

と定義する．

このとき，$\beta_i^s(x)$ の定義の仕方から

$$\beta_i(x)=0 \Longleftrightarrow \exists s[\beta_i^s(x)=0]$$

が成立する．したがって，$\beta_1(x), \beta_2(x)$ はともに，α で帰納的可算な述語（集合）の表現関数である．

すなわち，$\beta_1(x), \beta_2(x)$ の次数をおのおの $\boldsymbol{b}_1, \boldsymbol{b}_2$ とすれば，

(*1) $$\boldsymbol{b}_i \upharpoonright \boldsymbol{a} \quad (i=1,2)$$

であり，さらに，定理 6.11 によって，$\boldsymbol{a}'$ は $\boldsymbol{d}\upharpoonright\boldsymbol{a}$ を満たす最大の $\boldsymbol{d}$ であったから

(*2) $$\boldsymbol{b}_i \leqq \boldsymbol{a}' \quad (i=1,2)$$

である．また，$\beta_i^0(x)$ と $\beta_i(x)$ の定義から，$i=1,2$ に対して

$$\alpha(x)=\begin{cases}0, & \beta_i(2^x)=0 \text{ のとき}\\ 1, & \text{その他のとき}\end{cases}$$

であるから，

(*3) $$\boldsymbol{a} \leqq \boldsymbol{b}_i \quad (i=1,2)$$

が成立する．

さて，次に $\boldsymbol{b}_1|\boldsymbol{b}_2$ であることを証明しよう．そのために，補助定理を2つ用意する．

補助定理 1 任意の e と $i=1,2$ に対し，

$$\{\theta_i^s(e)\,|\,s\in\boldsymbol{N}\}$$

は有限集合である．

［**補助定理1の証明**］ e に関する帰納法によって証明する．

$e=0$ の場合は，$\theta_i^s(0)$ の定義から明らかである．

いま，$e<\bar{e}$ なる e については補助定理1が成立しているものとする．このとき，$\bar{e}$ について補助定理1が成り立たないと仮定して矛盾を導こう．

仮定により，$\theta_i^s(\bar{e})=2^{\bar{e}}\cdot 3^s$ とおかれる場合が，無限回起こる．つまり，(2.1)の場合で

$$(\sharp)\qquad (\bar{e}\geqq lh(s)\wedge i>j)\vee(\bar{e}>lh(s)\wedge i<j)$$

が無限に多くの s について成り立つ．いま，

$$\bar{i}=\mu i\,[\,\{\theta_i^s(\bar{e})\,|\,s\in\boldsymbol{N}\}\text{ が無限集合}]$$

とおく．

$(\sharp)$ が成立するのは，$lh(s)\leqq\bar{e}$ あるいは $lh(s)<\bar{e}$ のときであるから，ある $e^*(\leqq\bar{e})$ と i について無限に多くの s に対し

$$\beta_i^s(\theta_i^{s-1}(e^*))=0$$

とおかれる．

$\beta_i^s(x)$ が0とおかれる条件を考えれば，これは集合 $\{\theta_j^s(e^*)\,|\,s\in\boldsymbol{N}\}$ $(j\neq i)$ が無限集合であることを意味している．しかるに，

$$(\bar{e}\geqq e^*\wedge\bar{i}>j)\vee(\bar{e}>e^*\wedge\bar{i}<j)$$

である．そこで，

$\bar{e}>e^*$ とすると，これは帰納法の仮定に反する．

$\bar{e}=e^*\wedge\bar{i}>j$ とすると，これは $\bar{i}$ の定義（$\bar{i}$ は $\{\theta_i^s(\bar{e})\,|\,s\in\boldsymbol{N}\}$ が無限集合となる最小の i であること）と矛盾する．

よって，任意の e と $i=1,2$ に対し，$\{\theta_i^s(e)\,|\,s\in\boldsymbol{N}\}$ は有限集合でなくてはならない（補助定理1の証明終り）．

補助定理 1 により，

$$x_i(e) = \max\{\theta_i^s(e) \mid s \in \boldsymbol{N}\} \quad (i=1,2)$$

とおく．

補助定理 2 任意の e と，$i, j \in \{1,2\}$ かつ $i \neq j$ なる任意の i, j に対し

$$\beta_i(x_i(e)) = 0 \Longleftrightarrow \exists y[T_1^{\beta_j}(e, x_i(e), y) \wedge U(y) = 1]$$

が成立する．

［補助定理 2 の証明］ $\Longleftarrow$ の証明： 前提を満たす y の 1 つを y_0 とする．定義の仕方から

$$\forall x_{x<y_0}[\beta_j^{s-1}(x) = \beta_j(x)] \wedge \theta_i^{s-1}(e) = x_i(e) \wedge e = lh(s) \wedge i = \mathrm{rem}(s,2)+1$$

を満たす s が存在する．さて，上の条件を満たす s が存在すれば，任意の y に対して $y<s$ であって，しかも上の条件を満たす s も存在するから，$y_0<s$ であって上の条件を満たす s の 1 つを s_0 としよう．すなわち，

$$y_0 < s_0 \wedge [T_1^{\beta_j^{s_0-1}}(lh(s_0), \theta_i^{s_0-1}(e), y_0) \wedge U(y_0) = 1]$$

である．したがって，

$$\beta_i^{s_0-1}(\theta_i^{s_0-1}(lh(s_0))) = 1$$

ならば，(2.1) の条件が成立し，

$$\beta_i^{s_0}(\theta_i^{s_0-1}(lh(s_0))) = 0$$

である．すなわち，

$$\beta_i(x_i(e)) = 0$$

が成り立つ．一方

$$\beta_i^{s_0-1}(\theta_i^{s_0-1}(lh(s_0))) = 0$$

ならば，もちろん

$$\beta_i^{s_0}(\theta_i^{s_0-1}(lh(s_0))) = 0$$

であるから，この場合も

$$\beta_i(x_i(e)) = 0$$

である．

$\Longrightarrow$ の証明： 前提と定義により，

$$\beta_i^s(\theta_i^{s-1}(e)) = 0 \wedge \theta_i^{s-1}(e) = x_i(e) \wedge e = lh(s)$$

であるような s が存在する．このような最小の s を s_0 としよう．

このとき，$\beta_i^s(x)$ の定義から

$$\exists y_{y<s_0}[T_1^{\beta_j^{s_0-1}}(e, x_i(e), y) \wedge U(y)=1]$$

が成立する．

したがって，上の $\beta_j^{s_0-1}$ を β_j と書き換えてよいことがわかれば証明は完了する．

上式を満たす y の1つを y_0 としよう．

第4章の定理4.12の系（ii）によって，

$$\forall x_{x<y_0} \forall s_{s>s_0-1}[\beta_j^{s_0-1}(x)=\beta_j^s(x)]$$

が示されれば，$\beta_j^{s_0-1}$ は β_j に書き換えてよい．

このことを背理法によって証明しよう．すなわち，$x<y_0$ なるある x と，$s>s_0-1$ なるある s に対し

$$\begin{cases} \beta_j^{s-1}(x)=1 \\ \beta_j^s(x)=0 \end{cases}$$

であると仮定して，矛盾を導こう．

$$x=\theta_j^{s-1}(e') \wedge e'=lh(s)$$

とする．背理法の仮定により，

ⓘ $$i>j \Longrightarrow \forall e''_{e''\geqq lh(s)}[\theta_i^s(e'')=2^{e''}\cdot 3^s]$$

ⓘⓘ $$i<j \Longrightarrow \forall e''_{e''>lh(s)}[\theta_i^s(e'')=2^{e''}\cdot 3^s]$$

が成り立つ．

$x<y_0<s_0\leqq s$ であるから

$$x_i(lh(s_0))=\theta_i^{s_0}(lh(s_0))=\theta_i^s(lh(s_0))$$

であり，$lh(s_0)$ ではすでに変化しないから，ⓘ，ⓘⓘ より

ⓘⓘⓘ $$i>j \Longrightarrow lh(s_0)<lh(s)$$

ⓘⓥ $$i<j \Longrightarrow lh(s_0)\leqq lh(s)$$

でなくてはならない．

一方，$\beta_i^{s_0}(\theta_i^{s_0-1}(e))=0$ であったから，

ⓥ $$i>j \Longrightarrow \forall e'''_{e'''>e}[\theta_j^{s_0}(e''')=2^{e'''}\cdot 3^{s_0}]$$

ⓥⓘ $$i<j \Longrightarrow \forall e'''_{e'''\geqq e}[\theta_j^{s_0}(e''')=2^{e'''}\cdot 3^{s_0}]$$

である．したがって，ⓘⓘⓘ，ⓘⓥ，ⓥ，ⓥⓘ より

$$\theta_j^{s_0}(e)=\theta_j^{s_0}(lh(s))=2^{lh(s)}\cdot 3^{s_0}\geqq 3^{s_0}$$

が成立する．

ここで，$s>s_0$ とすれば，

$$s_0>y_0>x=\theta_j^{s-1}(lh(s))\geqq\theta_j^{s_0}(lh(s))\geqq 3^{s_0}$$

となり，これは矛盾である．

また，$s=s_0$ とすれば，$i\neq j$ であることから，これは (2.1) の定義の方法と矛盾する．

以上によって，

$$\forall x_{x<y_0}\forall s_{s>s_0-1}[\beta_j^{s_0-1}(x)=\beta_j^s(x)]$$

である（補助定理 2 の証明終り）．

さて，この補助定理 2 は，

「$i\neq j$ ならば，関数 β_i は β_j で帰納的でない」

ことを意味している．すなわち

「β_1 は β_2 で帰納的でなく，かつ，β_2 は β_1 で帰納的でない」

ことになる．つまり

(*4) $$\boldsymbol{b}_1|\boldsymbol{b}_2$$

が成立する．

(*2) と (*3) から

(♮1) $$\boldsymbol{a}\leqq\boldsymbol{b}_i\leqq\boldsymbol{a}'\quad(i=1,2)$$

であり，(*4) から

(♮2) $$\boldsymbol{a}\neq\boldsymbol{b}_i\wedge\boldsymbol{b}_i\neq\boldsymbol{a}'\quad(i=1,2)$$

である．なぜならば，$\boldsymbol{b}_1|\boldsymbol{b}_2$ であるから $\boldsymbol{b}_1\neq\boldsymbol{b}_2$ であり，したがって，$i,j\in\{1,2\}\wedge i\neq j$ なる i,j に対し，

$$\boldsymbol{a}=\boldsymbol{b}_i \text{ とすれば } \boldsymbol{b}_i\leqq\boldsymbol{b}_j$$

となって $\boldsymbol{b}_1|\boldsymbol{b}_2$ に矛盾するし，

$$\boldsymbol{b}_i=\boldsymbol{a}' \text{ とすれば } \boldsymbol{b}_j\leqq\boldsymbol{b}_i$$

となって，これも $\boldsymbol{b}_1|\boldsymbol{b}_2$ に矛盾するからである．

(♮1) と (♮2) から

$$\boldsymbol{a}<\boldsymbol{b}_i<\boldsymbol{a}'\quad(i=1,2)$$

であり，定理の（i）は成立する．(*1)，(*4) はおのおの定理の（ii），(iii)

そのものであるから，これで定理は証明された． ▮

系 1 帰納的でなく，完全でもない帰納的可算次数（すなわち，$\boldsymbol{o}<\boldsymbol{b}<\boldsymbol{o}'$ なる帰納的可算次数 $\boldsymbol{b}$）が存在する．

系 2 帰納的可算次数のなかに，互いに比較不可能な次数が存在する．

上の定理で，$\boldsymbol{a}=\boldsymbol{o}$ とおいて得られる系1は，Post の問題が否定的に解かれることを示すものである．

また，系2は，次数の全体 U に導入された順序が全順序でないことを示している．

Post の問題が否定的に解かれたことは，帰納的可算述語の決定問題が，たとえ否定的に解かれるものにせよ，必ずしも $\boldsymbol{o}'$ の次数をもつとは限らないことを教えてくれる．

つまり，決定問題を否定的に解こうとするとき，「その決定問題が肯定的に解けるとすれば，$\exists y T_1(x, x, y)$ の決定問題も否定的に解ける」という方法のみに頼っていてはならないのである．問題によっては，もっと“きめの細かい”考察が必要になるのである．

優先法が確立してからは，これを縦横に駆使することにより，それまでの $\boldsymbol{o}'$ についての結果の多くが，任意の帰納的可算次数についての結果に拡張された．

以下では，その様子を簡単に述べよう．証明については参考文献［4］，［6］，［7］などを参照されたい．

定理 6.16 $\boldsymbol{a}, \boldsymbol{b}$ を次の（i），（ii）を満たす次数とする．

（i） $\boldsymbol{a}<\boldsymbol{b}$

（ii） $\boldsymbol{b} \upharpoonright \boldsymbol{a}$

このとき，次のような任意個数の次数 $\boldsymbol{c}_1, \boldsymbol{c}_2, \cdots, \boldsymbol{c}_n$ が存在する．

（1） $\boldsymbol{a}<\boldsymbol{c}_i<\boldsymbol{b} \quad (i=1, 2, \cdots, n)$

（2） $\boldsymbol{c}_i \upharpoonright \boldsymbol{a} \quad (i=1, 2, \cdots, n)$

（3） $\boldsymbol{c}_1, \boldsymbol{c}_2, \cdots, \boldsymbol{c}_n$ は独立

（4） $\boldsymbol{c}_1 \cup \boldsymbol{c}_2 \cup \cdots \cup \boldsymbol{c}_n=\boldsymbol{b}$ ▮

この結果は，Friedberg-Мучник の定理（定理 6.15）の拡張でもあり，次のような系が容易に得られる：

系 1

（i） $\boldsymbol{a}<\boldsymbol{b}$

（ii） $\boldsymbol{b} \nmid \boldsymbol{a}$

なる次数 $\boldsymbol{a}, \boldsymbol{b}$ の間に，$\boldsymbol{a}$ で帰納的可算な次数が無限個存在する．すなわち，

（1） $\boldsymbol{a}<\cdots<\boldsymbol{d}_{k+1}<\boldsymbol{d}_k<\cdots<\boldsymbol{d}_1<\boldsymbol{b}$

（2） $\boldsymbol{d}_i \nmid \boldsymbol{a} \quad (i=1,2,\cdots,k,k+1,\cdots)$

なる次数 $\boldsymbol{d}_1, \boldsymbol{d}_2, \cdots, \boldsymbol{d}_k, \boldsymbol{d}_{k+1}, \cdots$ が存在する． ∎

系 2　$\boldsymbol{o}'$ より小さいすべての次数の集合は極大元をもたない．

［証明］ $\boldsymbol{a}<\boldsymbol{o}'$ なる任意の $\boldsymbol{a}$ は，$\boldsymbol{o} \leqq \boldsymbol{a}$ であるから，$\boldsymbol{o}'$ は $\boldsymbol{a}$ で帰納的可算次数でもある．

したがって，系 1 により，$\boldsymbol{a}<\boldsymbol{d}<\boldsymbol{o}'$ なる次数 $\boldsymbol{d}$ が存在する． ∎

系 3　$\boldsymbol{a}<\boldsymbol{b}$ かつ $\boldsymbol{b} \nmid \boldsymbol{a}$ なる次数 $\boldsymbol{b}$ は，$\boldsymbol{b}$ より小さいすべての次数の集合の最小上界である．

［証明］ $\boldsymbol{d}$ を任意の上界とする．本定理により，$\boldsymbol{c}_1|\boldsymbol{c}_2$ かつ $\boldsymbol{c}_1 \cup \boldsymbol{c}_2=\boldsymbol{b}$ となる次数 $\boldsymbol{c}_1, \boldsymbol{c}_2$ が存在する．このとき，$\boldsymbol{c}_1, \boldsymbol{c}_2<\boldsymbol{b}$ であるから，

$$\boldsymbol{d} \geqq \boldsymbol{c}_1 \cup \boldsymbol{c}_2=\boldsymbol{b}$$

である． ∎

定理 6.17　$\boldsymbol{a}, \boldsymbol{b}_1, \boldsymbol{b}_2, \cdots, \boldsymbol{b}_n, \boldsymbol{c}$ を次の（i），（ii）を満たす任意の次数とする．

（i） $\boldsymbol{a}<\boldsymbol{b}_i<\boldsymbol{c} \quad (i=1,2,\cdots,n)$

（ii） $\boldsymbol{c} \nmid \boldsymbol{a}$

このとき，次のような次数 $\boldsymbol{d}$ が存在する．

（1） $\boldsymbol{a}<\boldsymbol{d}<\boldsymbol{c}$

（2） $\boldsymbol{d} \nmid \boldsymbol{a}$

（3） $\boldsymbol{d}|\boldsymbol{b}_i \quad (i=1,2,\cdots,n)$ ∎

この定理も Friedberg-Мучник の定理の拡張になっているが，さらに，与

えられた任意個数の次数 $\boldsymbol{b}_i$ に対して，そのどれとも比較不可能な帰納的可算次数が構成できること，および，次の系のように，次数 $\boldsymbol{a}$ と $\boldsymbol{c}$ の間の次数 $\boldsymbol{b}$ と互いに比較不可能で，しかも $\boldsymbol{a}$ で帰納的可算な次数が無限に存在することを示すものである．

系

（i） $\boldsymbol{a}<\boldsymbol{b}<\boldsymbol{c}$

（ii） $\boldsymbol{c}\upharpoonright\boldsymbol{a}$

なる次数 $\boldsymbol{a}, \boldsymbol{b}, \boldsymbol{c}$ に対し，次のような次数 $\boldsymbol{d}_1, \boldsymbol{d}_2\cdots, \boldsymbol{d}_k, \boldsymbol{d}_{k+1}, \cdots$ が存在する．

（1） $\boldsymbol{a}<\boldsymbol{d}_1, \boldsymbol{d}_2, \cdots, \boldsymbol{d}_k, \boldsymbol{d}_{k+1}, \cdots<\boldsymbol{c}$

（2） $\boldsymbol{d}_i\upharpoonright\boldsymbol{a}\quad(i=1, 2, \cdots, k, k+1, \cdots)$

（3） $\boldsymbol{b}, \boldsymbol{d}_1, \boldsymbol{d}_2, \cdots, \boldsymbol{d}_k, \boldsymbol{d}_{k+1}, \cdots$ は互いに比較不可能 ∎

定理 6.18 $\boldsymbol{a}, \boldsymbol{b}, \boldsymbol{c}$ を次のような次数とする．

（i） $\boldsymbol{a}\lneqq\boldsymbol{b}$

（ii） $\boldsymbol{a}\leqq\boldsymbol{b}'\leqq\boldsymbol{c}$

（iii） $\boldsymbol{c}\upharpoonright\boldsymbol{b}'$

このとき，次のような任意個の次数 $\boldsymbol{d}_1, \boldsymbol{d}_2, \cdots, \boldsymbol{d}_n$ が存在する．

（1） $\boldsymbol{a}\lneqq\boldsymbol{d}_i\quad(i=1, 2, \cdots, n)$

（2） $\boldsymbol{b}\leqq\boldsymbol{d}_i\quad(i=1, 2, \cdots, n)$

（3） $\boldsymbol{d}_i{}'=\boldsymbol{c}\quad(i=1, 2, \cdots, n)$

（4） $\boldsymbol{d}_i\upharpoonright\boldsymbol{b}\quad(i=1, 2, \cdots, n)$

（5） $\boldsymbol{d}_1, \boldsymbol{d}_2, \cdots, \boldsymbol{d}_n$ は独立． ∎

系 1 $\boldsymbol{b}, \boldsymbol{c}$ を任意の次数とするとき，次の（Ⅰ），（Ⅱ），（Ⅲ）は同等である．

（Ⅰ） $\boldsymbol{b}'\leqq\boldsymbol{c}\leqq\boldsymbol{b}''$ かつ $\boldsymbol{c}\upharpoonright\boldsymbol{b}'$

（Ⅱ） $\boldsymbol{b}\leqq\boldsymbol{d}\leqq\boldsymbol{b}'$ かつ $\boldsymbol{d}'=\boldsymbol{c}$ なる次数 $\boldsymbol{d}$ が存在する．

（Ⅲ） $\boldsymbol{b}\leqq\boldsymbol{d}\leqq\boldsymbol{b}'$ かつ $\boldsymbol{d}\upharpoonright\boldsymbol{b}$ かつ $\boldsymbol{d}'=\boldsymbol{c}$ なる次数 $\boldsymbol{d}$ が存在する．

［証明］ $\boldsymbol{b}, \boldsymbol{c}$ に対し $\boldsymbol{b}<\boldsymbol{a}\leqq\boldsymbol{b}'$ なる次数 $\boldsymbol{a}$ をとる．このとき，（Ⅰ）の条件を満たせば，本定理の前提が成立するから，$\boldsymbol{b}\leqq\boldsymbol{d}\leqq\boldsymbol{b}'$ かつ $\boldsymbol{d}\upharpoonright\boldsymbol{b}$ かつ $\boldsymbol{d}'=\boldsymbol{c}$ なる次数 $\boldsymbol{d}$ が存在する．よって，（Ⅰ）⇒（Ⅲ）が成立する．

また明らかに，(III) ⇒ (II) であるから，(II) ⇒ (I) を示せばよい．

$\boldsymbol{b} \leqq \boldsymbol{d} \leqq \boldsymbol{b}'$ であるから，$\boldsymbol{b}' \leqq \boldsymbol{d}' \leqq \boldsymbol{b}''$ であり，また，$\boldsymbol{d}' = \boldsymbol{c}$ であるから，$\boldsymbol{b}' \leqq \boldsymbol{c} \leqq \boldsymbol{b}''$ かつ $\boldsymbol{c} \restriction \boldsymbol{d}$ が成立する．$\boldsymbol{d} \leqq \boldsymbol{b}'$ であったから，$\boldsymbol{c} \restriction \boldsymbol{d}$ から $\boldsymbol{c} \restriction \boldsymbol{b}'$ も成り立つ．よって，(II) ⇒ (I) である． ▮

系 2 $\boldsymbol{a}, \boldsymbol{b}$ を，関係 $\boldsymbol{a}' \leqq \boldsymbol{b} \leqq \boldsymbol{a}''$，$\boldsymbol{b} \restriction \boldsymbol{a}'$ を満たす任意の次数とするとき，次のような任意個の次数 $\boldsymbol{c}_1, \boldsymbol{c}_2, \cdots, \boldsymbol{c}_n$ が存在する．

(1) $\boldsymbol{a} < \boldsymbol{c}_i < \boldsymbol{a}'$ $(i=1, 2, \cdots, n)$

(2) $\boldsymbol{c}_i \restriction \boldsymbol{a}$ $(i=1, 2, \cdots, n)$

(3) $\boldsymbol{c}_i' = \boldsymbol{b}$ $(i=1, 2, \cdots, n)$

(4) $\boldsymbol{c}_1, \boldsymbol{c}_2, \cdots, \boldsymbol{c}_n$ は独立．

［証明］ $\boldsymbol{a}' \lneqq \boldsymbol{a}$，$\boldsymbol{a} \leqq \boldsymbol{a}' \leqq \boldsymbol{b}$，$\boldsymbol{b} \restriction \boldsymbol{a}'$ であるから，本定理により，$i=1, 2, \cdots, n$ に対して，$\boldsymbol{a}' \lneqq \boldsymbol{c}_i$，$\boldsymbol{a} \leqq \boldsymbol{c}_i$，$\boldsymbol{c}_i' = \boldsymbol{b}$，$\boldsymbol{c}_i \restriction \boldsymbol{a}$，$\boldsymbol{c}_1, \boldsymbol{c}_2, \cdots, \boldsymbol{c}_n$ が独立，であるような次数 $\boldsymbol{c}_1, \boldsymbol{c}_2, \cdots, \boldsymbol{c}_n$ が存在する．

$\boldsymbol{c}_i \restriction \boldsymbol{a}$ と $\boldsymbol{c}_1, \cdots, \boldsymbol{c}_n$ が独立であることから，$\boldsymbol{a} < \boldsymbol{c}_i < \boldsymbol{a}'$ となるから，(1)，(2)，(3)，(4) が成立する． ▮

$R(\boldsymbol{d}) = \{\boldsymbol{x} | \boldsymbol{d} \leqq \boldsymbol{x} \leqq \boldsymbol{d}' \wedge \boldsymbol{x} \restriction \boldsymbol{d}\}$ とおく．

いま，$j : R(\boldsymbol{d}) \longrightarrow R(\boldsymbol{d}')$，$\boldsymbol{d} \longmapsto \boldsymbol{d}'$ とすれば，明らかに

$$\{j(\boldsymbol{x}) | \boldsymbol{x} \in R(\boldsymbol{d})\} \subseteqq R(\boldsymbol{d}')$$

である．一方，系 1 の (I) ⇒ (II) によって，写像 j は $\boldsymbol{R}(\boldsymbol{d})$ から $\boldsymbol{R}(\boldsymbol{d}')$ の上への全射であり，

$$\{j(\boldsymbol{x}) | \boldsymbol{x} \in R(\boldsymbol{d})\} \supseteqq R(\boldsymbol{d}')$$

である．すなわち，

$$\{j(\boldsymbol{x}') | \boldsymbol{x} \in R(\boldsymbol{d})\} = R(\boldsymbol{d}')$$

ただし，系 2 によれば，この写像 j は単射ではないのである．

系 3 $\boldsymbol{a}, \boldsymbol{b}$ を次のような次数とする．

(i) $\boldsymbol{a}^{(n)} \leqq \boldsymbol{b}$

(ii) $\boldsymbol{b} \restriction \boldsymbol{a}^{(n)}$

このとき，次のような次数 $\boldsymbol{c}$ が存在する．

(1) $\boldsymbol{c} \restriction \boldsymbol{a}$

（2） $\boldsymbol{a} \leqq \boldsymbol{c}$

（3） $\boldsymbol{c}^{(n)} = \boldsymbol{b}$

ここで，n は任意の自然数である．

［証明］ $\boldsymbol{h}_0 = \boldsymbol{b}$ とする．系1の（I）⇒（III）を繰り返して適用すれば，次のような次数の列 $\boldsymbol{h}_0, \boldsymbol{h}_1, \cdots, \boldsymbol{h}_n$ を構成することができる：

$$\boldsymbol{a}^{(n)} \leqq \boldsymbol{h}_0, \quad \boldsymbol{h}_0 \restriction \boldsymbol{a}^{(n)}$$

$$\boldsymbol{a}^{(n-i)} \leqq \boldsymbol{h}_i \leqq \boldsymbol{a}^{(n-i+1)}, \quad \boldsymbol{h}_i' = \boldsymbol{h}_{i-1}, \quad \boldsymbol{h}_i \restriction \boldsymbol{a}^{(n-i)} \qquad (i = 1, 2, \cdots, n)$$

よって，$\boldsymbol{c} = \boldsymbol{h}_n$ とおけば，明らかに

$$\boldsymbol{c} \restriction \boldsymbol{a}, \qquad \boldsymbol{a} \leqq \boldsymbol{c}$$

であり，しかも

$$\boldsymbol{c}^{(n)} = \boldsymbol{h}_n^{(n)} = \boldsymbol{h}_{n-1}^{(n-1)} = \cdots = \boldsymbol{h}_0 = \boldsymbol{b}$$

である． ▮

系 4　 $\boldsymbol{a}$ を任意の次数とする．任意の自然数 n に対して，次のような次数 $\boldsymbol{b}$ が存在する．

（1） $\boldsymbol{a} < \boldsymbol{b} < \boldsymbol{a}' < \boldsymbol{b}' < \boldsymbol{a}'' < \cdots < \boldsymbol{a}^{(n)} < \boldsymbol{b}^{(n)} < \boldsymbol{a}^{(n+1)}$

（2） $\boldsymbol{b} \restriction \boldsymbol{a}$

［証明］ $\boldsymbol{a}^{(n)} < \boldsymbol{a}^{(n+1)}$，$\boldsymbol{a}^{(n+1)} \restriction \boldsymbol{a}^{(n)}$ であるから，定理6.16により，

$$\boldsymbol{a}^{(n)} < \boldsymbol{c} < \boldsymbol{a}^{(n+1)}, \quad \boldsymbol{c} \restriction \boldsymbol{a}^{(n)}$$

を満たす次数 $\boldsymbol{c}$ が存在する．

したがって，系1の（I）⇒（III）を繰り返し適用することによって，（1），（2）を満たす次数 $\boldsymbol{b}$ が得られる． ▮

以上の様子から，算術的階層の精密化としての決定不可能次数の理論の状況が，いくらかはうかがい知れよう．

第7章　決 定 問 題

―ヒルベルトの第10問題を中心に―

本書では，“決定問題”なるものの概略について説明し，その具体例として，「ヒルベルトの第10問題」を中心に解説する．

1930年代の後半，“アルゴリズム”の概念を数学的に定義すべく，さまざまな努力がはらわれ，「帰納的手続き」等々の概念に到達したわけであるが，その主目的の1つは決定問題を否定的に解くことであったろう．

そのことは，1936年のA. M. Turingの論文の表題“On Computable Numbers, with an application to the Entscheidungsproblem”や，同じく1936年に発表されたA. Churchの論文の表題

“A Note on the Entscheidungsproblem”

などからもうかがえる．

「ヒルベルトの第10問題」は，1900年の国際数学者会議での招待講演“Mathematische Probleme”で，新しい世紀の研究目標としてD. Hilbertにより提出された23の問題の1つである．それは

“任意個数の未知数を含んだ有理整数を係数とする不定方程式が，有理整数の解をもつか否かを有限回の演算で判定する一般的方法を見つけよ”

というものである．

この問題は数論の問題として提出されたもので，Hilbertはこの問題で要求している“整数解の存否を判定する一般的なアルゴリズム”が存在すると信じていたのであろうと思われる．

事実，任意次数の1変数不定方程式や任意個数の変数を含む1次不定方程式に対しては，このようなアルゴリズムはよく知られている．2変数2次の不定方程式の場合も，かのC. F. Gaussらによって，1次不定方程式の場合に帰着するか，あるいは係数から定められる定数Cを用いて

$$\max(|x|, |y|) < C$$

を満たす有限個の整数点(x, y)が解になるか否かを確かめることに帰着させられることがわかっている．

しかし，任意次数の2変数不定方程式となると，これは非常に困難な問題になってしまう．

不定方程式を一般的に取り扱うことの困難さなどから，

“任意の不定方程式に対して解の存在を判定するアルゴリズムは存在しないであろう”という否定的解決の予想は，かなり前から行われていた．

否定的解決，すなわち，そのようなアルゴリズムが存在しないことを証明するためには，アルゴリズムの厳密な形式化，数学的定義が必要である．

そのための努力の結果が上述の1930年代後半から40年代初頭に稔りを見せた．すなわち，アルゴリズムとは帰納的手続きのことである．その後，ヒルベルトの第10問題は，Davis, Putnam, そしてJ. Robinsonらの仕事を経て，1970年，Ю. В. Матиясевичによって否定的解決を見たのである．

7.1 決定問題

集合Sとその部分集合Mが定められているとする．Sの任意の要素aに対し，aについての述語

$$a \in M$$

を考える．

$a \in S$であるが，$a \in M\,(\subset S)$とは限らない．そこで，$a \in M$であるか否かを決定したい．かくて次のような問題が提出されることになる：

「$a \in M$が成立するか否かを判定するアルゴリズムをつくれ」

この問題を，**SにおけるMの決定問題**という．Churchの提唱（1.3節）に従えば，アルゴリズムとは帰納的手続きのことであるから，この問題は

「$a \in M$が成立するか否かを判定する帰納的手続きをつくれ」

といいかえることができる．

たとえば

“整数a, b, cに対して，$ax+by=c$を満たす整数x, yが存在するか否かを判定する帰納的手続きをつくれ”

という問題は決定問題である．

上の定式化に従うならば，

$$S=\{ax+by=c \mid a, b, c\in \boldsymbol{Z}\} \quad (\boldsymbol{Z}\text{は整数の全体})$$

とおき,

$$M=\{ax+by=c \mid a, b, c\in \boldsymbol{Z}\wedge ax+by=c\text{ は整数解をもつ}\}$$

とおいたときの, S における M の決定問題, ということになる.

この問題はまた, 次のように述べることもできる:

"$\boldsymbol{Z}$ で定義された述語 $D(a, b, c, x, y)\equiv ax+by=c$ を考え, 任意の $a, b, c\,(\in \boldsymbol{Z})$ に対し,

$$\exists x\exists yD(a, b, c, x, y)$$

が成立するか否かを判定する帰納的手続きをつくれ"

このように, 集合 X^n で定義された述語 $P(x_1, x_2, \cdots, x_n)$ が与えられているとき,

"任意の $x_1, \cdots, x_n\,(\in X)$ に対し, $P(x_1, \cdots, x_n)$ が成立するか否かを判定する帰納的手続きをつくれ"

という問題を, **述語 $\boldsymbol{P(x_1, x_2, \cdots, x_n)}$ の決定問題**という.

なお, "どのような $x_1, \cdots, x_n$ についても, $P(x_1, \cdots, x_n)$ が成立するか否かを判定する帰納的手続きの存否を問う問題" を, **述語 $\boldsymbol{P(x_1, \cdots, x_n)}$ の恒真問題**および, "適当な $x_1, \cdots, x_n(\in X)$ に対し, $P(x_1, \cdots, x_n)$ が成立するようにできるか否か判定する帰納的手続きの存否を問う問題" を, **述語 $\boldsymbol{P(x_1, \cdots, x_n)}$ の充足問題**という.

1.3 節でも述べたように, 決定問題で求めている帰納的手続きが具体的につくれるとき, すなわち, その帰納的手続きを実際に提示できるとき, この決定問題は**肯定的に解ける**, あるいは**可解である**, という.

また, このような帰納的手続きが存在し得ないことを証明できるとき, この決定問題は**否定的に解ける**, あるいは**可解でない**, という.

決定問題は算術化などを通じて, 自然数の中で考察することができる.

S における M の決定問題は, 自然数の全体 $\boldsymbol{N}$ の直積 $\boldsymbol{N}^n$ での集合の決定問題に帰着できるし, X^n 上で定義された述語 P の決定問題も, 自然数上で定義される述語の決定問題に帰着できる.

ところで, $M\subset \boldsymbol{N}^n$ に対する "$a\in M$ が成立するか否かを判定する帰納的手続き" がつくれることの必要十分条件, すなわち, $\boldsymbol{N}^n$ 上の述語 $P(x_1, x_2, \cdots,$

x_n) に対し，“$P(x_1, x_2, \cdots, x_n)$ が成立するか否かを判定する帰納的手続き” がつくれることの必要十分条件は，自然数上の述語 $a \in M$ あるいは $P(x_1, x_2, \cdots, x_n)$ が帰納的述語として表現できることである．

かくして，決定問題とその解の意味は，自然数上の帰納的述語の概念によって確定する．

7.2 語の問題について

決定問題の例として，「語の問題」とよばれるものについて簡単に述べておこう．

空でない有限集合 $\mathfrak{A}=\{a_1, a_2, \cdots, a_n\}$ をアルファベットとよび，$\mathfrak{A}$ の要素の（重複を許した）有限列

$$a_{i_1} a_{i_2} \cdots a_{i_l}$$

を，**$\mathfrak{A}$ 上の語**あるいは単に**語**という．

語 $a_{i_1}a_{i_2}\cdots a_{i_l}$ は長さ l の語といわれる．長さ0の語も考えることにし，そのような語を $\varLambda$ で表す．$\varLambda$ は**空語**とよばれる．

$\mathfrak{A}$ 上の語の全体を $\varSigma^*(\mathfrak{A})$，あるいは単に $\varSigma^*$ と書くことにしよう．

任意の $X, Y \in \varSigma^*$ に対し，有限列 X の右に続けて有限列 Y を書き並べて得られる有限列を XY と書く．もちろん，$XY \in \varSigma^*$ である．

このとき，次の（1），（2）が成立することは明らかであろう：

任意の $X, Y, Z \in \varSigma^*$ に対して

（1） $X(YZ)=(XY)Z$

（2） $X\varLambda=\varLambda X=X$

さて，**$\mathfrak{A}$ の関係**あるいは **$\boldsymbol{\varSigma}$ の辞書**とよばれる，$\mathfrak{A}$ 上の語の対からなる有限集合 $\mathfrak{D}(=\{(A_1, B_1), (A_2, B_2), \cdots, (A_k, B_k)\})$ が与えられているとしよう．

$P, Q \in \varSigma^*$，$(A_i, B_i) \in \mathfrak{D}$ のとき

$$PA_iQ \sim PB_iQ \quad \text{あるいは} \quad PB_iQ \sim PA_iQ$$

と書く．これを用いて，2つの語 $W_1, W_2 (\in \varSigma^*)$ に対し，関係 $W_1 \approx W_2$ を次のように定義する：

ある語の有限列 $R_1, R_2, \cdots, R_m (\in \varSigma^*)$ が存在して，

（i） $R_1=W_1$

(ii) $R_m=W_2$

(iii) $R_j \sim R_{j+1}$ $(j=1, 2, \cdots, m-1)$

が成立するとき，

$$W_1 \approx W_2$$

と書く．

このとき，≈ なる関係は，明らかに

ⓘ $W \approx W$

ⓘⓘ $W_1 \approx W_2 \Longrightarrow W_2 \approx W_1$

ⓘⓘⓘ $(W_1 \approx W_2 \wedge W_2 \approx W_3) \Longrightarrow W_1 \approx W_3$

を満たすから，同値関係である．

$W_1 \approx W_2$ が成立するとき，**語 W_1 と W_2 は同値**である，という．

たとえば，$\mathfrak{A}=\{a, b, c\}$ で，$\mathfrak{D}=\{(ab, ba), (cba, ac), (cba, \Lambda)\}$

$$abc \sim bac \sim bcba \sim b$$

であるから

$$abc \approx b$$

である．

さて，**語の問題**とは次のような決定問題をいう：

「任意のアルファベット $\mathfrak{A}$ と，$\Sigma^*(\mathfrak{A})$ の辞書 $\mathcal{D}$ が与えられたとき，それに対して，任意の 2 つの語 X, Y が同値であるか否かを判定する帰納的手続きをつくれ．」

任意の $X, Y \in \Sigma^*$ に対し，X と Y の積 $X \cdot Y$ を

$$X \cdot Y = XY$$

と定義する．

上述の（1），（2）から，Σ^* は，・についての単位元 Λ をもつ半群，すなわち**モノイド**である．

したがって，上述の語の問題は，**自由半群に対する語の問題**ともよばれる．

アルファベット $\mathfrak{A}$ が次のように選ばれているとする：

$$\mathfrak{A}=\{a_1, a_1^{-1}, a_2, a_2^{-1}, \cdots, a_n, a_n^{-1}\}$$

ここで，$(a^{-1})^{-1}=a$ とする．

このとき，$\mathfrak{A}$ 上の語 $W=a_{i_1}a_{i_2}\cdots a_{i_l}$ に対し，W^{-1} を

$$W^{-1}=a_{i_l}^{-1}a_{i_{l-1}}^{-1}\cdots a_{i_1}^{-1}$$

と定義し，辞書 $\mathscr{D}$ が

$$\{(\Lambda, \Lambda), (a_1a_1^{-1}, \Lambda), (a_2a_2^{-1}, \Lambda), \cdots, (a_na_n^{-1}, \Lambda)\}$$

を含めば，$\Sigma^*/\approx$ は，積・，${}^{-1}$，単位元 Λ について群をなす．この群を，$\mathfrak{A}$ の語がつくる**自由群**という．

$\mathfrak{A}$ や $\mathscr{D}$ がこのように選ばれているとき，上述の語の問題は，**自由群に対する語の問題**とよばれる．

自由半群に対する語の問題は，1947年，E. L. Post と A. A. Марков によって否定的に解決された．すなわち，彼らは，任意の2つの語の同値性を判定する帰納的手続きが存在しえないような，アルファベット $\mathfrak{A}$ と辞書 $\mathscr{D}$ を構成してみせたのである．

定理 7.1 (Post–Марков)　半群に対する語の問題は否定的に解ける．

自由群に対する語の問題は，当然のことながら，半群の場合に比べて，はるかに難しくなる．

1950年，A. M. Turing は，消去律の成立するような自由半群，つまり，

$$A\cdot X=B\cdot X \Longrightarrow A=B$$

が成立する自由半群に対する語の問題を否定的に解決した．

そして，1955年，П. С. Новиков は，自由群に対する語の問題をも否定的に解決した．

定理 7.2 (Новиков)　群に対する語の問題は否定的に解ける．

この Новиков の証明は大変複雑なものであったが，その後，W. W. Boone (1959年) や C. Higman (1961年)，J. L. Britton (1963年) らによって，比較的わかりやすいものになった．

これらについては，文献 [8] などを参照されたい．

7.3 ヒルベルトの第10問題をめぐって

本章の初めに述べたように，ヒルベルトの第10問題とは

「任意に与えられた不定方程式が，整数解をもつか否かを判定するアルゴリ

ズムを見つけよ」
というものであり，ヒルベルトがこの問題を提出したときの意識としては，このようなアルゴリズムを実際に見つけることが，その問題の意義であったろう．

一般の不定方程式でなく，たとえば1変数の不定方程式

$$a_0+a_1x+a_2x^2+\cdots+a_nx^n=0 \quad (a_i\in\boldsymbol{Z})$$

が整数解をもつか否かは，a_0 の約数をすべて求め，それをこの方程式に順次代入してみて，解になるか否かを確かめればいいし，1次の不定方程式

$$a_1x_1+a_2x_2+\cdots+a_nx_n=k \quad (a_i,\,k\in\boldsymbol{Z})$$

が整数解をもつのは，k が $a_1, a_2, \cdots, a_n$ の最大公約数 $(a_1, a_2, \cdots, a_n)$ によって割りきれるときである．

ところで，このような，いわば "trivial" な場合を除けば，不定方程式の解の存在を決定するアルゴリズムを得ることは非常に困難なのである．

それでも，2変数の不定方程式も2次の場合ならば，1次不定方程式の場合に帰着するか，あるいは係数から定められる定数 C を用いて，

$$\max(|x|,\,|y|)<C$$

を満たす有限個の整数点 (x, y) が解となるか否かを確かめることに帰着させることができる．

ところが，2変数の不定方程式一般となると話は非常に難しくなってしまう．最終的結果は現在も得られていないが，たとえば，次のような著しい結果がある：

定理 7.3 (Roth)　μ を，$\mu>2$ なる実数，α を代数的数とする．このとき，

$$\left|\alpha-\frac{x}{y}\right|<\frac{1}{|y|^{\mu}}$$

を満たす整数解 (x, y) は有限個である．

定理 7.4 (Thue)　$f(x, y)$ を有理整係数の既約な n 次同次式 $(n\geqq 3)$ とすれば，

$$f(x,y)=m \quad (m\neq 0)$$

を満たす整数解 (x, y) は有限個である．

定理 7.5 (Siegel) $f(x, y)$ を有理整係数の既約な n 次多項式とし，$f(x, y)=0$ で定まる代数曲線の種数を正とすれば，

$$f(x, y)=0$$

を満たす整数解 (x, y) は有限個である．

これらの定理は，いずれも“解があるとすれば，それは有限個である”というだけで，これでは整数解の存否を判定することはできない．

前述の2変数2次の場合のように，ある定数 C を定めることができて，整数解 (x, y) があるとすれば，

$$\max(|x|, |y|)<C$$

を満たす，というのであれば，1辺の長さ $2C$ の，原点を中心とする正方形内の有限個の整数点 (x, y) について調べてみればよい．すなわち，このような場合にはアルゴリズムが存在するのである．

このような形で著しい結果を得たのは A. Baker である（彼はこの業績によって，1970年に，フィールズ賞を受賞している）：

定理 7.6 (Baker) $f(x, y)$ を有理整係数の既約な n 次同次式 $(n\geqq 3)$ とすれば，

$$f(x, y)=m \quad (m\neq 0)$$

を満たす整数解 (x, y) は

$$\max(|x|, |y|)<C\cdot\exp(\log|m|)^{\kappa}$$

を満たす．ここで κ は $\kappa>n+1$ を満たす任意の整数，C は n と κ と f の係数から実際に計算できる定数である．

定理 7.7 (Baker) $f(x, y)$ を有理整係数の絶対既約な n 次多項式とし，$f(x, y)=0$ で定まる代数曲線の種数を1とすれば，

$$f(x, y)=0$$

を満たす整数解 (x, y) は，

$$\max(|x|, |y|)<\exp(\exp(\exp((2H)^{10^{n}})))$$

を満たす．ここで，$H=\max\{f \text{ の係数の絶対値}\}$ である．

定理 7.8 (Baker)

$$y^m=a_0x^n+a_1x^{n-1}+\cdots+a_n$$

を満たす整数解 (x, y) は,

$$\max(|x|, |y|) < \exp(\exp((5m)^{10}\cdot(n^{10n}H)^{n^2}))$$

を満たす．ここで，$m, n \geqq 3$，$a_0 \neq 0$，$a_1, \cdots, a_n$ は有理整数で,

$$H = \max\{|a_j| \ |j = 1, 2, \cdots, n\}.$$

また，方程式の右辺は少なくとも2つの単根をもつものとする.

これらの定理は，上述の Thue の定理や Siegel の定理における特殊な場合(種数=1）について，“解が有限個”という結果を“実際に解を見いだすアルゴリズムを与える”ように改良したものであり，任意次数の2変数不定方程式でも，特殊な形のものに対しては，ヒルベルトの本来の意図どおりの肯定的解決を与えているものである.

以上のような肯定的解決への努力は，不定方程式のクラスに適当な制限をつけて，そのクラスの不定方程式について解の存否を判定するアルゴリズムを発見しようとする方向のものである.

この方向の努力は，もちろん，現在も精力的に続けられている.

一方，任意の不定方程式に対しては，解の存否を判定するアルゴリズムが存在しないことを証明しようとする努力がなされ，これが数学基礎論における決定問題の立場で研究されたのである.

以下，そのあとをたどることにしよう.

第10問題で求めているものは，“整数解の存否の判定”であるが，これは“自然数解の存否の判定”といいかえても同等である.

なぜならば，任意の不定方程式に対し自然数解の存否が判定できるのならば，不定方程式

$$p(x_1, x_2, \cdots, x_n) = 0$$

が“整数解”をもつか否かは，次のような 2^n 個の不定方程式

$$p(x_1, x_2, \cdots, x_n) = 0$$
$$p(-x_1, x_2, \cdots, x_n) = 0$$
$$p(x_1, -x_2, \cdots, x_n) = 0$$
$$\cdots\cdots\cdots\cdots\cdots\cdots\cdots\cdots$$

……………………

$$p(-x_1, -x_2, \cdots, -x_n)=0$$

が“自然数解”をもつか否かによって判定できるし，逆に，整数解の存否が判定できるのならば，不定方程式

$$p(x_1, x_2, \cdots, x_n)=0$$

が“自然数解”をもつか否かは，

定理 7.9 (Lagrange)　任意の自然数は，4つの平方数の和として表される

を用いれば，

$$p(q_1^2+r_1^2+s_1^2+t_1^2, \cdots, q_n^2+r_n^2+s_n^2+t_n^2)=0$$

が“整数解”をもつか否かによって判定できるからである．

定義 7.1　$x_1, \cdots, x_n$，$a_1, \cdots, a_m$ を，いずれも自然数上の変数とし，

$$f(x_1, \cdots, x_n,\ a_1, \cdots, a_m)=0$$

を不定方程式とするとき，

$$\exists x_1 \exists x_2 \cdots \exists x_n [f(x_1, x_2, \cdots, x_n, a_1, a_2, \cdots, a_m)=0]$$

なる形で表される述語を，($a_1, a_2, \cdots, a_m$ についての) **ディオファントス的述語**という．

たとえば，

$$\exists x \exists y \exists z [ax+by+cz=d]$$

は，a, b, c, d についてのディオファントス的述語であり，

$$\exists x \exists y [y^5=x^3-k]$$

は，k についてのディオファントス的述語である．

すなわち，ディオファントス的述語を用いれば，ヒルベルトの第10問題は，

「任意のディオファントス的述語の真偽を判定するアルゴリズムをつくれ」

といいかえることができる．

さらに，真偽を判定するアルゴリズムをもつ述語を，帰納的述語といいかえ，第10問題をやや否定的なニュアンス，すなわち，

“整数解の存否を判定するアルゴリズムは存在するか？”

という立場でとらえて，これを表現すれば，

「任意のディオファントス的述語が帰納的であることを示し得るか？」
ということになる.

つまり，第10問題が肯定的に解ければすべてのディオファントス的述語は帰納的であり，帰納的でないディオファントス的述語が存在すれば，第10問題は否定的に解けるわけである.

7.4 ヒルベルト型の決定問題

$a_1, \cdots, a_m$ についてのディオファントス的述語

$$\exists x_1 \cdots \exists x_n [f(x_1, \cdots, x_n, a_1, \cdots, a_m)=0]$$

の真偽を判定する帰納的手続きの存否を問う問題は，

$$M=\{(a_1, \cdots, a_m) \mid \exists x_1, \cdots, x_n [f(x_1, \cdots, x_n, a_1, \cdots, a_m)=0]\}$$

とおけば，

$\boldsymbol{N}^m$ における M の決定問題

であり，決定問題としてのヒルベルトの第10問題は，

「任意に与えられたディオファントス的述語の真偽を判定する帰納的手続きを具体的につくりあげるか，さもなくば，そのような帰納的手続きは存在しないことを証明せよ」

といいかえることができる．この問題を**ヒルベルト型の決定問題**という.

かくて，ヒルベルト型の決定問題が否定的に解けるとは，“帰納的でないディオファントス的述語の存在が証明される”ことにほかならない.

ここで，ディオファントス的述語について，基本的な性質をあげておこう.

定理 7.10 ディオファントス的述語は帰納的可算述語である.

［**証明**］ 不定方程式は，容易に，それと同等な帰納的述語に書き換えられるから，ディオファントス的述語は帰納的可算述語である. ∎

定理 7.11 $D(x, a_1, \cdots, a_n)$ がディオファントス的述語ならば，$\exists x D(x, a_1, \cdots, a_n)$ もディオファントス的述語である.

［**証明**］ ディオファントス的述語の定義から明らか. ∎

定理 7.12

（i） F_1, F_2 が不定方程式ならば，$F_1 \vee F_2$，$F_1 \wedge F_2$ は，いずれも不定方程式

である．

（ii） $F(y, x_1, \cdots, x_n)$ が不定方程式ならば，

$$\forall y_{y \leqq z} F(y, x_1, \cdots, x_n)$$

は，不定方程式である．

（iii） $F(y, x_1, \cdots, x_n)$ が不定方程式ならば，

$$\forall y F(y, x_1, \cdots, x_n)$$

は不定方程式である．

［証明］

（i）の証明：

F_1 を $P_1=0$， F_2 を $P_2=0$ とすれば，P_1, P_2 は多項式で

$$F_1 \vee F_2 \Longleftrightarrow (P_1=0 \vee P_2=0) \Longleftrightarrow P_1 \cdot P_2=0$$

$$F_1 \wedge F_2 \Longleftrightarrow (P_1=0 \wedge P_2=0) \Longleftrightarrow P_1^2+P_2^2=0$$

であるから，$F_1 \vee F_2, F_1 \wedge F_2$ はともに不定方程式である．

（ii）の証明：

$F(y, x_1, \cdots, x_n)$ を $P(y, x_1, \cdots, x_n)=0$ とすれば，

$$\forall y_{y \leqq z} F(y, x_1, \cdots, x_n) \Longleftrightarrow \forall y_{y \leqq z}[P(y, x_1, \cdots, x_n)=0]$$

$$\Longleftrightarrow \sum_{0 \leqq y \leqq z} P(y, x_1, \cdots, x_n)^2=0$$

ここで，$P(y, x_1, \cdots, x_n)^2$ を

$$P(y, x_1, \cdots, x_n)^2=\sum_{0 \leqq k \leqq r} P_k(x_1, \cdots, x_n) y^k$$

の形に整理すれば

$$\forall y_{y \leqq z}[P(y, x_1, \cdots, x_n)=0] \Longleftrightarrow \sum_{0 \leqq y \leqq z} \sum_{0 \leqq k \leqq r} P_k(x_1, \cdots, x_n) y^k=0$$

$$\Longleftrightarrow \sum_{0 \leqq k \leqq r}(P_k(x_1, \cdots, x_n) \sum_{0 \leqq y \leqq z} y^k)=0$$

が成立する．しかるに，ベルヌイの定理によって，$\sum_{0 \leqq y \leqq z} y^k$ は，有理数係数をもつ z の $(k+1)$ 次の多項式によって表せる．すなわち，

$$\sum_{0 \leqq y \leqq z} y^k=\sum_{0 \leqq j \leqq k+1} A_{j, k} \cdot z^j$$

ここで，$A_{j, k}$ は有理数であるから，$A_{j, k}$ $(0 \leqq k \leqq r, 0 \leqq j \leqq k+1)$ の分母の最小公倍数を M とすれば，$M \cdot A_{j, k}$ はすべて有理整数となって，

$$\forall y_{y \leqq z} F(y, x_1, \cdots, x_n) \Longleftrightarrow \sum_{0 \leqq k \leqq r} \sum_{0 \leqq j \leqq k+1} M \cdot A_{j, k} \cdot P_k(x_1, \cdots, x_n) z^j=0$$

である．すなわち，$\forall y_{y \leq z} F(y, x_1, \cdots, x_n)$ は不定方程式である．

(iii) の証明：

$$F(y, x_1, \cdots, x_n) \quad を \quad \sum_{0 \leq k \leq r} P_k(x_1, \cdots, x_n) \cdot y^k = 0 \quad とする．$$

このとき

$$\begin{aligned} \forall y F(y, x_1, \cdots, x_n) &\Longleftrightarrow \forall y \Bigl(\sum_{0 \leq k \leq r} P_k(x_1, \cdots, x_n) \cdot y^k = 0 \Bigr) \\ &\Longleftrightarrow P_0(x_1, \cdots, x_n) = 0 \wedge \cdots \wedge P_r(x_1, \cdots, x_n) = 0 \\ &\Longleftrightarrow \sum_{0 \leq k \leq r} (P_k(x_1, \cdots, x_n))^2 = 0 \end{aligned}$$

であるから，$\forall y F(y, x_1, \cdots, x_n)$ は不定方程式である． ∎

定理 7.13 D_1, D_2 がディオファントス的述語ならば，$D_1 \vee D_2, D_1 \wedge D_2$ はいずれもディオファントス的述語である．

［**証明**］

$$D_1 \quad を \quad \exists x_1 \cdots \exists x_m F_1$$

$$D_2 \quad を \quad \exists y_1 \cdots \exists y_n F_2$$

とする．ここで F_1, F_2 は不定方程式，$x_1, \cdots, x_m, y_1, \cdots, y_n$ は相異なる変数記号とする（束縛変数であるから，相異なる記号に書き換えてよい）．

このとき，

$$\begin{aligned} D_1 \vee D_2 &\Longleftrightarrow (\exists x_1 \cdots \exists x_m F_1) \vee (\exists y_1 \cdots \exists y_n F_2) \\ &\Longleftrightarrow \exists x_1 \cdots \exists x_m \exists y_1 \cdots \exists y_n (F_1 \vee F_2) \end{aligned}$$

であり，

$$\begin{aligned} D_1 \wedge D_2 &\Longleftrightarrow (\exists x_1 \cdots \exists x_m F_1) \wedge (\exists y_1 \cdots \exists y_n F_2) \\ &\Longleftrightarrow \exists x_1 \cdots \exists x_m \exists y_1 \cdots \exists y_n (F_1 \wedge F_2) \end{aligned}$$

であって，前定理によって，$F_1 \vee F_2$，$F_1 \wedge F_2$ はいずれも不定方程式であるから，$D_1 \vee D_2$，$D_1 \wedge D_2$ はいずれもディオファントス的述語である． ∎

定理 7.14 $\forall x D$ がディオファントス的述語でないような，ディオファントス的述語 D が存在する．

［**証明**］ 背理法によって示す．任意のディオファントス的述語 D について，$\forall x D$ がディオファントス的であると仮定する．このとき，定理 7.11 により，ディオファントス的述語全体のクラスは，存在記号 $\exists$ をつける操作について

も，全称記号 $\forall$ をつける操作についても閉じていることになる．したがって，この仮定の下ではディオファントス的述語全体のクラスは，(5.4 節に述べた) 算術的述語全体のクラスと一致する．

しかるに一方，T-述語 $T_1(x,x,y)$ も，$\forall y \neg T_1(x,x,y)$ も算術的述語ではあるが，たとえば $\forall y \neg T_1(x,x,y)$ は帰納的可算述語ではないから，算術的述語は，帰納的可算でない述語をも含んでいる．

したがって，ディオファントス的述語のクラスと算術的述語のクラスが一致するとすれば，前述の定理 7.10 と矛盾する．

よって，$\forall xD$ がディオファントス的でないようなディオファントス的述語 D が存在する． ∎

系 $\neg D$ がディオファントス的述語でないようなディオファントス的述語 D が存在する．

［**証明**］ 任意のディオファントス的述語 D に対して，$\neg D$ がディオファントス的述語になると仮定すると，

$$\forall xD \equiv \neg \exists x \neg D$$

であるから，$\forall xD$ はディオファントス的述語となり，上述の定理と矛盾する．∎

定理 7.15 以下の述語（i）〜(vi) は，いずれもディオファントス的述語である：

（i） $x \neq 0$

（ii） $x < y$

（iii） $x \neq y$

（iv） $x|y$

（v） $x \equiv y \pmod z$

（vi） $\neg \text{prime}(x)$ （"x は素数でない"）

（vii） $\forall n\,[x \neq 2^n]$ （"x は 2 の冪（べき）でない"）

［**証明**］（i）〜(vi) の述語は，それぞれ右辺のようなディオファントス的述語と同等である：

$$x \neq 0 \iff \exists y[x-1=y]$$

$$x < y \iff \exists z[y=x+z+1]$$

$$x \neq y \iff \exists z[(x-y)^2=(1+z)^2]$$

$$x|y \iff \exists z[z\cdot x=y]$$

$$x\equiv y(\mathrm{mod}\, z) \iff \exists u[x-y=z\cdot u \vee y-x=z\cdot u]$$

$$\neg\mathrm{prime}(x) \iff \exists y\exists z[x=(2+y)(2+z)\vee x=0\vee x=1]$$

$$\forall n[x\neq 2^n] \iff \exists y\exists z[x=(2y+3)\cdot z]$$

（xが2の冪でないならxは0か3より大きい奇数の約数をもつ） ∎

さて，ここで，次節に述べる“ヒルベルト型の決定問題の否定的解決”への状況を概観しておこう．

$+$，$-$と$\sum_{x<a}$，$\prod_{x<a}$を用いて具体的に書ける関数を表現関数としてもつ述語を**Kalmár の初等的述語**という．不定方程式はKalmár の初等的述語であり，Kalmár の初等的述語は原始帰納的である．もちろん，原始帰納的述語は帰納的であるから，不定方程式の全体を$\boldsymbol{D}$，初等的述語の全体を$\boldsymbol{E}$，原始帰納的述語の全体を$\boldsymbol{P}$，帰納的述語の全体を$\boldsymbol{R}$と書けば，

(*1) $$\boldsymbol{D}\subsetneqq\boldsymbol{E}\subsetneqq\boldsymbol{P}\subsetneqq\boldsymbol{R}$$

が成立する．

ところで，第5章で述べたように，帰納的述語の変数のいくつかを存在記号$\exists$によって束縛した述語，すなわち帰納的可算述語全体のクラス$C_{\boldsymbol{R}}$と原始帰納的述語の変数のいくつかを存在記号で束縛した述語全体のクラス$C_{\boldsymbol{P}}$とは一致する．

同様に，これらのクラスは，Kalmár の初等述語の変数のいくつかを存在記号で束縛した述語全体のクラス$C_{\boldsymbol{E}}$とも一致することが知られているのである．

すなわち，

(*2) $$C_{\boldsymbol{E}}=C_{\boldsymbol{P}}=C_{\boldsymbol{R}}$$

が成立する．

帰納的可算述語全体のクラスはΣ_1^0あるいは単にΣ_1と書かれる習慣であるから，以下では$C_{\boldsymbol{R}}$をΣ_1と書こう（第5章を参照）．

さて，(*1) や (*2) を眺めていると，不定方程式の変数のいくつかを存在記号で束縛した述語，つまりディオファントス的述語全体のクラス$C_{\boldsymbol{D}}$もΣ_1に

一致するのではないか，という疑問をもつことは自然であろう．

そして，もし

(*3) $$C_D=\Sigma_1$$

が成立するならば，Σ_1 のなかには帰納的でない述語（たとえば，$\exists y T_1(x, x, y)$ など）が存在するのであるから，C_D には帰納的でないディオファントス的述語，すなわち，真偽の判定をする帰納的手続きをもたないディオファントス的述語が存在することになり，ヒルベルト型の決定問題は否定的に解決されることになるのである．

本節の定理 7.10 によって

$$C_D \subseteqq \Sigma_1$$

であるから，(*3) を証明するには

(*4) $$C_D \supseteqq \Sigma_1$$

を示せばよい．すなわち，

「すべての帰納的可算述語は，ディオファントス的である」

ことを示せばよい．

1950 年代および 1960 年代での第 10 問題の研究目標は，まさに (*4) を証明することにあった．そして，最終的にそれに成功したのが Ю. В. Матиясевич だったのである．

7.5 ヒルベルト型決定問題の否定的解決の経緯

本節では，まず，ヒルベルト型の決定問題が否定的に解決されるまでの歴史的経緯を簡単に説明しよう．証明は次節で行う．

$\Sigma_1 \subseteqq C_D$ の証明を意識した最初のよく知られた定理は，1950 年の次の定理であろう．

Davis の定理 任意の帰納的可算述語 $E(a_1, a_2, \cdots, a_n)$ に対し，次のようなディオファントス的述語 $D(k, a_1, \cdots, a_n, y)$ が存在する：

$$E(a_1, a_2, \cdots, a_n) \Longleftrightarrow \exists y \forall k_{k<y} D(k, a_1, \cdots, a_n, y)$$

D はディオファントス的述語であるから，存在記号 $\exists$ の間に有界な全称記号 $\forall k_{k<y}$ を 1 つ入れた右辺の述語はディオファントス的述語にきわめて近い

形をしている．この定理によれば，任意の帰納的可算述語が，この形の述語に表せる，というのである．

この定理は，歴史的経緯からは最も基本的な結果で，その後の研究に大きな影響を与えた．

上定理のディオファントス的述語 $D(k, a_1, \cdots, a_n, y)$ は，適当な不定方程式

$$f(x_1, \cdots, x_m, k, a_1, \cdots, a_n, y)=0$$

をとれば，

$$D(k, a_1, \cdots, a_n, y)$$
$$\Longleftrightarrow \exists x_{1_{x_1<y}} \exists x_{2_{x_2<y}} \cdots \exists x_{m_{x_m<y}}[f(x_1, \cdots, x_m, k, a_1, \cdots, a_n, y)=0]$$

となることも知られている（後述）．

1952 年には，J. Robinson の重要な結果が得られている．この証明手法は，最も決定的な影響を与えたといってよいであろう．

J. Robinson の定理　次の条件（i），（ii）を満たすディオファントス的述語 $\Phi(u, v)$ が存在すれば，述語 $z=x^y$ もディオファントス的である．

（i）　$\exists n \forall u \forall v[\Phi(u, v) \Longrightarrow v<u*n]$

ここで，$*$ は次のように定義された関数とする：

$$\begin{cases} x*0=1 \\ x*(n+1)=x^{(x*n)} \end{cases}$$

（ii）　$\neg \exists n \forall u \forall v[\Phi(u, v) \Longrightarrow v<u^n]$

この証明ではペル方程式 $x^2-(a^2-1)y^2=1$ の解の性質が用いられる（後述）．J. Robinson は，数論上の決定問題を取り扱うときの状況を考察して，指数関数的に増加する関数，たとえば $y=x!$ などを表現することの重要さを指摘したのである．

1961 年，このような状況をふまえた次のような定理が発表された．

Davis, Putnam, J. Robinson の定理　述語 $w=u^v$ がディオファントス的ならば，任意の帰納的可算述語はディオファントス的である．

上の 2 つの定理から，ただちに次の結果が得られる．

定理　「$v=2^u$ がディオファントス的述語ならば，任意の帰納的可算述語はディオファントス的である．」

［**証明**］ 上記の2定理から，J. Robinson の定理の条件（i），（ii）を満たすディオファントス的述語 $\Phi(u, v)$ が，この定理の前提の下で存在することを示せばよい．

$\Phi(u, v)$ を，

$$\Phi(u, v) \equiv v=2^u \wedge u>2$$

と定義する．このとき，7.4節の諸定理とこの定理の前提から $\Phi(u, v)$ はディオファントス的である．

いま，明らかに

$$\forall u \forall v[(v=2^u \wedge u>2) \Longrightarrow v<u*2]$$

であるから，条件（i）は成立する．さらに，

$$\neg \exists n \forall u[2^u<u^n]$$

であるから，

$$\neg \exists n \forall u \forall v[(v=2^u \wedge u>2) \Longrightarrow v<u^n]$$

であり，条件の（ii）も成立する． ∎

結局，Матиясевич は，J. Robinson の定理の条件（i），（ii）を満たすディオファントス的述語 $\Phi(u, v)$ をつくってみせたのである．Davis–Putnam–J. Robinson の定理により，これは $\Sigma_1 \subseteqq C_D$ を導く．

Матиясевич はこのような $\Phi(u, v)$ を定義するに際してフィボナッチ数列を用いたが，もちろん，その本質はフィボナッチ数列を用いることにあるのではない．ペル方程式の解がつくる数列やフィボナッチ数列に共通した指数関数的増加の様子のディオファントス的表現がその本質である．

いま，

$$\Phi(u, v) \equiv f(u)=v$$

とおいて，関数 f が次の性質（I），（II），（III）を満たすとする：

（I） $f(u)=v$ はディオファントス的述語

（II） $\forall u_{u>0}[f(u)<u^u]$

（III） $\forall n \exists u[f(u) \geqq u^n]$

このとき，$\Phi(u, v)$ が J. Robinson の定理の条件を満たすことは明らかであろう．

ここで，(II)，(III) は，関数fがいかなる多項式よりも速く，指数関数的に増加することを示している．

$\phi_0, \phi_1, \cdots, \phi_n, \cdots$ をフィボナッチ数列とする．すなわち，

$$\phi_0=0,\ \ \phi_1=1,\ \ \phi_{n+2}=\phi_n+\phi_{n+1}$$

Матиясевич の定理　$\{\phi_n\}$ をフィボナッチ数列とすると，次の (I)，(II)，(III) を満たす：

(I)　$\phi_{2u-2}=v$ $(u\geqq 1)$ はディオファントス的述語

(II)　$\forall u_{u>0}[\phi_{2u-2}<u^u]$

(III)　$\forall n \exists u[\phi_{2u-2}\geqq u^n]$

［**証明**］(I) の証明には，次の補助定理が用いられる：

補助定理　$\phi_{2u-2}=v$ が成立することと，次の (i)〜(x) のu, vをパラメタとする不定方程式系が，正の整数解をもつことは同等である：

(i)　$(u-1)+(w-1)=v$

(ii)　$l=v+a$

(iii)　$l^2-lz-z^2=1$

(iv)　$g=bl^2$

(v)　$g^2-gh-h^2=1$

(vi)　$m=(2h+g)\cdot c+3$

(vii)　$m=fl+2$

(viii)　$x^2-mxy+y^2=1$

(ix)　$x=(d-1)l+(u-1)$

(x)　$x=(2h+g)(e-1)+v$

(i)〜(x) の各不定方程式 $F_i=0$ $(i=\mathrm{i}, \mathrm{ii}, \cdots, \mathrm{x})$ が自然数係数の多項式f_i, g_iを用いて，$f_i=g_i$ $(i=\mathrm{i}, \mathrm{ii}, \cdots, \mathrm{x})$ と表すことができること，したがって不定方程式系 (i)〜(x) が正の整数解をもつことと，

$$\sum_{i=\mathrm{i}}^{\mathrm{x}}(f_i-g_i)^2=0$$

すなわち，

$$f_{\mathrm{i}}^2+f_{\mathrm{ii}}^2+\cdots+f_{\mathrm{x}}^2+g_{\mathrm{i}}^2+g_{\mathrm{ii}}^2+\cdots+g_{\mathrm{x}}^2=2f_{\mathrm{i}}\cdot g_{\mathrm{i}}+2f_{\mathrm{ii}}\cdot g_{\mathrm{ii}}+\cdots+2f_{\mathrm{x}}\cdot g_{\mathrm{x}}$$

が正の整数解をもつことは，明らかに同等であるから，この補助定理により

$$\phi_{2u-2}=v \Longleftrightarrow$$

$$\exists w \exists l \exists a \exists z \exists g \exists b \exists h \exists m \exists c \exists f \exists x \exists y \exists d \exists e$$

$$[f_{\mathrm{i}}^2+\cdots+f_{\mathrm{x}}^2+g_{\mathrm{i}}^2+\cdots+g_{\mathrm{x}}^2=2f_{\mathrm{i}}\cdot g_{\mathrm{i}}+\cdots+2f_{\mathrm{x}}\cdot g_{\mathrm{x}}]$$

が得られる．この右辺は明らかにディオファントス的述語であるから，（I）は証明された．

（II），（III）の証明は容易である．

$$f(u)=\phi_{2u-2}$$

とおく．

（II）の証明： u についての帰納法による．

$$f(1)=\phi_0=0<1=1^1$$

$$f(2)=\phi_2=1<2^2$$

$$f(3)=\phi_4=3<3^3$$

$m \geqq 3$ とし，$f(m)<m^m$ を仮定すれば，

$$\begin{aligned}f(m+1)=\phi_{2m}&=\phi_{2m-2}+\phi_{2m-1}\\&=\phi_{2m-2}+(\phi_{2m-2}+\phi_{2m-3})\\&=2\cdot\phi_{2m-2}+\phi_{2m-3}\\&=2\cdot f(m)+\phi_{2m-3}\\&<3\cdot f(m)\\&<3\cdot m^m\\&\leqq m\cdot m^m=m^{m+1}\\&<(m+1)^{m+1}\end{aligned}$$

（III）の証明：

ⓘ $u \geqq 2$ に対し，$f(u) \geqq 2^{u-2}$ であることを，u についての帰納法で示す：

$$f(2)=\phi_2=1\geqq 2^0=2^{2-2}$$

$$f(3)=\phi_4=3\geqq 3^1\geqq 2^{3-2}$$

$m \geqq 3$ とし，$f(m) \geqq 2^{m-2}$ を仮定すれば

$$\begin{aligned}f(m+1)=\phi_{2m}&=\phi_{2m-2}+\phi_{2m-1}\\&=2\cdot f(m)+\phi_{2m-3}\end{aligned}$$

$$>2\cdot f(m)$$
$$\geqq 2\cdot 2^{m-2}$$
$$=2^{(m+1)-2}$$

しかるに一方,

(ii) $\forall n \exists u[2^{u-2} \geqq u^n]$ は成立する.

したがって, (i), (ii) により

$$\forall n \exists u[\phi_{2u-2} \geqq u^n]$$ ∎

以上が, ヒルベルトの第10問題が否定的に解決されるまでの歴史的経緯の概略である. 以上では, その解決の道程を中心に解説し, 証明はほとんど行わなかったから, 以下ではその証明を述べる.

上記の定理のおのおのの証明を述べたのでは長くなるから, その本質的部分をとりだし, なるべく簡単になるようにしよう.

7.6 ヒルベルト型決定問題の否定的解決の証明

定義 7.2 F を不定方程式とするとき,

$$\exists y \forall k_{k<y} \exists z_{1_{z_1<y}} \cdots \exists z_{m_{z_m<y}}[F(z_1, \cdots, z_m, k, a_1, \cdots, a_n, y)=0]$$

の形に表せる述語 $P(a_1, \cdots, a_n)$ を, **デイビス形の述語**とよぶ.

定理 7.16 述語 $P(a_1, \cdots, a_m, a_{m+1})$, $Q(a_1, \cdots, a_m, a_{m+1})$ がともにデイビス形の述語ならば

(i) $P(a_1, \cdots, a_m, a_{m+1}) \wedge Q(a_1, \cdots, a_m, a_{m+1})$ はデイビス形の述語である.

(ii) $\exists x P(a_1, \cdots, a_m, x)$ はデイビス形の述語である.

(iii) $\forall x_{x<a_{m+1}} P(a_1, \cdots, a_m, x)$ はデイビス形の述語である.

[証明]

(i) の証明: 仮定により, ある不定方程式 F_1, F_2 によって

$P(a_1, \cdots, a_m, a_{m+1}) \Longleftrightarrow$

$$\exists y_1 \forall k_{1_{k_1<y_1}} \exists z_{1_{z_1<y_1}} \cdots \exists z_{m_{z_m<y_1}}[F_1(z_1, \cdots, z_m, k_1, a_1, \cdots, a_{m+1}, y_1)=0]$$

$Q(a_1, \cdots, a_m, a_{m+1}) \Longleftrightarrow$

$$\exists y_2 \forall k_{2_{k_2<y_2}} \exists w_{1_{w_1<y_2}} \cdots \exists w_{l_{w_l<y_2}}[F_2(w_1, \cdots, w_l, k_2, a_1, \cdots, a_{m+1}, y_2)=0]$$

と表せるものとする. このとき,

$$
\begin{aligned}
&P(a_1, \cdots, a_m, a_{m+1}) \wedge Q(a_1, \cdots, a_m, a_{m+1}) \\
&\quad\Longleftrightarrow \exists y_1 \exists y_2 \forall k_{1_{k_1<y_1}} \forall k_{2_{k_2<y_2}} \exists z_{1_{z_1<y_1}} \cdots \exists z_{m_{z_m<y_1}} \exists w_{1_{w_1<y_2}} \cdots \exists w_{l_{w_l<y_2}} \\
&\qquad [F_1(z_1, \cdots, z_m, k_1, a_1, \cdots, a_{m+1}, y_1)=0 \\
&\qquad\quad \wedge F_2(w_1, \cdots, w_l, k_2, a_1, \cdots, a_{m+1}, y_2)=0] \\
&\quad\Longleftrightarrow \exists y \forall k_{k<y} \exists z_{1_{z_1<y}} \cdots \exists z_{m_{z_m<y}} \exists w_{1_{w_1<y}} \\
&\qquad\quad \cdots \exists w_{l_{w_l<y}} \exists y_{1_{y_1<y}} \exists y_{2_{y_2<y}} \exists k_{1_{k_1<y}} \exists k_{2_{k_2<y}} \\
&\qquad [F_1(z_1, \cdots, z_m, k_1, a_1, \cdots, a_{m+1}, y_1)=0 \\
&\qquad\quad \wedge F_2(w_1, \cdots, w_l, k_2, a_1, \cdots, a_{m+1}, y_2)=0 \\
&\qquad\quad \wedge k_1<y_1 \wedge k_2<y_2 \wedge z_1<y_1 \wedge \cdots \wedge z_m<y_1 \wedge w_1<y_2 \wedge \cdots \wedge w_l<y_2 \\
&\qquad\quad \wedge y=j(y_1, y_2) \wedge k=j(k_1, k_2)]
\end{aligned}
$$

が成立する．

ここに，j は第2章の例2.16にあげた対関数であり，

$$c=j(a, b) \Longleftrightarrow 2c=(a+b)^2+3a+b$$

であるから，$c=j(a, b)$ は，不定方程式

$$2c-a^2-b^2-2ab+3a+b=0$$

として表せる．さらに，定理7.12の（i）によって，$F_1 \wedge F_2$ は不定方程式であり，

$$u<y_i \Longleftrightarrow \exists v_{i_{v_i<y}}[y_i=u+v_i]$$

であるから，上式はデイビス形の述語である．

（ii）の証明：　仮定により，ある不定方程式 F によって

$$
\begin{aligned}
P(a_1, \cdots, a_m, a_{m+1}) \Longleftrightarrow &\exists y' \forall k_{k<y'} \exists z_{1_{z_1<y'}} \cdots \exists z_{n_{z_n<y'}} \\
&[F(z_1, \cdots, z_n, k, a_1, \cdots, a_m, a_{m+1}, y')=0]
\end{aligned}
$$

と表されているものとする．

このとき，

$$
\begin{aligned}
\exists x P(a_1, \cdots, a_m, x) \Longleftrightarrow &\exists y \forall k_{k<y} \exists z_{1_{z_1<y}} \cdots \exists z_{n_{z_n<y}} \exists x_{x<y} \exists y'_{y'<y} \\
&[F(z_1, \cdots, z_n, k, a_1, \cdots, a_m, x, y')=0 \wedge y=j(x, y') \\
&\quad \wedge k<y' \wedge z_1<y' \wedge \cdots \wedge z_n<y']
\end{aligned}
$$

であるから，（i）の場合と同様，上式はデイビス形の述語になる．

(iii) の証明：仮定により，ある不定方程式により

$$P(a_1, \cdots, a_m, a_{m+1}) \Longleftrightarrow \exists y \forall k_{k<y} \exists z_{1_{z_1<y}} \cdots \exists z_{n_{z_n<y}} [F(z_1, \cdots, z_n, k, a_1, \cdots, a_{m+1}, y)=0]$$

と表されているとする．

このとき，

$$(*) \quad \forall x_{x<a_{m+1}} P(a_1, \cdots, a_m, x) \Longleftrightarrow \forall x_{x<a_{m+1}} \exists y \forall k_{k<y} \exists z_{1_{z_1<y}} \cdots \exists z_{n_{z_n<y}} [F(z_1, \cdots, z_n, k, a_1, \cdots, a_m, x, y)=0]$$

の右辺を以下のように書き換える．

任意の $y_0, y_1, \cdots, y_{a_{m+1}-1}$ に対し，$a_{m+1}!|v$ であるように v をとれば（v はいくら大きくとってもよい），$i<j<a_{m+1}$ なる i, j に対して $1+(i+1)v$ と $1+(j+1)v$ は互いに素である．なぜならば，これらに共通の約数 p があるとすれば，v のとり方から，$a_{m+1}<p$ である．しかるに

$$p|(1+(i+1)v) \wedge p|(1+(j+1)v) \Longrightarrow p|(j-i)$$

となって，$j-i<a_{m+1}<p$ であることと矛盾するからである．

よって，“剰余定理”により $x<a_{m+1}$ なるすべての x に対し

$$u \equiv y_x (\mathrm{mod}(1+(x+1)v))$$

なる u が存在する．

さらに，v はいくらでも大きくとれるから

$$y_x<1+(x+1)v$$

を満たすようにできる．

このような u, v に対し，対関数 j を用いて $\bar{y}=j(u, v)$ とおけば，もちろん，$y_x<\bar{y}$ である．$\bar{y}$ をいくらでも大きくできることに注意すれば，(*) の右辺は，次のように書き換えられる．

$$\begin{aligned}&\exists \bar{y} \forall w_{w<\bar{y}} \exists y_{y<\bar{y}} \exists u_{u<\bar{y}} \exists v_{v<\bar{y}} \exists x_{x<\bar{y}} \exists k_{k<\bar{y}} \exists z_{1_{z_1<\bar{y}}} \cdots \exists z_{n_{z_n<\bar{y}}} \\ &[\neg(w=j(x, k) \wedge k<y) \vee (\bar{y}=j(u, v) \wedge (u \equiv y (\mathrm{mod}(1+(x+1)v)) \\ &\qquad \wedge y<1+(x+1)v \\ &\qquad \wedge F(z_1, \cdots, z_n, k, a_1, \cdots, a_m, x, y)=0]\end{aligned}$$

ここで，定理 7.15 を援用すれば，上式はデイビス形の述語である． ∎

定理 7.17 $\varphi(a_1, a_2, \cdots, a_n)$ が帰納的関数ならば，$\varphi(a_1, a_2, \cdots, a_n)=b$ はデイビス形の述語である．

［証明］ 帰納的関数の定義に従って，帰納法によって証明する．初期関数の後者関数（I），定数関数（II），恒等関数（III）については，おのおの，

（I） $\varphi(a)=b \Longleftrightarrow a+1=b$

（II） $\varphi(a_1, \cdots, a_n)=b \Longleftrightarrow q=b$ （q は定数）

（III） $\varphi(a_1, \cdots, a_n)=b \Longleftrightarrow a_i=b \quad (i=1, 2, \cdots, n)$

であるから，明らかである．

関数の合成（IV），$\varphi(a_1, \cdots, a_n)=\psi(\chi_1(a_1, \cdots, a_n), \cdots, \chi_m(a_1, \cdots, a_n))$ については，ψ, χ_i $(i=1, 2, \cdots, m)$ について定理が成立しているとすれば，

（IV） $$\varphi(a_1, \cdots, a_n)=b \Longleftrightarrow \exists x_1 \exists x_2 \cdots \exists x_m[\chi_1(a_1, \cdots, a_n)=x_1 \wedge \cdots \wedge \chi_m(a_1, \cdots, a_m)=x_m \wedge \varphi(x_1, \cdots, x_m)=b]$$

であるから，前定理の（ii）によって，この場合もデイビス形の述語である．

帰納法による定義（V），

$$\begin{cases} \varphi(0, a_1, \cdots, a_n)=\psi(a_1, \cdots, a_n) \\ \varphi(a+1, a_1, \cdots, a_n)=\chi(a, \varphi(a, a_1, \cdots, a_n), a_1, \cdots, a_n) \end{cases}$$

については，ψ, χ について定理が成立しているとすれば，

（V） $\varphi(0, a_1, \cdots, a_n)=b \Longleftrightarrow \psi(a_1, \cdots, a_n)=b$

であり，$\varphi(a, a_1, \cdots, a_n)=x$ がデイビス形の述語ならば，

$$\varphi(a+1, a_1, \cdots, a_n)=b \Longleftrightarrow \exists x[\varphi(a, a_1, \cdots, a_n)=x \wedge \chi(a, x, a_1, \cdots, a_n)=b]$$

であるから，前定理の（ii）によって，やはりデイビス形の述語である．

次に，μ-演算子による定義（VI），

$$\varphi(a_1, \cdots, a_n)=\mu a[\psi(a, a_1, \cdots, a_n)=0]$$

（ただし，$\forall a_1 \forall a_2 \cdots \forall a_n \exists a[\psi(a, a_1, \cdots, a_n)=0]$）

のとき，ψ について定理が成立しているとすれば，

（VI） $$\begin{aligned} \varphi(a_1, \cdots, a_n)=b &\Longleftrightarrow \psi(b, a_1, \cdots, a_n)=0 \wedge \forall x_{x<b}[\psi(x, a_1, \cdots, a_n) \neq 0] \\ &\Longleftrightarrow \psi(b, a_1, \cdots, a_n)=0 \\ &\qquad \wedge \forall x_{x<b} \exists y[\psi(x, a_1, \cdots, a_n)=y+1] \end{aligned}$$

であるから，前定理の（i），（ii），（iii）によって，上式の右辺は，デイビス形の述語となる． ∎

定理 7.18 任意の帰納的可算述語は，デイビス形の述語である．

［証明］ 前定理によって，任意の帰納的述語はデイビス形の述語であり，さ

らに定理7.16の（ii）によって，任意の帰納的可算述語はデイビス形の述語である． ∎

この定理は，7.5節の最初に述べた，Davis の定理にほかならない．

次に，J. Robinson の定理の本質的な内容を証明するために，ペル方程式

$$x^2-(a^2-1)y^2=1 \quad (x, y \geqq 0,\ a>1)$$

の性質を調べよう．

$$(a+\sqrt{a^2-1})(a-\sqrt{a^2-1})=1$$

であるから

$$(a+\sqrt{a^2-1})^n(a-\sqrt{a^2-1})^n=1$$

である．

$(a+\sqrt{a^2-1})^n$ を展開して

$$(a+\sqrt{a^2-1})^n=x_n(a)+y_n(a)\sqrt{a^2-1}$$

で定まる a の多項式 $x_n(a), y_n(a)$ を考える．このとき，$(a-\sqrt{a^2-1})^n$ を展開すれば

$$(a-\sqrt{a^2-1})^n=x_n(a)-y_n(a)\sqrt{a^2-1}$$

となるから，

$$(x_n(a)+y_n(a)\sqrt{a^2-1})(x_n(a)-y_n(a)\sqrt{a^2-1})=(a+\sqrt{a^2-1})^n(a-\sqrt{a^2-1})^n$$

すなわち，

$$x_n(a)^2-y_n(a)^2(a^2-1)=1$$

となり，明らかに，$x_n(a)>0$，$y_n(a)>0$ であるから，$x_n(a)$，$y_n(a)$ $(n=1, 2, 3, \cdots)$ はペル方程式 $x^2-(a^2-1)y^2=1$ の解である．

後の証明の便宜上，$n=0$ の場合も入れて $x_0(a)=1, y_0(a)=0$ とする．また，$a=1$ の場合も入れて，任意の n に対し，

$$x_n(1)=1$$

$$y_n(1)=n$$

と約束しておく．$x_n(a), y_n(a)\,(n=0, 1, 2, 3, \cdots)$ については，その定義と $x_n(a)^2-y_n(a)^2(a^2-1)=1$ の形から明らかに，次の定理が成立する．

定理 7.19

（i） $x_0(a)=1$，$x_1(a)=a$，$x_2(a)=2a^2-1$

$y_0(a)=0$，$y_1(a)=1$，$y_2(a)=2a$

（ii） $0<i<j$，$a>1$ のとき，

$x_i(a)<x_j(a)$

$y_i(a)<y_j(a)$

（iii） $x_n(a), y_n(a)$ は互いに素，すなわち，$(x_n(a), y_n(a))=1$

上述のように，$x_n(a)$，$y_n(a)$ はペル方程式の解であるが，逆に，次の定理も成立する：

定理 7.20 ペル方程式 $x^2-(a^2-1)y^2=1$ の解 x, y は，おのおの，$x_n(a)$，$y_n(a)$ の形に表される．

［証明］ u, v を

$$u^2-(a^2-1)v^2=1$$

を満たす解とする．$x_n(a)$，$y_n(a)$ は自然数であるが，この u, v はペル方程式を満たす任意の整数解とし，ただし，$v \neq 0$ として，それが $x_n(a)$，$y_n(a)$ の形に書けることを示そう：

u, v がペル方程式を満たすことから，

$$(u+v\sqrt{a^2-1})(u-v\sqrt{a^2-1})=1$$

で，

$$u+v\sqrt{a^2-1}>0, \quad u-v\sqrt{a^2-1}>0$$

$$u-v\sqrt{a^2-1}<1<u+v\sqrt{a^2-1}$$

としよう（さもなければ，v の符号は逆にすればよいから，このように仮定しても一般性を失わない）．

このとき，

（＊） $a+\sqrt{a^2-1} \leqq u+v\sqrt{a^2-1}$

が成立する．

なぜならば，(＊) が成立しないとすれば，

$$1<u+v\sqrt{a^2-1}<a+\sqrt{a^2-1}$$

$$a-\sqrt{a^2-1}<u-v\sqrt{a^2-1}<1$$

でなくてはならない．これを変形すると

$$0<2v\sqrt{a^2-1}<2\sqrt{a^2-1}$$

であるから，$0<v<1$ となるが，これは v が整数であることと矛盾する．よって，(*) でなくてはならない．

次に，$u=x_n(a)$，$v=y_n(a)$ なる n が存在することを示す．

(*) によって，$a+\sqrt{a^2-1}\leqq u+v\sqrt{a^2-1}$ であり，前定理 (i)，(ii) から，$a+\sqrt{a^2-1}=x_1(a)+y_1(a)\sqrt{a^2-1}$ で，$0<i<j$ に対し $x_i(a)<x_j(a)$，$y_i(a)<y_j(a)$ であるから，

$$x_n(a)+y_n(a)\sqrt{a^2-1}\leqq u+v\sqrt{a^2-1}<x_{n+1}(a)+y_{n+1}(a)\sqrt{a^2-1}$$

なる n が存在する．

よって，上式の各辺々に $x_n(a)-y_n(a)\sqrt{a^2-1}$ (>0) を乗じれば，

$$\begin{aligned}(**)\quad 1&\leqq(u+v\sqrt{a^2-1})(x_n(a)-y_n(a)\sqrt{a^2-1})\\&<(x_{n+1}(a)+y_{n+1}(a)\sqrt{a^2-1})(x_n(a)-y_n(a)\sqrt{a^2-1})\\&=(x_n(a)+y_n(a)\sqrt{a^2-1})(a+a\sqrt{a^2-1})(x_n(a)-y_n(a)\sqrt{a^2-1})\\&=a+a\sqrt{a^2-1}\end{aligned}$$

である．ところで

$$\begin{aligned}(u+v\sqrt{a^2-1})(x_n(a)-y_n(a)\sqrt{a^2-1})&=(ux_n(a)-vy_n(a)(a^2-1))\\&\quad+(vx_n(a)-uy_n(a))\sqrt{a^2-1}\end{aligned}$$

であるから，

$$\xi=ux_n(a)-vy_n(a)(a^2-1),\quad \eta=vx_n(a)-uy_n(a)$$

とおけば，

$$\begin{aligned}\xi^2-\eta^2(a^2-1)&=(u^2-(a^2-1)v^2)x_n(a)^2-(u^2-(a^2-1)v^2)y_n(a)^2(a^2-1)\\&=x_n(a)^2-y_n(a)^2(a^2-1)\\&=1\end{aligned}$$

であるから，ξ,η もペル方程式の解で，$\eta\neq 0$ ならば，(*) により

$$a+\sqrt{a^2-1}\leqq\xi+\eta\sqrt{a^2-1}$$

となる．しかし，これは (**) の

$$\xi+\eta\sqrt{a^2-1}<a+\sqrt{a^2-1}$$

と矛盾するから，$\eta=0$ でなくてはならない．

したがって，

$$vx_n(a)-uy_n(a)=0$$

で，前定理（iii）から，$(x_n(a),\ y_n(a))=1$．同様に，$(u,v)=1$ であるから，

$$u=x_n(a),\quad v=y_n(a)$$

である． ∎

以上によって，

$$x^2-(a^2-1)y^2=1 \Longleftrightarrow \exists n[x+y\sqrt{a^2-1}=(a+\sqrt{a^2-1})^n]$$

というわけである．

$x_n(a)$，$y_n(a)$ は，さらに，次のような性質をもっている：

定理 7.21

（i） $x_{n+1}(a)=a\cdot x_n(a)+(a^2-1)y_n(a)$，$y_{n+1}(a)=x_n(a)+a\cdot y_n(a)$

（ii） $x_{n+1}(a)=2a\cdot x_n(a)-x_{n-1}(a)$，$y_{n+1}(a)=2a\cdot y_n(a)-y_{n-1}(a)$

（iii） $y_{m+n}(a)=x_n(a)y_m(a)+x_m(a)y_n(a)$

（iv） $y_n(a)|y_t(a) \Longleftrightarrow n|t$

（v） $y_{k+u}(a)\equiv -y_{k+1-u}(a) \pmod{y_k+y_{k+1}}$

［証明］

（i）の証明：

$$\begin{aligned}x_{n+1}(a)+y_{n+1}(a)\sqrt{a^2-1}&=(x_n(a)+y_n(a)\sqrt{a^2-1})(a+\sqrt{a^2-1})\\&=(a\cdot x_n(a)+(a^2-1)y_n(a))\\&\quad+(x_n(a)+a\cdot y_n(a))\sqrt{a^2-1}\end{aligned}$$

よって，

$$x_{n+1}(a)=a\cdot x_n(a)+(a^2-1)y_n(a),\quad y_{n+1}(a)=x_n(a)+a\cdot y_n(a)$$

（ii）の証明： n についての帰納法によって証明する．

$n=1$ のときは，定理7.19の（i）から明らかに成立する．k 以下で（ii）が成立すると仮定して，$n=k+1$ の場合を導こう．本定理の（i）の結果を繰り返し用いれば，

$$\begin{aligned}x_{k+2}(a)&=a\cdot x_{k+1}(a)+(a^2-1)y_{k+1}(a)\\&=a\cdot x_{k+1}(a)+(a^2-1)(x_k(a)+a\cdot y_k(a))\\&=a\cdot x_{k+1}(a)-x_k(a)+a(a\cdot x_k(a)+(a^2-1)y_k(a))\end{aligned}$$

$$=a\cdot x_{k+1}(a)-x_k(a)+a\cdot x_{k+1}(a)$$
$$=2ax_{k+1}(a)-x_k(a)$$
$$y_{k+2}(a)=x_{k+1}(a)+ay_{k+1}(a)$$
$$=ax_k(a)+(a^2-1)y_k(a)+a(x_k(a)+ay_k(a))$$
$$=a(x_k(a)+a\cdot y_k(a))-y_k(a)+a\cdot y_{k+1}(a)$$
$$=ay_{k+1}(a)-y_k(a)+ay_{k+1}(a)$$
$$=2ay_{k+1}(a)-y_k(a)$$

(iii) の証明：

$$x_{m+n}(a)+y_{m+n}(a)\sqrt{a^2-1}=(a+\sqrt{a^2-1})^{m+n}$$
$$=(a+\sqrt{a^2-1})^m\cdot(a+\sqrt{a^2-1})^n$$
$$=(x_m(a)+y_m(a)\sqrt{a^2-1})$$
$$\cdot(x_n(a)+y_n(a)\sqrt{a^2-1})$$
$$=(x_m(a)x_n(a)+y_m(a)y_n(a)(a^2-1))$$
$$+(x_n(a)y_m(a)+x_m(a)y_n(a))\sqrt{a^2-1}$$

よって，この式の形から (iii) が得られる.

(iv) の証明：

まず，本定理の (iii) から，任意の l に対して

$$y_{n+nl}(a)=x_n(a)y_{nl}(a)+x_{nl}(a)y_n(a)$$

であるから，k についての帰納法により，$y_n(a)|y_{kn}(a)$ が得られることは明らかである.

さて，$n|t$ とする. $t=kn$ とおけば，上から $y_n(a)|y_t(a)$.

逆に，$y_n(a)|y_t(a)$ のとき，$n|t$ を示そう. このために，$y_n(a)|y_t(a)$ かつ $n\nmid t$ と仮定して矛盾を導こう：

$n\nmid t$ の仮定から

$$t=nq+r \quad (0<r<n)$$

なる q, r が存在する. このとき，本定理の (iii) から，

$$y_t(a)=x_r(a)\cdot y_{nq}(a)+x_{nq}(a)\cdot y_r(a)$$

である.

一方，$y_n(a)|y_t(a)$ の仮定と，$y_n(a)|y_{nq}(a)$ であることから，定理 7.19 の (iii) により

$$y_n(a)\,|\,y_r(a)$$

でなくてはならない．

しかるに，$r<n$ であるから，これは定理7.19の（ii），$y_r(a)<y_n(a)$ と矛盾する．

よって，$y_n(a)\,|\,y_t(a)$ ならば $n\,|\,t$ である．

（v）の証明： u についての帰納法による．

$u=0, 1$ のときは自明である．$u\leqq j$ のとき成立すると仮定し，$u=j+1$ の場合を導こう．

本定理の（ii）と帰納法の仮定により，

$$\begin{aligned} y_{k+j+1}(a) &= 2ay_{k+j}(a)-y_{k+j-1}(a) \\ &\equiv -2ay_{k+1-j}(a)+y_{k+1-(j-1)}(a) \quad (\mathrm{mod}\ y_k+y_{k+1}) \\ &= -y_{k+1-(j+1)}(a) \end{aligned}$$

よって，

$$y_{k+u}(a)\equiv -y_{k+1-u}(a) \quad (\mathrm{mod}\ y_k+y_{k+1})$$

である．∎

定理 7.22

（i） $y_n(a)\equiv n \quad (\mathrm{mod}\ a-1)$

（ii） $y_n(a)^2\,|\,y_{n\cdot y_n(a)}(a)$

（iii） $y_n(a)^2\,|\,y_t(a) \Longrightarrow y_n(a)\,|\,t$

［証明］

（i）の証明： 定理7.19の（i）と定理7.21の（ii）により，

$$y_1(a)=1,\ y_2(a)=2a,\ y_{k+1}(a)=2ay_k(a)-y_{k-1}(a)$$

であるから，n についての帰納法を用いれば明らかである．

（ii）の証明：

$$x_{nk}(a)+y_{nk}(a)\sqrt{a^2-1}=(x_n(a)+y_n(a)\sqrt{a^2-1})^k$$

であるから，これから計算すれば

$$(*) \qquad y_{nk}(a)=\sum_{\substack{j=1 \\ j\text{は奇数}}}^{k}\binom{k}{j}x_n(a)^{k-j}y_n(a)^j(a^2-1)^{(j-1)/2}$$

である．この式で，

$k=y_n(a)$ とおけば，$y_n(a)^2|y_{n\cdot y_n(a)}(a)$ である．

(iii) の証明： $y_n(a)^2|y_t(a)$ とすれば，定理7.21の(iv)により $n|t$ である．よって，$t=nk$ とおく．

すると，上の(*)から，

$$y_n(a)|k\cdot x_n(a)^{k-1}$$

である．一方，定理7.19の(iii)により $(y_n(a), x_n(a))=1$ ゆえ

$$y_n(a)|k$$

でなくてはならない．

したがって，

$$y_n(a)|t$$

が成り立つ． ∎

定理 7.23

(i) $y_{n+2k+1}(a)\equiv y_n(a) \pmod{y_k(a)+y_{k+1}(a)}$

(ii) $y_{2n+1}(a)=(y_{n+1}(a)-y_n(a))(y_{n+1}(a)+y_n(a))$

(iii) $0\leqq i, j<2k+1$ のとき，$i\neq j$ ならば

$$y_i(a)\not\equiv y_j(a) \pmod{y_k(a)+y_{k+1}(a)}$$

[証明]

(i) の証明： n についての数学的帰納法によって証明する．定理7.21の(v)で，$u=k,\ k+1$ とおけば，

$$y_{2k}(a)\equiv -y_1(a),\quad y_{2k+1}(a)\equiv 0 \pmod{y_k(a)+y_{k+1}(a)}$$

であり，これと定理7.21の(ii)により

$$\begin{aligned} y_{2k+2}(a) &= 2ay_{2k+1}(a)-y_{2k}(a) \\ &\equiv -y_{2k}(a) \pmod{y_k(a)+y_{k+1}(a)} \\ &\equiv y_1(a) \pmod{y_k(a)+y_{k+1}(a)} \end{aligned}$$

であるから，$n=1$ のときは成立する．

$n\leqq m$ のとき成立していると仮定して，$n=m+1$ の場合を導こう．定理7.21の(ii)と，帰納法の仮定から

$$\begin{aligned} y_{(m+1)+2k+1}(a) &= 2ay_{m+2k+1}(a)-y_{(m-1)+2k+1}(a) \\ &\equiv 2ay_m(a)-y_{m-1}(a) \pmod{y_k(a)+y_{k+1}(a)} \\ &= y_{m+1}(a) \end{aligned}$$

(iii) の証明： 定理 7.21 の (iii), (i) を用いれば,

$$\begin{aligned} y_{2n+1}(a) &= x_{n+1}(a)\cdot y_n(a)+x_n(a)\cdot y_{n+1}(a) \\ &= (ax_n(a)+(a^2-1)y_n(a))\cdot y_n(a)+x_n(a)\cdot y_{n+1}(a) \\ &= a(x_n(a)+ay_n(a))\cdot y_n(a)-y_n(a)^2+x_n(a)\cdot y_{n+1}(a) \\ &= ay_{n+1}(a)y_n(a)-y_n(a)^2+x_n(a)\cdot y_{n+1}(a) \\ &= (x_n(a)+ay_n(a))y_{n+1}(a)-y_n(a)^2 \\ &= y_{n+1}(a)^2-y_n(a)^2 \\ &= (y_{n+1}(a)-y_n(a))(y_{n+1}(a)+y_n(a)) \end{aligned}$$

(iii) の証明： $0\leqq i\leqq k<j<2k+1$ とすれば, 定理 7.21 の (v) によって,

$$y_j(a)\equiv -y_i(a) \pmod{y_k(a)+y_{k+1}(a)}$$

であるから, $y_0(a), y_1(a), \cdots, y_{2k}(a)$ は, いずれも

$$-y_k(a)<-y_{k-1}(a)<\cdots<y_{-1}(a)<y_0(a)<y_1(a)<\cdots<y_{k-1}(a)<y_k(a)$$

なる $-y_k(a), \cdots, y_0(a), \cdots, y_k(a)$ のいずれか1つと $\mathrm{mod}\, y_k(a)+y_{k+1}(a)$ で等しく, この対応は1対1である. したがって

$$y_i(a)\not\equiv y_j(a) \pmod{y_k(a)+y_{k+1}(a)}$$

となる. ∎

定理 7.24

(i) $(y_{k+1}(a)+y_k(a), y_{k+1}(a)-y_k(a))=1$

(ii) $(2k+1)\mid(2n+1)$ ならば,

$$(y_{k+1}(a)+y_k(a))\mid(y_{n+1}(a)+y_n(a))$$

かつ

$$(y_{k+1}(a)-y_k(a))\mid(y_{n+1}(a)-y_n(a))$$

(iii) $2n+1=(2k+1)\cdot y_{2k+1}(a)$ であるとき,

ⓘ $(y_{k+1}(a)-y_k(a))^2\mid(y_{n+1}(a)-y_n(a))$

ⓘⓘ $(y_{k+1}(a)+y_k(a))^2\mid(y_{n+1}(a)+y_n(a))$

ⓘⓘⓘ $(y_{k+1}(a)-y_k(a), y_{n+1}(a)+y_n(a))$

$$=(y_{k+1}(a)+y_k(a), y_{n+1}(a)-y_n(a))=1$$

[証明]

(i) の証明： 背理法によって証明する. $y_{k+1}(a)+y_k(a)$ と $y_{k+1}(a)-y_k(a)$ に共通の約数があると仮定する. この共通の約数は素数 p であるとして

も一般性を失わない．

仮定から，

$$p|((y_{k+1}(a)+y_k(a))\pm(y_{k+1}(a)-y_k(a)))$$

であるから

$$p|2y_{k+1}(a) \quad かつ \quad p|2y_k(a)$$

である．$y_n(a)$ の定義から，n が奇数ならば $y_n(a)$ も奇数であるから $y_{2k+1}(a)$ は奇数であり，定理 7.23 の（ii）により

$$y_{2k+1}(a)=(y_{k+1}(a)-y_k(a))(y_{k+1}(a)+y_k(a))$$

であるから，p は奇素数である．

よって，

$$p|y_{k+1}(a) \quad かつ \quad p|y_k(a)$$

であり，定理 7.21 の（i）により，

$$p|x_k(a)$$

でもある．しかるに，定理 7.19 の（iii）により，$(x_k(a), y_k(a))=1$ であるから，これは矛盾である．

（ii）の証明：　$2n+1=l(2k+1)$ とおく．$l=1$ のときは明らかに成立する．l は奇数であるから，$l=m$ のとき成立すると仮定して，$l=m+2$ の場合を導けばよい．

$$\begin{aligned}(m+2)(2k+1)&=2n+1+4k+2\\&=2(n+2k+1)+1\end{aligned}$$

であるから，

$$(y_{k+1}(a)\pm y_k(a))|(y_{n+2k+2}(a)\pm y_{n+2k+1}(a))$$

を示せばよい．定理 7.21 の（iii）と定理 7.23 の（ii）から，

$$\begin{aligned}&y_{n+2k+2}(a)\pm y_{n+2k+1}(a)\\&=(y_{n+1}(a)\cdot x_{2k+1}(a)+x_{n+1}(a)\cdot y_{2k+1}(a))\\&\quad\pm(y_{n+1}(a)\cdot x_{2k+1}(a)+x_n(a)\cdot y_{2k+1}(a))\\&=x_{2k+1}(a)(y_{n+1}(a)\pm y_n(a))\\&\quad+(y_{k+1}(a)-y_k(a))(y_{k+1}(a)+y_k(a))(x_{n+1}(a)\pm x_n(a))\end{aligned}$$

が成り立つ．よって，$l=m+2$ の場合も成立する．

（iii）の証明：　$y_i(a)$ の定義から，i が偶数 $\Longleftrightarrow$ $y_i(a)$ が偶数，i が奇数 $\Longleftrightarrow$

$y_t(a)$ が奇数，であるから，$(2k+1)y_{2k+1}(a)$ はある奇数を表している．

さて，$2n+1=(2k+1)\cdot y_{2k+1}(a)$ とすると，定理7.22の（ii）と定理7.23の（ii）によって，

$$(y_{2k+1}(a))^2|y_{2n+1}(a)$$

すなわち，

$$(y_{k+1}(a)-y_k(a))^2(y_{k+1}(a)+y_k(a))^2|(y_{n+1}(a)-y_n(a))(y_{n+1}(a)+y_n(a))$$

である．

したがって，ⓘⓘⓘ が証明できれば，ⓘ，ⓘⓘ は ⓘⓘⓘ から直ちに導ける．

そこで ⓘⓘⓘ を証明しよう．背理法を用いる．すなわち，$y_{k+1}(a)-y_k(a)$ と $y_{n+1}(a)+y_n(a)$ に共通の約数があるとしよう．この約数は素数 p としても一般性を失わない．

このとき，本定理の（ii）から，p は $y_{n+1}(a)-y_n(a)$ の約数でもある．よって，

$$p|(y_{n+1}(a)+y_n(a)) \quad かつ \quad p|(y_{n+1}(a)-y_n(a))$$

となるが，これは本定理の（i）に矛盾する．

よって，

$$(y_{k+1}(a)-y_k(a),\ y_{n+1}(a)+y_n(a))=1$$

である．

$$(y_{k+1}(a)+y_k(a),\ y_{n+1}(a)-y_n(a))=1$$

の証明もまったく同様である． ∎

定理 7.25

ⓘ $v\leqq y_k(a)$

ⓘⓘ $(y_k(a)+y_{k+1}(a))|(m-a)$

ⓘⓘⓘ $y_n(m)\equiv v \pmod{y_k(a)+y_{k+1}(a)}$

であるならば，次の条件（i），（ii）を満たす j が存在する：

（i） $v=y_j(a)$

（ii） $n\equiv j \pmod{2k+1}$

［証明］ 一般に，$\xi\equiv\eta \pmod{\alpha}$ ならば，$y_n(a)$ は a についての整係数多項式であるから，$y_n(\xi)\equiv y_n(\eta) \pmod{\alpha}$ である．したがって，

$$y_n(m)\equiv y_n(a) \pmod{m-a}$$

である．これと ⓘⓘ から

$$y_n(m) \equiv y_n(a) \pmod{y_k(a)+y_{k+1}(a)}$$

であり，さらに ⓘⓘⓘ から

$$y_n(a) \equiv v \pmod{y_k(a)+y_{k+1}(a)}$$

が成立する．

ところで，定理 7.23 の（i），(iii) と ⓘ から

$$v \equiv y_j(a) \pmod{y_k(a)+y_{k+1}(a)}$$

で，$j \leqq k$ であるような j がただ 1 つ存在する．

$v \leqq y_k(a)$ であるから

（i） $v = y_j(a)$

である．この j に対し

$$y_n(a) \equiv y_j(a) \pmod{y_k(a)+y_{k+1}(a)}$$

であり，再び定理 7.23 の（i），(iii) によって

（ii） $n \equiv j \pmod{2k+1}$

である． ∎

定理 7.26 $v = y_n(a)$ はディオファントス的述語である．

［**証明**］ 次のような不定方程式系を考える：

（I） $n + (j-1) = v$

（II） $p + (a-1)q = v + r$

（III） $g = v + t$

（IV） $p^2 - (a^2-1)q^2 = 1$

（V） $h + (a+1)g = b(p+(a+1)q)^2$

（VI） $h + (a-1)g = c(p+(a-1)q)^2$

（VII） $h^2 - (a^2-1)g^2 = 1$

（VIII） $m = z(h+(a+1)g) + a$

（IX） $m = f(p+(a-1)q) + 1$

（X） $x^2 - (m^2-1)y^2 = 1$

（XI） $y = (d-1)(p+(a-1)q) + n$

（XII） $y = (e-1)(h+(a+1)g) + v$

v, a, n が与えられているとする．このとき，上の不定方程式系が正の整数解

をもつ必要十分条件は，

$$v=y_n(a)$$

であることを示そう．

“不定方程式系の正整数解の存在”は明らかにディオファントス的述語であるから，これから直ちに，$v=y_n(a)$ はディオファントス的述語であることがわかる．

まず，(Ⅰ)〜(Ⅻ) の不定方程式系が正の整数解をもつと仮定して，$v=y_n(a)$ が成立することを証明しよう．

定理7.20と (Ⅳ)，(Ⅶ) から

$$p=x_s(a)$$
$$q=y_s(a)$$
$$h=x_k(a)$$
$$g=y_k(a)$$

なる k, s が存在する．そこで，

$$l=p+(a-1)q$$
$$w=h+(a-1)g$$
$$l'=p+(a+1)q$$
$$w'=h+(a+1)g$$

とおけば，定理7.21の (i) によって，

$$l=y_{s+1}(a)-y_s(a)$$
$$w=y_{k+1}(a)-y_k(a)$$
$$l'=y_{s+1}(a)+y_s(a)$$
$$w'=y_{k+1}(a)+y_k(a)$$

となる．ここで，(Ⅰ)，(Ⅱ)，(Ⅲ) から，

ⓘ $$\begin{cases} n\leqq v \\ v<p+(a-1)q=l \\ v<g \end{cases}$$

である．また，(Ⅴ)，(Ⅵ) と l, l', w, w' の定義から，

$$w'=b\cdot l'^2 \quad \text{かつ} \quad w=c\cdot l^2$$

であるから，

$$l'^2|w' \quad \text{かつ} \quad l^2|w$$

であり，定理7.23の（ii）により

$$l\cdot l'=y_{2s+1},\quad w\cdot w'=y_{2k+1}$$

であるから，

$$y_{2s+1}^2|y_{2k+1}$$

となる．これに定理7.22の（iii）を適用すれば

$$y_{2s+1}|2k+1$$

であり，$y_{2s+1}=l\cdot l'$ によって

ⓘⓘ $$l|2k+1$$

が得られる．

（Ⅷ），（Ⅸ）からは

ⓘⓘⓘ $$\begin{cases} m\equiv a \pmod{w'} \\ m\equiv 1 \pmod{l} \end{cases}$$

であるし，（Ⅹ）からは，定理7.20によって

ⓘⓥ $$y=y_u(m) \text{ なる } u \text{ が存在する}$$

ことがわかる．また，（Ⅺ），（Ⅻ）から

ⓥ $$\begin{cases} y\equiv n \pmod{l} \\ y\equiv v \pmod{w'} \end{cases}$$

が得られる．

以上の ⓘ〜ⓥ と，定理7.25から，

ⓥⓘ $$\begin{cases} v=y_i(a) \\ u\equiv i \pmod{2k+1} \end{cases}$$

なる i が存在する．

ⓘ により，

ⓥⓘⓘ $$u\equiv i \pmod{l}$$

でもある．定理7.22の（i）と，ⓘⓘⓘ，ⓘⓥ によって

ⓥⓘⓘⓘ $$y\equiv u \pmod{l}$$

が得られるから，ⓥ，ⓥⓘⓘ，ⓥⓘⓘⓘから

ⓘⓧ $$n\equiv i \pmod{l}$$

が成立する．

ⓘ, ⓥⓘ, により

$$n<l \quad かつ \quad i \leqq y_t(a)=v<l$$

であるから, ⓘⓧ から

$$n=i$$

で, したがって,

$$v=y_n(a)$$

が成立する.

次に, この逆, すなわち, $v=y_n(a)$ ならば, (Ⅰ)〜(Ⅻ) を満たす正の整数解が存在することを証明しよう.

$v=y_n(a)$ から直ちに, $n \leqq v$ であるから, (Ⅰ) を満たす j は存在する. 次に, $v<y_s(a)$ なる s をとる.

$p=x_s(a)$, $q=y_s(a)$ とおけば, (Ⅳ) は成立し, (Ⅱ) を満たす r もとることができる.

さらに, $2k+1=(2s+1)y_{2s+1}(a)$ なる k をとって, $h=x_k(a)$, $g=y_k(a)$ とおけば, (Ⅶ) は成立し, $v<q \leqq g$ であるから (Ⅲ) を満たす t も存在する. また, 定理 7.24 の (iii) の ⓘ, ⓘⓘ と, 定理 7.21 の (i) から, $(y_{s+1}(a)-y_s(a))^2$ $(=(x_s(a)+(a-1)y_s(a))^2=(p+(a-1)q)^2)$ は $y_{k+1}(a)-y_k(a)(=x_k(a)+(a-1)y_k(a)=h+(a-1)g)$ を割りきるから, (Ⅵ) を満たす c がとれる. 同様にして, $(y_{s+1}(a)+y_s(a))^2\,(=p+(a+1)q)$ は $y_{k+1}(a)+y_k(a)$ $(=h+(a+1)g)$ を割りきるから, (Ⅴ) を満たす b もとれる.

ここでも, l, w, l', w' を,

$$l=p+(a+1)q$$
$$w=h+(a-1)g$$
$$l'=p+(a+1)q$$
$$w'=h+(a+1)g$$

と定義すれば, 定理 7.24 の (iii) の ⓘⓘⓘ によって,

$$\begin{aligned}(w',l)&=(h+(a+1)g,\ p+(a-1)q)\\&=(y_{k+1}(a)+y_k(a),\ y_{s+1}(a)-y_s(a))\\&=1\end{aligned}$$

である. したがって, “剰余定理 (Chinese Remainder Theorem) : $n_1, \cdots, n_r$

を任意の自然数とし，$m_1, \cdots, m_t$ を互いに素な組とすれば，$\xi \equiv n_\eta \pmod{m_\eta}$ $(\eta=1,2,\cdots,t)$ を満たす自然数 ξ が存在する.” を用いれば，

$$m \equiv a \pmod{w'}$$

$$m \equiv 1 \pmod{l}$$

$$m > a$$

を満たす m が存在する.

よって，(VIII)，(IX) を満たす z, f をとることができる.

最後に，

$$x = x_n(m)$$

$$y = y_n(m)$$

とおけば，(X) は明らかに満たされる．また，(VIII) は成立しているから，$m \equiv a \pmod{w'}$ であり，$y_n(\alpha)$ は α の整係数多項式であることから，

$$y_n(m) \equiv y_n(a) \pmod{w'}$$

である．$v = y_n(a)$ であるから，これは

$$y \equiv v \pmod{w'}$$

を意味する．これと $m > a$ から $v = y_n(a) < y_n(m) = y$ であり，(XII) を満たす e をとることができる.

さらに，$y_n(1) = n$ と $m \equiv 1 \pmod{l}$ から，上と同様に

$$y_n(m) \equiv y_n(1) = n \pmod{l}$$

である．これは

$$y \equiv n \pmod{l}$$

を意味するから，これと $n \leqq v = y_n(a) < y_n(m) = y$ から，(XI) を満たす d がとれることになる.

以上によって，(I)〜(XII) を満たす正整数解の存在が示された. ∎

以上の議論が，J. Robinson の定理に至る証明の骨子といえる部分である．次に，前述の Матиясевич の定理に対応する命題を証明しよう.

定理 7.27 $\eta = \xi^n$ はディオファントス的述語である.

［証明］ まず，次の3つの命題 (i)，(ii)，(iii) を証明する：

(i) $x_n(a) - y_n(a) \cdot (a-y) \equiv y^n \pmod{2ay - y^2 - 1}$

（ii） $x_n(a) \geqq a^n$

（iii） $y>1$ かつ $a>y^n$ ならば $2ay-y^2-1>y^n$

（i）の証明： $x_n(a)-y_n(a)\cdot(a-y)-y^n$ は，y の多項式として，

$$x_n(a)-y_n(a)\cdot(a-y)-y^n=f(a,y)\cdot(2ay-y^2-1)+g(a)\cdot y+h(a)$$

となるように多項式 f, g, h を定めることができる．

上式の y に $a+\sqrt{a^2-1}$ を代入すれば，

$$\text{左辺}=x_n(a)+y_n(a)\sqrt{a^2-1}-(a+\sqrt{a^2-1})^n=0$$

であり，

$$2ay-y^2-1=2a(a+\sqrt{a^2-1})-(a+\sqrt{a^2-1})^2-1=0$$

であるから，

$$g(a)\cdot(a+\sqrt{a^2-1})+h(a)=0$$

が任意の a について成立しなくてはならない．

よって，

$$g(a)=0, \qquad h(a)=0$$

となり，（i）が成立する．

（ii）の証明： $x_1(a)=a$ であり，定理7.21の（i）によって，$x_{n+1}(a) \geqq a\cdot x_n(a)$ であるから，明らかに（ii）は成立する．

（iii）の証明： $y>1$ かつ $a>y^n$ ならば，

$$2ay>2y^{n+1}+1$$

で，$y>1$ から

$$2y^{n+1}+1>y^n+y^2+1$$

よって，$y>1$ かつ $a>y^n$ ならば，

$$2ay-y^2-1>y^n$$

である．

次に，前定理で用いた（I）～(XII）の不定方程式系に，さらに，次の不定方程式系（XIII)～(XVIII）をつけ加えた不定方程式系を考える：

（XIII） $w^2-(a^2-1)v^2=1$

（XIV） $w-v(a-\xi)=\eta+(\alpha-1)(2a\xi-\xi^2-1)$

（XV） $\eta+\beta=2a\cdot\xi-\xi^2-1$

（XVI） $\xi+\gamma=\delta$

(XⅦ) $u+\varepsilon=\delta$

(XⅧ) $a^2-(\delta^2-1)(\delta-1)^2\beta^2=1$

以下では，ξ,η,n が与えられたとき，この不定方程式系（Ⅰ）～(XⅧ) が正の整数解をもつ必要十分条件は，$\eta=\xi^n$ であることを示そう．

このことから，$\eta=\xi^n$ がディオファントス的述語であることは，ただちに得られる．

不定方程式系（Ⅰ）～(XⅧ) が正の整数解をもつとして，$\eta=\xi^n$ を導こう：

前定理の証明から明らかに，$v=y_n(a)$ であり，さらに (XⅢ) により，$w=x_n(a)$ が成立する．

上の命題（ i ）と (XⅣ) から

ⓘ $$\eta\equiv\xi^n \pmod{2a\xi-\xi^2-1}$$

が成立する．

(XⅤ) から

ⓘⓘ $$\eta<2a\xi-\xi^2-1$$

であり，(XⅥ)，(XⅦ) から

ⓘⓘⓘ $$\xi<\delta \quad かつ \quad n<\delta$$

である．

(XⅧ) から

ⓘⓥ $$x_u(\delta)=a \quad かつ \quad y_u(\delta)=(\delta-1)\beta$$

なる u が存在するが，定理 7.22 の（ i ）から，

$$u\equiv(\delta-1)\beta \pmod{\delta-1}$$

となる．したがって，

$$u\equiv 0 \pmod{\delta-1}$$

であり，

$$\delta-1\leqq u$$

である．よって，命題（ii）と ⓘⓘⓘ，ⓘⓥ から

ⓥ $$x_u(\delta)=a\geqq\delta^u\geqq\delta^{\delta-1}>\xi^n$$

である．

したがって，

$\xi>1$ ならば，ⓥ から $a>\xi^n$ であるから，命題 (iii) により $\xi^n<2a\xi-\xi^2-1$

であり，ⓘ，ⓘⓘ により

$$\eta=\xi^n$$

である．

$\xi=1$ ならば，ⓘ から

$$\eta\equiv 1 \pmod{2a-2}$$

であり，ⓘⓘ によって

$$\eta<2a-2$$

であるから，$\eta=1$，すなわち

$$\eta=\xi^n$$

である．

逆に，$\eta=\xi^n$ を仮定して，(Ⅰ)～(XⅧ) を満たす正整数解が存在することを示そう：

η, n に対して，$\eta<\delta$，$n<\delta$ なる δ をとって，

$$a=x_{\delta-1}(\delta)$$

とおく．このとき，定理7.22の (ⅰ) から

$$y_{\delta-1}(\delta)\equiv 0 \pmod{\delta-1}$$

であるから，(XⅧ) を満たすような β が存在する．また，δ のとり方から，(XⅥ)，(XⅦ) を満たす γ, ε が存在することは明らかである．

$\xi>1$ ならば，前提と命題 (iii) から，(XV) を満たす β が存在する．また，$\xi=1$ ならば $\eta=1$ であるから，この場合も，(XV) を満たす β は明らかに存在する．

また，$w=x_n(a)$，$v=y_n(a)$ とおけば，これは (XⅢ) を満たし，命題 (ⅰ) から，(XⅣ) を満たす α も存在する．

以上のようにとった，v, a, n は，$v=y_n(a)$ を満たすのであったから，前定理の証明と同様に (Ⅰ)～(XⅡ) の正整数解を選ぶことができる．

以上によって，(Ⅰ)～(XⅧ) の正整数解が存在することがわかった． ∎

次に，Davis, Putnam, J. Robinson の定理の内容に相当する定理を示そう．

定理 7.28

(ⅰ) $r=\binom{n}{k}$ はディオファントス的述語である．ただし，$\binom{n}{k}$ は二項係数 ${}_nC_k$ で，$n\geqq k>0$ とする．

(ⅱ) $y=x!$ はディオファントス的述語である．

[証明]

(i) の証明：

$$
\begin{aligned}
2^{nk}(1+2^{-n})^n &= 2^{nk}\sum_{l=0}^{n}\binom{n}{l}2^{-nl}\\
&= \sum_{l=0}^{k}\binom{n}{l}2^{n(k-l)}+2^{-n}\sum_{l=k+1}^{n}\binom{n}{l}2^{-n(l-k-1)}\\
&< \sum_{l=0}^{k}\binom{n}{l}2^{n(k-l)}+2^{-n}\left(\sum_{l=0}^{n}\binom{n}{l}-1\right)\\
&= \sum_{l=0}^{k}\binom{n}{l}2^{n(k-l)}+\frac{2^n-1}{2^n}
\end{aligned}
$$

であって，$[x]$ を，x を超えない最大の整数とすれば

$$[2^{nk}(1+2^{-n})^n]=\sum_{l=0}^{k}\binom{n}{l}2^{n(k-l)}$$

となる．同様にして

$$2^n[2^{n(k-1)}(1+2^{-n})^n]=\sum_{l=0}^{k-1}\binom{n}{l}2^{n(k-l)}$$

であるから，

$$\binom{n}{k}=[2^{nk}(1+2^{-n})^n]-2^n[2^{n(k-1)}(1+2^{-n})^n]$$

が成立する．

したがって，$r=\binom{n}{k}$ は次の述語と同等である：

$$
\begin{aligned}
&(k=n\wedge r=1)\vee(k<n\wedge\exists u\exists v(r=u-2^n\cdot v\wedge 2^{n^2}\cdot u\leqq 2^{nk}(1+2^n)^n\\
&\qquad<2^{n^2}(1+u)\wedge 2^{n^2}\cdot v\leqq 2^{n(k-1)}(1+2^n)<2^{n^2}(1+v)))
\end{aligned}
$$

この述語は，7.4 節の定理 7.15 や前定理から，ディオファントス的述語である．

(ii) の証明：

$0<\alpha<\dfrac{1}{2}$ とすると

$$(1-\alpha)(1+2\alpha)=1+\alpha-2\alpha^2>1$$

であるから，

① $$\frac{1}{1-\alpha}<1+2\alpha\quad\left(0<\alpha<\frac{1}{2}\right)$$

が成り立つ．次に

$0<\alpha<1$ とすると，任意の正の自然数 x に対し

$$\frac{(1+\alpha)^x-1}{\alpha}=\sum_{l=0}^{x}\binom{x}{l}\alpha^{l-1}<\sum_{l=0}^{x}\binom{x}{l}=2^x$$

であるから

ⅱ $$(1+\alpha)^x<1+\alpha\cdot 2^x \quad (0<\alpha<1)$$

が成り立つ．

いま，z を $z>(2x)^{x+1}$ なる任意の自然数とすれば，

$$\frac{z^x}{\binom{z}{x}}=\frac{x!}{z^{-x+1}(z-1)(z-2)\cdots(z-x+1)}$$

$$=\frac{x!}{\left(1-\frac{1}{z}\right)\left(1-\frac{2}{z}\right)\cdots\left(1-\frac{x-1}{z}\right)}$$

$$<\quad\frac{x!}{\left(1-\frac{x}{z}\right)^x}$$

ここで，ⓘ から

$$<\quad x!\left(1+2\cdot\frac{x}{z}\right)^x$$

さらに，ⅱ から

$$<\quad x!\left(1+\frac{2x}{z}\cdot 2^x\right)$$

$$<\quad x!+1.$$

一方，明らかに

$$x!<\frac{x!}{\left(1-\frac{1}{z}\right)\left(1-\frac{2}{z}\right)\cdots\left(1-\frac{x-1}{z}\right)}$$

であるから，

$$x!<\frac{z^x}{\binom{z}{x}}<x!+1$$

であり，

$$x!=\left[\frac{z^x}{\binom{z}{x}}\right]$$

となる．よって，$y=x!$ は次の述語と同等である：

$$y\cdot\binom{(2x)^{x+1}+1}{x}<((2x)^{x+1}+1)^x<y\cdot\binom{(2x)^{x+1}+1}{x}+1$$

前定理や本定理の（i）から，この述語はディオファントス的であり，したがって，$y=x!$ はディオファントス的述語である． ∎

ここで，α を有理数とした場合の $\binom{\alpha}{k}$（ただし，$\alpha>k$）を

$$\binom{\alpha}{k}=\frac{\alpha(\alpha-1)\cdots(\alpha-k+1)}{k!}$$

と定義する．このとき，次の定理が成立する：

定理 7.29

$$\frac{x}{y}=\binom{\frac{p}{q}}{k}\wedge\frac{p}{q}>k$$

はディオファントス的述語である．

［証明］

$\alpha=\dfrac{p}{q}$，$\alpha>k$ とすれば，テイラー展開により

$$a^{2k+1}(1+a^{-2})^{\alpha}=\sum_{j=0}^{k}\binom{\alpha}{j}a^{2k-2j+1}+\binom{\alpha}{k+1}a^{-1}(1+\theta a^{-2})^{\alpha-k+1}$$

で，$0<\theta<1$ なる θ が存在する．

ここで，

$$\frac{\binom{\alpha}{k+1}}{\alpha^{k+1}}<1,\quad \frac{(1+\theta a^{-2})^{\alpha-k-1}}{2^{\alpha-1}}<\frac{1}{(1+\theta a^{-2})^{k}}<1$$

に注意すれば

$$a^{2k+1}(1+a^{-2})^{\alpha}=\sum_{j=0}^{k}\binom{\alpha}{j}a^{2k-2j+1}+\theta'\alpha^{k+1}a^{-1}2^{\alpha-1},\quad 0<\theta'<1$$

なる θ が存在する．

そこで，$S_k(a)$ を

$$S_k(a)=\sum_{j=0}^{k}\binom{\alpha}{j}a^{2k-2j+1}$$

とおく．

ここで,

$$a=2^p\cdot p^{k+1}\cdot q^k\cdot k!$$

とおけば, $a>2^{p-1}\cdot p^{k+1}$ であるから, $\theta'\alpha^{k+1}a^{-1}2^{\alpha-1}<1$ となって,

$$S_k(a)=[a^{2k+1}(1+a^{-2})^\alpha]$$
$$S_{k-1}(a)=[a^{2k-1}(1+a^{-2})^\alpha]$$

となる. したがって

$$\binom{\alpha}{k}=a^{-1}S_k(a)-aS_{k-1}(a)$$

と書ける. さらに, $q^kk!|a$ であるから, $S_k(a), S_{k-1}(a)$ はともに整数である.

以上によって,

$$u=S_k(a) \iff u\leqq a^{2k+1}(1+a^{-2})^\alpha<u+1$$
$$\iff a^{2p}u^q\leqq a^{(2k+1)q}(a^2+1)^p<a^{2p}(u+1)^q$$

が成立する.

最後の述語は, 7.4節や本節の定理から, 明らかにディオファントス的述語であり, したがって,

$$\frac{x}{y}=\binom{\frac{p}{q}}{k} \quad \wedge \quad \frac{p}{q}>k$$

はディオファントス的述語である. ▮

系 $y=\prod_{k\leqq K}(a+bk)$ はディオファントス的述語である.

［証明］

$$\prod_{k\leqq K}(a+bk)=\binom{\frac{a}{b}+K}{K}b^kK!$$

であるから, 上定理より明らかである. ▮

定理 7.30 $f(x, y, k, z_1, \cdots, z_m)$ を任意の整数係数多項式とするとき,

$$\forall k_{k\leqq y}\exists z_{1_{z_1\leqq y}}\cdots\exists z_{m_{z_m\leqq y}}[f(x, y, k, z_1, \cdots, z_m)=0]$$

はディオファントス的述語である.

［証明］ f の次数を n とし, f の係数の絶対値の和を K とする.

このとき,

$$g(x, y)=Kx^ny^n$$

とおけば，この多項式 $g(x,y)$ は，明らかに

ⓘ $$g(x,y)\geqq y$$

ⓘⓘ $$\forall k_{k\leqq y}\forall z_{1_{z_1\leqq y}}\cdots\forall z_{m_{z_m\leqq y}}[|f(x,y,k,z_1,\cdots,z_m)|\leqq g(x,y)]$$

が成立する．

さて，このような多項式 g を用いれば，

$$\forall k_{k\leqq y}\exists z_{1_{z_1\leqq y}}\cdots\exists z_{m_{z_m\leqq y}}[f(x,y,k,z_1,\cdots,z_m)=0$$

$$(*)\qquad \Longleftrightarrow \exists c\exists t\exists a_1\cdots\exists a_m(t=g(x,y)!\wedge 1+ct=\prod_{l\leqq y}(1+lt)$$

$$\wedge(1+ct)|f(x,y,c,a_1,\cdots,a_m)$$

$$\wedge\forall i_{i\leqq m}((1+ct)|\prod_{j\leqq y}(a_i-j)))]$$

が成立することを示そう．

この右辺の述語は，本節の諸定理からディオファントス的述語であるから，(*) が示されれば本定理の証明は完了する．

まず (*) の右辺を仮定し，左辺の述語が成立することを示す．

右辺が成立するような $c,t,a_1,\cdots,a_m$ を固定し，$k\leqq y$ なる任意の k をとる．p_k を $p_k|(1+kt)$ なる素数とし，$z_{ki}=\mathrm{rem}(a_i,p_k)$ $(i=1,2,\cdots,m)$ とおく．

このとき，$p_k|\prod_{j\leqq y}(a_i-j)$ であることから，

$$\exists j_{1\leqq j\leqq y}[p_k|(a_i-j)]$$

であり，したがって

ⓘⓘⓘ $$1\leqq z_{ki}=\mathrm{rem}(a_i,p_k)\leqq y\quad(i=1,2,\cdots,m)$$

である．

さらに，$g(x,y)$ の性質 ⓘ と $(p_k,t)=1$ かつ $t=g(x,y)!$ であることから，

$$y\leqq g(x,y)<p_k$$

となる．$g(x,y)$ の性質 ⓘⓘ と，ⓘⓘⓘ およびこの $y\leqq g(x,y)<p_k$ から

ⓘⓥ $$|f(x,y,k,z_{k1},\cdots,z_{km})|\leqq g(x,y)<p_k$$

が成立する．また，

$$1+ct\equiv 0\pmod{1+kt}\quad \text{であるから}\quad c\equiv k\pmod{1+kt}$$

である．よって，

ⓥ $$c\equiv k\pmod{p_k}$$

が成り立つ．

ⓘⓘⓘ, ⓥ および $p_k|(1+kt)$ と，$(1+ct)|f(x, y, c, a_1, \cdots, a_m)$ なる仮定から

$$f(x, y, k, z_{k1}, \cdots, z_{km}) \equiv f(x, y, c, a_1, \cdots, a_m)$$
$$\equiv 0 \pmod{p_k}$$

であるが，ⓘⓥ から

$$f(x, y, k, z_{k1}, \cdots, z_{km}) = 0$$

である．

よって，

$$z_i = z_{ki} \quad (i=1, \cdots, m)$$

とおけば，(*) の左辺が成立する．

次に (*) の左辺を仮定し，右辺の述語が成立することを示す：

$t=g(x, y)!$，$1+ct=\prod_{l \leqq y}(1+lt)$ なる t, c を定める．

このとき，

ⓥⓘ $$\forall l_{l \leqq y} \forall j_{j \leqq y} [l \neq j \Longrightarrow (1+lt, 1+jt)=1]$$

が成立する．

なぜならば，$(1+lt, 1+jt) \neq 1$ とすれば，$p|(1+lt)$ かつ $p|(1+jt)$ を満たす p が存在し，この p に対しては

$$p|(l-j)t$$

となる．しかるに，$t=g(x, y)!$，$g(x, y) \geqq y$ であるから，$(l-j)|t$ であって，このような p は必ず $p|t$ でなくてはならない．

しかるに，$p|t$ とすると，$p|(1+lt)$，$p|(1+jt)$ はともに成立しないから，これは矛盾である．すなわち，$l, j \leqq y$ に対し

$$l \neq j \Longrightarrow (1+lt, 1+jt)=1$$

でなくてはならない．

さて，ここで剰余定理 (Chinese Remainder Theorem) を用いる．$k=1, 2, \cdots, y$ に対して，左辺を満たす $z_1, \cdots, z_m (\leqq y)$ を固定し，$z_{ki}=z_i$ $(i=1, 2, \cdots, m)$ とおくことにより，

$$a_i \equiv z_{ki} \pmod{1+kt}$$

なる a_i $(i=1, 2, \cdots, m)$ が得られる．

以上の $c, t, a_1, \cdots, a_m$ が，要求されている条件を満たすことを示そう．

まず，$k \leqq y$ なる任意の k について，$c \equiv k \pmod{1+kt}$ であるから，

$$f(x, y, c, a_1, \cdots, a_m) \equiv f(x, y, k, z_{k1}, \cdots, z_{km})$$
$$\equiv 0 \pmod{1+kt}$$

ところで ⓥⓘ から,

ⓥⓘⓘ $$\prod_{l \leqq y} (1+lt) \mid f(x, y, c, a_1, \cdots, a_m).$$

さらに, $z_{ki} \equiv a_i \pmod{1+kt}$ より, 任意の $i=1, \cdots, m$ について,

$$(1+kt) \mid (a_i - z_{ki}).$$

すなわち,

$$(1+kt) \mid (a_i - z_i) \quad \text{かつ} \quad z_i \leqq y$$

よって,

$$(1+kt) \mid \prod_{j \leqq y} (a_i - j)$$

ところで, 再び ⓥⓘ から

$$\prod_{k \leqq y} (1+kt) \mid \prod_{j \leqq y} (a_i - j) \quad (i=1, 2, \cdots, m)$$

である.

すなわち,

ⓥⓘⓘⓘ $$\prod_{l \leqq y} (1+lt) \mid \prod_{j \leqq y} (a_i - j) \quad (i=1, 2, \cdots, m)$$

で,

$1+ct = \prod_{l \leqq y} (1+lt)$ であったから, ⓥⓘⓘ, ⓥⓘⓘⓘにより, 右辺が成立する. ∎

上定理から明らかに, 次の定理が得られる:

定理 7.31 デイビス形の述語はディオファントス的述語である.

この定理と, 定理 7.18 から, 本節の目的である次の定理が得られる.

定理 7.32 任意の帰納的可算述語はディオファントス的述語である.

系 1 $\Sigma_1 = \boldsymbol{C}_D$ が成立する.

[証明] 上定理から, $\Sigma_1 \subseteqq \boldsymbol{C}_D$ であり, 7.4 節の定理 7.10 から, $\boldsymbol{C}_D \subseteqq \Sigma_1$ であるから, $\Sigma_1 = \boldsymbol{C}_D$ である. ∎

系 2 帰納的でないディオファントス的述語が存在する.

[証明] Σ_1 には帰納的でない述語が存在するのであったから, 上の系から, $\boldsymbol{C}_D$ には帰納的でない述語が存在する. ∎

系 3　ヒルベルト型の決定問題は否定的に解ける.

7.7 素数を表す多項式など

前節で示したように,

$$\Sigma_1 = \boldsymbol{C_D}$$

という結果は,

「帰納的でないディオファントス的述語が存在する」

というヒルベルトの第10問題の否定的解決を導くものであるが, さらに

「素数を表す多項式が存在する」

という興味深い結果をも導く. 本節では, この結果について解説しよう.

ここで“素数を表す多項式”とは, 整数係数の多項式 $F_p(x_1, \cdots, x_k)$ であって,

（i） 自然数 $n_1, \cdots, n_k$ に対し, $F_p(n_1, \cdots, n_k)$ が正ならば $F_p(n_1, \cdots, n_k)$ は素数であり,

（ii） 任意の素数 a に対して, 適当な自然数 $n_1, \cdots, n_k$ を選べば

$$a = F_p(n_1, \cdots, n_k)$$

となる

ような F_p のことである. すなわち, このような多項式 F_p によって, 素数の全体 $\boldsymbol{P}$ が

$$\boldsymbol{P} = \{F_p(a_1, a_2, \cdots, a_k) > 0 \mid a_1, a_2, \cdots, a_k \in \boldsymbol{N}\}$$

と書けるような多項式を意味する.

この多項式は, 次のようにしてつくることができる：

第2章の例2.24にあげた原始帰納的関数 p_i （$(i+1)$ 番目の素数）を用いれば, 素数の全体 $\boldsymbol{P}$ について

$$a \in \boldsymbol{P} \iff \exists x\, [\, p_x = a\,]$$

が成立する.

この右辺, $\exists x [\, p_x = a\,]$ は帰納的可算述語であるから,

$$\Sigma_1 = \boldsymbol{C_D}$$

により, この帰納的可算述語を表すディオファントス的述語が存在する. すなわち,

$$\exists x[p_x=a] \iff \exists y_1 \exists y_2 \cdots \exists y_n[g(y_1, y_2, \cdots, y_n, a)=0]$$

なる整数係数の多項式 g が存在する．

この多項式を用いれば

(♯) $$a \in \boldsymbol{P} \iff \exists y_1 \exists y_2 \cdots \exists y_n[g(y_1, y_2, \cdots, y_n, a)=0]$$

というわけだが，ここで

(♯♯) $$F_p(y_1, y_2, \cdots, y_n, a)=a(1-g^2(y_1, y_2, \cdots, y_n, a))$$

と F_p を定義すれば，F_p は整数係数の多項式で，以下のように，これがすべての素数を生成，枚挙する多項式となる．

定理 7.33 素数全体の集合 $\boldsymbol{P}$ は，次のように表される：

$$\boldsymbol{P}=\{F_p(y_1, y_2, \cdots, y_n, a)>0 \mid y_1, y_2, \cdots, y_n, a \in \boldsymbol{N}\}$$

［証明］ まず，$a \in \boldsymbol{P}$ とすれば，(♯) によって，

$$g(y_1, y_2, \cdots, y_n, a)=0$$

となる自然数 $y_1, y_2, \cdots, y_n$ が存在する．このような $y_1, y_2, \cdots, y_n$ を固定すれば，(♯♯) から

$$\begin{aligned} F_p(y_1, y_2, \cdots, y_n, a) &= a(1-g^2(y_1, y_2, \cdots, y_n, a)) \\ &= a\ (>0) \end{aligned}$$

であるから，

$$a \in \{F_p(y_1, y_2, \cdots, y_n, a)>0 \mid y_1, y_2, \cdots, y_n, a \in \boldsymbol{N}\}$$

である．

逆に，ある $y_1, y_2, \cdots, y_n$，$a \in \boldsymbol{N}$ に対して $F_p(y_1, y_2, \cdots, y_n, a)>0$ とすれば，(♯♯) から

$$a>0 \quad \text{かつ} \quad 1-g^2(y_1, y_2, \cdots, y_n, a)>0$$

でなくてはならない．

したがって，

$$g(y_1, y_2, \cdots, y_n, a)=0$$

であり，(♯) から

$$a \in \boldsymbol{P}$$

であって，

$$\begin{aligned} F_p(y_1, y_2, \cdots, y_n, a) &= a(1-g^2(y_1, y_2, \cdots, y_n, a)) \\ &= a \cdot (1-0) \end{aligned}$$

$$=a$$

よって，

$$F_p(y_1, y_2, \cdots, y_n, a) \in \boldsymbol{P}$$

となる． ∎

上述の (#) における n は，具体的には最初 Матиясевич によって $n=21$ でつくられたのであるが，1974年には，Матиясевич と J. Robinson によって次のような定理が発表されている．

定理 7.34 (J. Robinson, Матиясевич)　任意のディオファントス的述語

$$\exists x_1 \exists x_2 \cdots \exists x_n [f(x_1, x_2, \cdots, x_n, a_1, a_2, \cdots, a_m)=0]$$

に対し，これと同等なディオファントス的述語

$$\exists x_1 \exists x_2 \cdots \exists x_{13} [g(x_1, x_2, \cdots, x_{13}, a_1, a_2, \cdots, a_m)=0]$$

をつくることができる． ∎

この定理によれば，$n=13$ に，したがって F_p は14変数の多項式で表せることになる．この後も，Матиясевич は n を13から9に下げられることを証明している．すなわち，

定理 7.35 (Матиясевич)　任意の $a_1, a_2, \cdots, a_m$ についてのディオファントス的述語に対し，それと同等なディオファントス的述語

$$\exists x_1 \exists x_2 \cdots \exists x_9 [f(x_1, x_2, \cdots, x_9, a_1, a_2, \cdots, a_n)=0]$$

をつくることができる． ∎

というわけである．この場合，F_p は10変数の多項式になる．

任意個数の未知数を含んだ任意次数の不定方程式についてのヒルベルトの第10問題は，前節に見るように否定的に解決された．

一方において，7.3節に述べたように，任意次数に対して1変数の場合は肯定的に解ける．

k 変数のとき肯定的に解けるのならば，$(k-1)$ 変数でも肯定的に解けるのは明らかであるから，ある n について，n 変数以上では否定的に解け，$(n-1)$ 変

数以下では肯定的に解けるような n が存在するはずである.

そのような n はいくつであろうか.

$n=2$ はそのような候補であろうか.

上の Матиясевич の定理によれば, 9変数以上では否定的に解けることになる. 上記の定理は, このような意味あいから理解すべきものである.

不定方程式を取り扱うときの難しさの尺度として, "変数の個数" とともにしばしばとりあげられるのは "次数" である. 7.3節に述べたように, 次数についても, 1次の場合は肯定的な結果が得らる. 2次の場合も組織的な取り扱いがなされている. しかし, 3次の場合は状況が明らかでない.

ところで, 4次以上のどんな不定方程式に対しても, それと同値な4次の不定方程式が存在する. ただし, 4次にまで次数を落とすためには, 変数の個数が増加する.

この方法については, 例を見れば明らかであるから, 例をあげるに止めておこう:

例 7.1

「$x^2\cdot y^3-z^6=10$ が整数解をもつ」ことと, 次の

「不定方程式系

$$\alpha=x^2$$
$$\beta=y^2$$
$$u=\alpha\beta$$
$$w=z^2$$
$$v=wz$$
$$uy-v^2=10$$

が整数解をもつ」こととは同等であり, さらに, これは

「4次の不定方程式

$$(\alpha-x^2)^2+(\beta-y^2)^2+(u-\alpha\beta)^2+(w-z^2)^2+(v-wz)^2+(uy-v^2-10)^2=0$$

が整数解をもつ」こととは同等である.

この例にみるように, 任意の不定方程式は, 4次以下の不定方程式に還元して考えることができる.

したがって，4次の不定方程式についてのヒルベルトの第10問題は否定的に解けるわけである．

3次の不定方程式ではどうなのであろうか．

参　考　文　献

まず，本文中で参照した文献をあげよう．

[1] 竹内外史・八杉満利子：数学基礎論（共立出版）

[2] 前原昭二：数理論理学序説（共立出版）

[3] 前原昭二：数学基礎論入門（朝倉書店）

[4] G. E. Sacks : Degrees of Unsolvability (Annals of Mathematics Studies 55, Princeton Univ. Press, 1963)

[5] R. I. Soare : Recursively Enumerable Sets and Degrees (Springer-Verlag, 1987)

[6] K. Hirose : A theorem on incomparable degrees of recursive unsolvability (Comment. Math. Univ. St. Pauli., XII, 1964)

[7] K. Hirose : An investigation on degrees of unsolvability (Jour. Math. Soc. Japan, 20-4, 1968)

[8] 竹内外史：数理論理学一語の問題（培風館）

帰納的関数の理論についての定評ある文献といえば，

[9] S. C. Kleene : Introduction to Metamathematics (Van Nostrand, 1952)

[10] H. Rogers : Theory of Recursive Functions and Effective Computability (McGraw-Hill, 1967)

があげられよう．[9]，[10] ともかなり大部であるが，興味に応じて部分的に読まれてもよい．

以下，各章に関わる文献をいくつかあげておく．不完全性定理の原論文は，

[11] K. Gödel : Über formal unentscheidbare Sätze der Principia Mathematica und Verwandter Systeme I (Monatsh. Math. Phys., 38, 1931)

である．また，多重帰納的関数については，（脚注にも述べておいたが）次の文献に詳しい．

[12] R. Péter : Rekursive Funktionen (Akademische Verlag., 1951)

帰納的関数と同等な概念である Church の λ-定義可能性については，

[13] A. Church : The calculi of lambda-conversion (Annals of Mathematics Studies 6, Princeton Univ. Press, 1941)

また，Turing の計算可能関数については，

[14] A. M. Turing : On computable numbers, with an application to the Entscheidungsproblem (Proc. London Math. Soc. 42/43, 1936/37)

の一読をおすすめする．なお，Turing 機械の定義や理想化した状態機械（通常の

von Neumann 型計算機）から，Kleene の T-述語を導くことなどについては，たとえば前者は，

［15］ 廣瀬　健：計算論（朝倉書店）

に，後者については

［16］ 廣瀬　健：情報数学（コロナ社）

に書かれている．

2章，4章，5章の内容は，［9］にもあるが，その原論文は，

［17］ S. C. Kleene : General recursive functions of natural numbers (Math. Ann., 112, 1936)

［18］ S. C. Kleene : Recursive predicates and quantifiers Trans. (Amer. Math. Soc., 53, 1943)

などであり，さらにはしがきに述べた**解析的階層**への拡張は，

［19］ S. C. Kleene : Arithmetical predicates and function quantifiers (Trans. Amer. Math. Soc., 79, 1955)

［20］ S. C. Kleene : Hierarchies of number theoretic predicates (Bull. Amer. Math. Soc., 61, 1955)

に始まり，また，**帰納的汎関数**への拡張は，

［21］ S. C. Kleene : Recursive functionals and quantifiers of finite types I (Trans. Amer. Math. Soc., 91, 1959)

［22］ S. C. Keene : Recursive functionals and quantifiers of finite types II (Trams. Amer. Math. Soc., 108, 1963)

に始まったものである．順序数から順序数への関数に，“帰納的”という概念を導入したのは竹内外史であるが，その目的は，順序数論のなかで集合論のモデルを構成することにあった．

この順序数上の帰納的関数の研究の流れが，α を認容順序数（admissible ordinal）とする，**α-帰納的関数の理論**（α-recursion theory）であり，はしがきに述べたもう1つの話題，**一般化帰納的関数の理論**である．これらについては，

［23］ J. Moldestad : Computation in higher types (Springer, 1977)

［24］ J. E. Fenstad, R. O. Gandy, G. E. Sacks 編：Generalized recursion theory I, II (North-Holland, 1974, 1978)

［25］ J. E. Fenstad : General recursion theory (Springer, 1980)

などを参照されたい．

第7章の決定問題に関しては，上述の［8］のほかに

［26］ A. Tarski : Undecidable theories (North-Holland, 1953)

［27］ W. W. Boone, F. B. Cannonito, R. C. Lyndon 編：Word problems (North-Holland, 1973)

などがある.

なお，ヒルベルトの第 10 問題についての Матиясевич の原論文は，

[28] Ю.В.Матиясевич : Диофантовость перечислимых множеств (Dokl. Akad. Nauk SSSR, 191, 1970)

である.

なお，第 7 章で用いられた Pell 方程式については

[29] 高木貞治 : 初等整数論講義（第 2 版）（共立出版）

を読まれるのがよいと思う.

索　引

――著者略歴――

ひろせ　けん
廣瀬　健

1963年　立教大学大学院理学研究科修士課程修了
　　　　元　早稲田大学教授・理学博士
専　攻　数学，情報科学

検印廃止

復刊　帰納的関数

1989年 2月 1日　初版 1 刷発行
2024年 12月10日　復刊 1 刷発行

著　者　廣　瀬　　健

発行者　南　條　光　章
東京都文京区小日向4丁目6番19号

NDC 410.9

発行所　東京都文京区小日向4丁目6番19号
電話　東京（03）3947-2511番（代表）
郵便番号 112-0006
振替口座 00110-2-57035番
www.kyoritsu-pub.co.jp
共立出版株式会社

印刷・藤原印刷／製本・ブロケード

Printed in Japan

一般社団法人
自然科学書協会
会員

ISBN 978-4-320-11572-9